ARGE

Tierzucht und Tierhaltung, Band 1

Grundlagen der Nutztierhaltung

Leopold Stocker Verlag
Graz – Stuttgart

Umschlaggestaltung: Reproteam, Graz

Autoren:
Dr. Karl Bauer
Dipl. HLFL-Ing. Walter Haselberger
Ing. Hannes Priller
Dipl.-Ing. Gerhard Raganitsch
Ing. Franz Raith

Danke für die Unterstützung

Das Autorenteam dankt allen Personen und Institutionen, welche durch fachliche Ratschläge, Bereitstellung von Daten und Fotos und/oder Durchsicht des Manuskriptes die Herausgabe dieses Buches ermöglicht haben.

Folgenden Herren gilt unser besonderer Dank:
Ing. Oliver Bernhauser
Dipl.-Ing. Christian Draxl
ML Franz Groißmayer
Ing. Johann Tanzler
Dipl. Päd. Ing. Josef Weber
Dipl.-Ing. Günther Wiedner
Univ. Prof. Dipl.-Ing. Dr. Werner Zollitsch

Buch-Nr. 46-121.217
ARGE Tierzucht und Tierhaltung 1
© Copyright 2005 by Leopold Stocker Verlag, Graz; 3. Auflage 2010
ISBN 978-3-7020-1115-4

Printed in Austria
Layout: MG Design+Grafik GmbH, Michaela Kolb & Partner, Graz
Druck: Druckerei Theiss GmbH, A-9431 St. Stefan

Inhaltsverzeichnis

Bedeutung der Nutztierhaltung

Volkswirtschaftliche Bedeutung

- Versorgung der Bevölkerung mit wertvollen Lebensmitteln
- Bedeutender Produktionszweig der Volkswirtschaft
- Lieferung von Rohstoffen für die Industrie
- Verwertung und Veredelung
- Erhaltung der Kulturlandschaft
- Bereitstellung von Dienstleistungen

Betriebswirtschaftliche Bedeutung

- Erhöhung der Betriebseinnahmen
- Düngerproduktion

1. Bedeutung der Nutztierhaltung für Erzeuger und Verbraucher

1.1 Bedeutung der Nutztierhaltung

Die Haltung landwirtschaftlicher Nutztiere, auch Veredelungswirtschaft genannt, hat durch ihre vielfältigen Aufgaben für die gesamte Volkswirtschaft und die viehhaltenden Betriebe eine große wirtschaftliche Bedeutung.
Dem Tierhalter obliegt neben wirtschaftlichem Handeln eine große Verantwortung, und zwar einerseits dem Verbraucher gegenüber, aber auch dem Tier und der Umwelt gegenüber.

1.1.1 Volkswirtschaftliche Bedeutung

Im Rahmen der Volkswirtschaft erfüllt die Nutztierhaltung vor allem folgende Aufgaben:

a) Versorgung der Bevölkerung mit wertvollen Lebensmitteln

Die heimische Landwirtschaft deckt fast den gesamten Bedarf der Bevölkerung an Lebensmitteln tierischer Herkunft.

Der Milch- und Fleischbedarf der Bevölkerung wird voll gedeckt. Auf die Erzeugung hochwertiger rückstandsfreier Lebensmittel wird größter Wert gelegt.
Bei den Statistiken unterscheiden wir den Verbrauch und den Verzehr an Lebensmitteln.

Der Lebensmittelverbrauch
wird in den so genannten Ernährungsbilanzen dokumentiert. Diese werden auf der Basis von Agrar- und Produktionsstatistiken erstellt. Die Ergebnisse enthalten daher stets Verbrauchsangaben und geben keine Auskunft über den mengenmäßigen Verzehr der Konsumenten.
Im Lebensmittelverbrauch sind enthalten: Knochen, Zubereitungsverluste, Abschnitte, industriell verwertbare Bestandteile (Fett, Talg, Kollagen etc.), Tiernahrung und Verluste durch Verderb.

Der Lebensmittelverzehr
wird mit Hilfe von Korrekturfaktoren aus dem Lebensmittelverbrauch errechnet. Diese Korrekturfaktoren werden aus den Ergebnissen lebensmittelgruppen- bzw. bevölkerungsspezifischer Verzehrserhebungen abgeleitet.
Der Lebensmittelverbrauch ist daher stets höher als der Lebensmittelverzehr.
So berichtet die Statistik für 2000 von einem Pro-Kopf-Verbrauch von 102,6 kg Fleisch, während der Verzehr nur etwa 2/3 des Verbrauches ausmacht.

Lebensmittelverbrauch und Selbstversorgungsgrad Österreich 2008

Produkt	Verbrauch je Kopf und Jahr	Selbstversorgungsgrad in %
Fleisch (kg)	98,4	109
davon Rind inkl. Kalb	18,4	145
Schwein	56,3	103
Geflügel	19,3	75
Eier (Stück)	239	77
Milch (kg)	92,2	152
Käse (kg)	19,4	90
Butter (kg)	4,9	77

Der hohe Selbstversorgungsgrad mit tierischen Lebensmitteln ist ein wesentlicher Beitrag zur wirtschaftlichen und politischen Unabhängigkeit.

b) Landwirtschaft als bedeutender Produktionszweig

Der Wert der Endproduktion aus der Tierproduktion Österreichs betrug im Jahre 2003 2,51 Milliarden €, der Gesamtproduktionswert 5,67 Mrd. €.

Produktionswert der Landwirtschaft in Österreich 2008
zu Herstellungspreisen

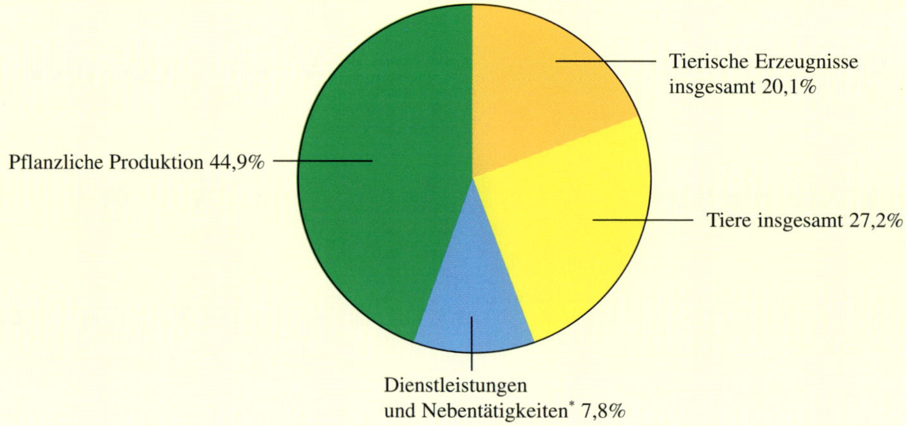

* Landwirtschaftliche Dienstleistungem und nicht trennbare nichtlandwirtschaftliche Nebentätigkeiten

Quelle: Statistik Austria 2009

c) Lieferung von Rohstoffen für die Industrie

Die Nutztiere liefern auch Rohstoffe für die Industrie, wie Leder, Wolle, Haare, Federn, Pelze, Borsten, Horn u. a.

d) Verwertung und Veredelung

Die in der Tierproduktion eingesetzten Futtermittel sind zum größten Teil für die Ernährung des Menschen ungeeignet.

Durch die Veredelung über das Tier werden Futterstoffe in wertvolle Nahrungsmittel umgewandelt.

e) Erhaltung der Kulturlandschaft

Durch die Nutzung der Futterflächen erfolgt eine Pflege der Kulturlandschaft.
Die Landschaftspflege ist ein wesentlicher Beitrag zur Förderung der Fremdenverkehrswirtschaft.

Die Tierhaltung dient auch dem Schutz unserer Umwelt, wenn sie nicht in Form der Massentierhaltung betrieben wird.

f) Bereitstellung von Dienstleistungen zur Befriedigung von Luxusbedürfnissen

Zum Beispiel trägt die Bereitstellung von Pferden für den Reitsport dem Streben des Menschen nach mehr Lebensqualität Rechnung.

1.1.2 Betriebswirtschaftliche Bedeutung

a) Erhöhung der Betriebseinnahmen

Die betriebswirtschaftliche Aufgabe der Tierproduktion besteht v. a. in der Erhöhung der Betriebseinnahmen durch die Veredelung des Futters.

Durch die Veredelungswirtschaft kann der Arbeitskräftebesatz des Betriebes besser ausgenützt werden. Vor allem die Klein- und Mittelbetriebe sind auf die Einnahmen aus der Tierproduktion angewiesen (innere Betriebsaufstockung).

b) Düngerproduktion

Die Produktion von organischem Dünger und die mit der Tierhaltung verbundene vielseitige Fruchtfolge fördern die Bodenfruchtbarkeit.
Durch die steigenden Handelsdüngerpreise steigt auch der Wert der Wirtschaftsdünger.

Richtig betriebene Viehhaltung fördert die Bodenfruchtbarkeit.

1.2 Die Entwicklung der Zahl der Tierhalter und der Tierbestände in Österreich

Tierhalter/ Tierbestände	1960	1970	1980	1990	2000	2007
Rinderhalter	311,1	245,1	198,3	138,7	101,5	77,5
Rinder	2386,8	2468,3	2516,9	2583,9	2152,8	2000,2
davon Kühe	1150,3	1070,1	974,0	951,6	833,0	804,8
Rinder/Halter	7,7	10,1	12,7	18,6	23,1	24,9
Schweinehalter	391,3	296,1	202,5	142,9	86,2	47,5
Schweine	2989,6	3444,9	3706,3	3688,0	3433,0	3286,3
Schweine/Halter	7,6	11,6	18,3	25,8	48,0	69,2
Pferdehalter	104,9	32,7	18,1	16,7	20,0**	17,6*
Pferde	150,2	47,3	40,4	49,3	87,1*	87,0*
Pferde/Halter	1,4	1,4	2,2	3,0	4,1**	

* Zahlen aus 2003. Zahlenangaben in Tausend. ** Zahlen aus 1999.

Infolge der Spezialisierung in der Landwirtschaft sinkt die Zahl der Tierhalter ständig, während die Zahl der Tiere je Halter steigt.

So sank z. B. die Zahl der Schweinehalter von 1960 bis 2001 auf ein Fünftel, während die Zahl der Schweine je Betrieb von 7,6 auf 46 Stück anstieg.

Die durchschnittlichen Tierbestände je Betrieb sind im internationalen Vergleich sehr gering.

1.3 Produkte – Produktumfeld

1.3.1 Produktumfeld

Neben den objektiven Kriterien der Lebensmittelqualität gewinnen das Produktumfeld und das Produktimage immer mehr Einfluss auf die Wertschätzung eines Produktes.

Zum Produktumfeld gehören:

a) Die Art und Weise der Produktion

Z. B.: tiergerechte Haltung und Fütterung, kein Einsatz von chemischen Hilfsstoffen (die sich vielleicht im Produkt wiederfinden könnten), Produkte von gealpten Tieren, aus biologischer Landwirtschaft usw.

b) Die Art und Weise der Vermarktung

Z. B.: die Art und Weise der Be- und Verarbeitung, die Verpackung, die Information über das Produkt und die Präsentation des Produktes.

c) Psychologische Faktoren

Wie z. B. die Sicherheit vor Schadstoffen im Produkt.

d) Die Imagekomponenten

Diese sind durch Werbung oft künstlich erzeugt, wie z. B. jung, dynamisch, lustig usw.

1.3.2 Produkte

a) Milch und Milchprodukte

• Milch

Unter Milch im rechtlichen Sinne versteht man Kuhmilch.

Die Milch anderer Säugetiere oder Mischungen aus diesen müssen besonders gekennzeichnet sein. Milch ist für die meisten Menschen ein wertvolles Nahrungsmittel. Ihre Inhaltsstoffe haben einen hohen gesundheitlichen Wert.
Zu unterscheiden ist zwischen der beim Melken gewonnenen Rohmilch (siehe Kapitel 5. Milchwirtschaft) und der in den Handel gebrachten pasteurisierten und homogenisierten Trinkmilch (Konsummilch) mit ihrem standardisierten Fettgehalt von 3,6%.

Eigenschaften und Bedeutung für die Ernährung

Rohmilch wird sauer, d. h. Milchsäurebakterien verwandeln Milchzucker in Milchsäure.
Pasteurisierte Milch verdirbt nach Ende der Aufbrauchfrist.
Milch nimmt leicht fremde Gerüche an, daher sollte man sie nicht offen im Kühlschrank stehen lassen.
Das Milcheiweiß hat eine hohe biologische Wertigkeit (Gehalt an essienziellen Aminosäuren). Das Milchfett ist leicht verdaulich, sehr bekömmlich und hat im Vergleich zu anderen tierischen Fetten einen hohen Gehalt an essenziellen Fettsäuren. Ebenso enthält es wertvolle Fettbegleitstoffe (Lezithin).
Der Milchzucker schmeckt nur wenig süß, ist leicht abbaubar und wirkt günstig auf die Darmflora.
Der Mineralstoff- und Vitamingehalt ist sehr ausgeglichen und besonders wertvoll für junge und alte Menschen sowie für schwangere Frauen und stillende Mütter.

• Milchprodukte

Die Milch ist Ausgangsprodukt für viele Produkte. Alle Milchprodukte sind hochwertige Nahrungsmittel.

Übersicht über die Milchprodukte

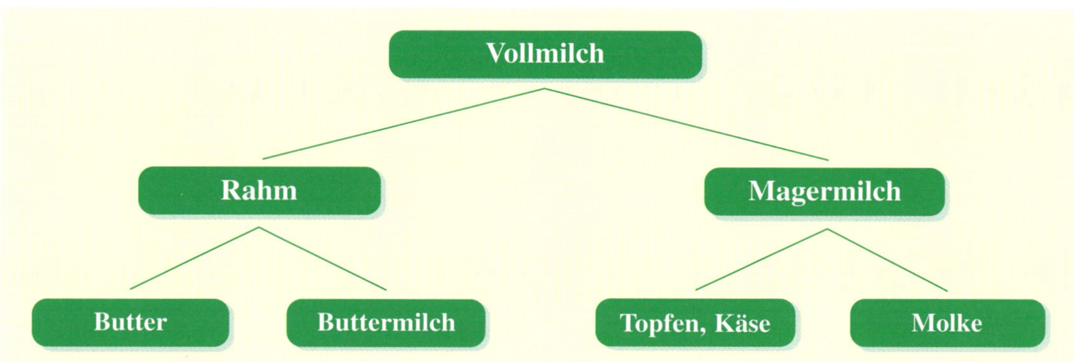

b) Fleisch

• Begriff Fleisch

> Unter dem Begriff Fleisch werden jene Teile der geschlachteten Tiere zusammengefasst (Rind, Schwein, Kalb, Pferd, Schaf, Ziege), die für den menschlichen Genuss geeignet sind.

Dazu gehören: Muskelfleisch mit und ohne Knochen, Innereien, Fett- und Bindegewebe, Haut und Drüsen. Fleischwaren sind aus Fleisch und verschiedenen Zutaten hergestellte Wurstwaren und Fleischdauerwaren.

• Eigenschaften und Bedeutung für die Ernährung

Fleisch besteht aus Muskelfasern sowie Binde- und Fettgewebe. Das Muskelgewebe setzt sich aus den einzelnen sehr dünnen, röhrenförmigen Fleischfasern zusammen, die mit Plasma gefüllt sind und, von einem feinhäutigen Bindegewebe zu Faserbündeln vereinigt, jeweils einen Muskel ergeben. Zwischen den Bündeln lagert Fett. Daneben enthält das Fleisch noch Nerven, Sehnen, Blutgefäße und Knochen.

Eiweiß
Muskelfleisch enthält 16 bis 22% Eiweiß, das biologisch sehr hochwertig ist.

Albumine
Im Fleischsaft vorkommend, wasserlöslich, gerinnen bei +70 °C, verkleben die Fleischporen und verhindern den Austritt von Fleischsaft beim Erhitzen.

Myoglobin
Der rote Muskelfarbstoff wird durch Hitze zerstört, das Fleisch wird grau.

Kollagen
Als Leimstoff in Knorpeln und Bindegewebe, bewirkt durch langes Kochen die Gelierung der abgekühlten Flüssigkeit. Da Kollageneiweiß für den menschlichen Organismus weniger wertvoll ist, ist Fleisch mit einem geringeren Kollagengehalt hochwertiger.

Kohlenhydrate
Der Gehalt an Kohlenhydraten beträgt 1% in Herz, Hirn, Niere und Schweinsleber, 4 bis 6% in Kalbs- und Rindsleber.

Fett
Fleisch enthält 2 bis 25% Fett. Je fettreicher das Fleisch ist, desto weniger Wasser, Eiweiß, Mineralstoffe und wasserlösliche Vitamine enthält es. Fleisch mit hohem Fettgehalt ist schwerer verdaulich.

Mineralstoffe
Fleisch enthält 1 bis 2% Mineralstoffe (Kalzium, Phosphor, Eisen, Natrium).

Vitamine
Die Vitamine A, B1, B2, E werden durch langes Erhitzen zerstört.

Wasser
Der Wassergehalt von Fleisch beträgt 50 bis 70%.

Durch den Gehalt an Eiweiß und Fett hat Fleisch einen hohen Sättigungswert. Fleischeiweiß ist vollwertig und besteht hauptsächlich aus Albuminen und Globulinen.
Fleisch ist leichter verdaulich, wenn es mager ist und schonend zubereitet wird. Es lässt sich schnell zubereiten,wobei sich besondere Geschmacksstoffe bilden. Langfaseriges und vor allem geselchtes Fleisch ist besonders schwer verdaulich. Marmoriertes Fleisch mit dem fein eingelagerten Fettgewebe, wie jenes von gut ausgemästeten Schlachttieren, besitzt die höchste Qualität. Es ist saftig, zart und benötigt nur eine kurze Garzeit.

c) Geflügel

Unter dem Begriff Geflügel versteht man in Zusammenhang mit Fleisch sämtliches im Handel befindliche geschlachtete Hausgeflügel.

• Zusammensetzung und Bedeutung für die Ernährung

Geflügelfleisch hat einen zarten Geschmack und ist sehr eiweißreich, dagegen aber ärmer an Fett und Mineralstoffen. Der Nährwert ist ähnlich dem des Fleisches anderer Haustiere.

Geflügelart	Eiweiß in %	Fett in %
Brathuhn	15	4
Ente	15	14
Gans	10	20
Truthahn	15	11

d) Eier

Unter dem Begriff Eier im rechtlichen Sinne versteht man Hühnereier.

Andere Eier wie Wachtel-, Möwen- und Kiebitzeier gelten als Spezialitäten und müssen gekennzeichnet sein. Enten- und Gänseeier haben untergeordnete Bedeutung und müssen mindestens 20 Minuten gekocht werden (Infektionsgefahr durch Salmonellen). Auf Grund ihres hohen Nährstoffgehaltes und ihrer vielseitigen Verwendbarkeit zählen Eier zu den besonders wertvollen Lebensmitteln.

Aufbau des Eies

➡ Siehe Kapitel 3.3.3, Aufbau und Funktion von Zellen, Geweben, Organen und Systemen
Band 1, Seite 70

Nährstoffgehalt

Das Vollei (ohne Schale) enthält etwa:
74% Wasser
13% Eiweiß (Albumin und Globulin)
11,5% Fett (mit viel Lezithin)
0,5% Traubenzucker
1% Mineralstoffe und Vitamine
Der Dotter ist nährstoffreicher als das Eiklar.

Bedeutung in der Ernährung

Das Ei enthält alle wichtigen Aufbaustoffe und als wichtigsten Bestandteil hochwertiges Eiweiß. Das Fett ist reich an essentiellen Fettsäuren, an Lezithin und enthält alle fettlöslichen Vitamine.

Einfache Qualitätsbestimmungen

Sichtprobe

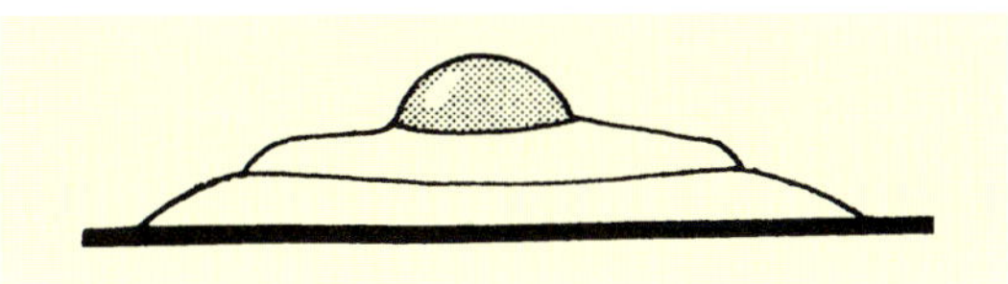

Frische Eier haben ein zweistufiges Eiklar und einen hochgewölbten Dotter. Die Dotterhaut ist straff.

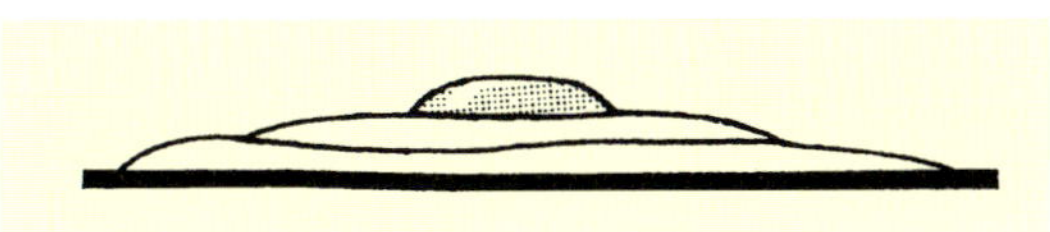

Bei alten Eiern sind Eiklar und Dotter flach.
Die Dotterhaut ist schlaff.

Schüttelprobe

Frische Eier sind beim Schütteln unbeweglich. Schwappt der Inhalt dagegen deutlich hin und her, so handelt es sich um alte Eier. Der Inhalt ist in Folge der Wasserverdunstung kleiner geworden (Vergrößerung der Luftblase).

Schwimmprobe

Beim Einlegen in 10%ige Salzlösung (100 g Kochsalz auf 1 Liter Wasser) bleiben frische Eier am Boden, ältere Eier bleiben im Wasser stehen, sehr alte Eier schwimmen auf dem Wasser.

Aufbewahrung

Kühl und dunkel bei 0 bis 2 °C aufbewahren und Temperaturschwankungen vermeiden, da die Eier sonst schwitzen (Schimmelbildung).

Das Ei im Handel

Hühnereier kommen gekennzeichnet nach Qualitätsklassen und Gewichtsgruppen in den Handel.

➡ Siehe Kapitel 18.1.4, Vermarktung
Band 2, Seite 267

1.4 Lebensmittelhygiene Produkthygiene

Lebensmittel bieten auf Grund ihres Gehaltes an freiem Wasser, Eiweiß und Kohlenhydraten ideale Voraussetzungen für das Wachstum und die Vermehrung von Mikroorganismen.
Durch entsprechende Hygienemaßnahmen wird die Vermehrung von Mikroorganismen soweit wie möglich eingedämmt und der Verderb der Lebensmittel verhindert.

a) Hygienekette – Prozesshygiene

Die Hygienekette muss von der Urproduktion (Rohmilch, Eier, Lebendvieh) über die Stufe der Verarbeitung (Molkerei, Schlachtbetrieb), die Lagerung, den Transport, die Zubereitung bis zum Verzehr des Lebensmittels geschlossen sein.

b) Reinigung und Desinfektion

Reinigung und Desinfektion stellen einen wesentlichen Bestandteil eines Arbeitsprozesses bei der Lebensmittelerzeugung und deren Be- und Verarbeitung dar.
Sie müssen gezielt und systematisch durchgeführt werden. Das Aufstellen und Einhalten von Reinigungs- und Desinfektionsplänen ist wichtig für die eigene Kontrolle und auch als Dokumentation nach außen hin (Behörde, Konsumenten etc.).

Vorgangsweise beim Reinigen und Desinfizieren

- Vorreinigen und Vorspülen
- Reinigung mit einem geeigneten Reinigungsmittel
- Wegspülen des Reinigungsmittels
- Desinfektion
- Nachspülen

c) Personal- und Arbeitshygiene

Personen, die Lebensmittel herstellen oder verarbeiten, müssen eine saubere, leicht zu reinigende Kopfbedeckung und Schuhe sowie helle Kleidung tragen.
Straßen- und Arbeitskleidung müssen streng getrennt werden.
Das gründliche Händewaschen vor Arbeitsbeginn (auch nach Pausen) und nach jeder WC-Benützung sollte selbstverständlich sein.
In allen Arbeits- und Lagerräumen herrscht striktes Rauchverbot.

d) Wasserver- und Wasserentsorgung

Das Wasser muss bei sämtlichen Arbeitsgängen Trinkwasserqualität aufweisen.
Der Nachweis der Trinkwasserqualität ist wenigstens einmal im Jahr zu erbringen.

e) Abfallentsorgung

Alle Abfälle sind fachgerecht zu entsorgen (z. B. Risikomaterial bei Rinderschlachtungen).

f) Schädlingsbekämpfung

Die Schädlingsbekämpfung muss in jedem Lebensmittelbetrieb systematisch und regelmäßig erfolgen. Indikatorfallen sind aufzustellen.

g) Personalschulung

Personen, die mit Lebensmitteln umgehen, müssen entsprechend ihrer Tätigkeit beaufsichtigt und in Fragen der Lebensmittelhygiene unterrichtet und geschult werden.

1.5 Produktionsweisen

a) Konventionelle Produktion

Durch eine Reihe von gesetzlichen Bestimmungen wird die Erzeugung unbedenklicher und rückstandsfreier Lebensmittel sichergestellt.

Darüber hinaus werden im Rahmen des ÖPUL (Österreichisches Programm für eine umweltgerechte Landwirtschaft) den Bauern finanzielle Anreize (Prämien) geboten, die landwirtschaftliche Produktion besonders umweltgerecht auszurichten.

b) Biologischer Landbau

Der biologische Landbau betont in besonderer Weise das Ganzheitsdenken und die Zusammenhänge zwischen Boden-Pflanze-Tier-Mensch. Die Wirtschaftsweise ist auf Langfristigkeit und Nachhaltigkeit ausgerichtet.

Im Bereich der Tierhaltung werden höhere Anforderungen bezüglich Fütterung, Haltung und Züchtung gestellt.
Beispiele: Auslauf für alle Tiere an mindestens 200 Tagen im Jahr, Mindeststall- und Auslaufflächen, das Futter muss nach den Biorichtlinien erzeugt werden, gentechnische Eingriffe sind untersagt.

Bauern, die ihren Betrieb als Biobetrieb bewirtschaften, sind zur Einhaltung der im Lebensmittelcodex festgelegten Produktionsrichtlinien verpflichtet. Darüber hinaus verpflichten die Bioverbände ihre Mitgliedsbetriebe zur Beachtung ihrer Verbandsrichtlinien.
Die Einhaltung dieser Produktionsrichtlinien wird durch Kontrollorganisationen überprüft.

1.6 Gütesiegel

Gütesiegel geben dem Konsumenten Auskunft über die Herkunft, über die Einhaltung bestimmter Qualitätskriterien bzw. über die Art und Weise der Erzeugung eines Lebensmittels. Sie stellen somit eine Orientierungshilfe für den Konsumenten dar.

a) AMA-Gütesiegel

Das Ursprungs- und Gütezeichen der AMA wird kurz AMA-Gütesiegel genannt.
Es macht die österreichische Herkunft sichtbar, da AMA-Gütesiegel-Lebensmittel nur Rohstoffe aus Österreich enthalten. Bei verarbeiteten Lebensmitteln, die zum Teil in Österreich nicht herstellbare Zutaten enthalten, darf der Anteil dieser Bestandteile maximal ein Drittel betragen (z. B. Vanille aus dem Vanillejoghurt).

b) AMA-Biozeichen

Das in roter Farbe gehaltene Zeichen (Schriftzug „Austria Kontrollzeichen“) kennzeichnet Bioprodukte, deren Rohstoffe zu 100% aus Österreich kommen.

c) AMA-Biozeichen ohne Herkunftsangabe

Das in Schwarzer Farbe gehaltene Biozeichen (Schriftzug „Kontrollzeichen“) kennzeichnet Bioprodukte mit einem geringen Rohstoffanteil aus inländischer Erzeugung bzw. aus Rohstoffen von internationaler Herkunft.

d) EU-Zeichen für Bio-Lebensmittel

Die Europäische Kommission bietet den Erzeugern von Bio-Produkten ein neues, EU-weites Erkennungszeichen für Biolebensmittel an. KonsumentInnen, die Produkte mit diesem Emblem kaufen, können darauf vertrauen, dass diese

- zu mindestens 95% aus biologischen Erzeugnissen bestehen,
- in geschlossener Verpackung direkt vom Erzeuger/ Aufbereiter kommen,
- den Namen des Erzeugers, Aufbereiters, Vertreibers oder Verkäufers sowie den Namen oder Kode der Kontrollstelle tragen.

e) Austria Gütezeichen – geprüfte Qualität national bzw. international

Dieses wird von der Arge Qualitätsarbeit – ÖQUA = Arbeitsgemeinschaft zur Förderung der Qualitätsarbeit vergeben. Es gilt für den gesamten Warenkorb.
Neben einer 50%igen inländischen Wertschöpfung muss auch die Einhaltung bestimmter Qualitätskriterien erfüllt werden. Es gelten der Lebensmitelcodex bzw. in Einzelfällen die AMA-Richtlinien. Es wird stichprobenartig durch neutrale Prüfstellen kontrolliert.

Für die Vergabe des Austria-Gütezeichens International entfällt die Anforderung der inländischen Wertschöpfung.

2. Die Verantwortung des Tierhalters

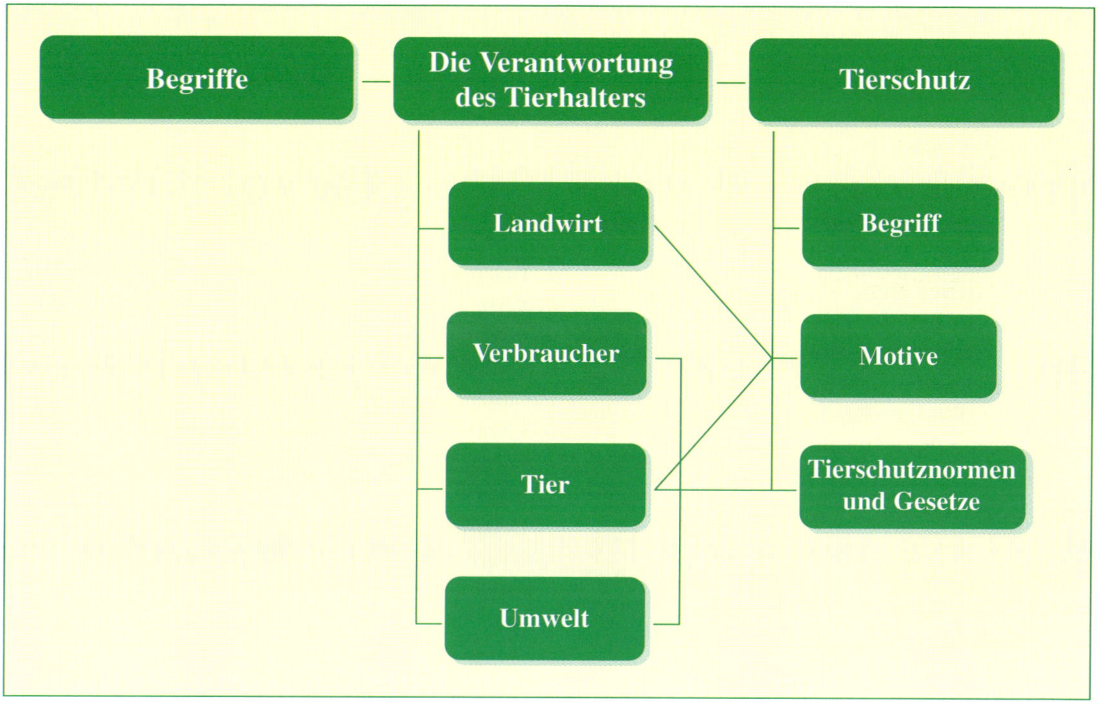

Der Tierhalter steht, wie viele in der Wirtschaft tätige Menschen, im Spannungsfeld von Ökologie und Ökonomie. Dieses Spannungsfeld aufzuzeigen ist die Absicht dieses Kapitels.

2.1 Begriffserklärungen

Ökonomie = Wirtschaftswissenschaft
ökonomisch = wirtschaftlich
Ökologie = Lehre von den Umweltbeziehungen der Lebewesen
ökologisch = umweltgerecht

2.2 Die Verantwortung des Tierhalters

Dem Tierhalter kommt eine mehrfache Verantwortung zu:

a) Gegenüber sich selbst und seiner Familie

Er muss als selbstständiger Unternehmer ökonomisch handeln. Im Einzelnen bedeutet das:

- Die Möglichkeiten der Ertragssteigerung nützen (Leistungssteigerung beim Einzeltier, hohe Tierzahlen etc.)
- Die Möglichkeiten der Kostensenkung nützen (Futterkosten, Gebäudekosten, Arbeitskosten etc.)

b) Gegenüber dem Verbraucher

Er muss hochwertige, einwandfreie (rückstandsfreie) Lebensmittel erzeugen. Dies bedeutet die Einhaltung aller gesetzlichen Bestimmungen, um die geforderte Produktqualität zu sichern.

c) Gegenüber dem Tier

Die Tiere sind artgerecht zu halten und zu füttern. Tiere sind keine Produktionsmaschinen, sondern Lebewesen in der Obhut des Menschen.

d) Gegenüber der Umwelt

Die Tierhaltung soll umweltschonend erfolgen (umweltgerechte Produktionsformen). Eine übermäßige Beeinträchtigung der Nachbarn durch Staub, Lärm und Geruch ist zu vermeiden. Ebenso ist eine umweltgerechte Wirtschaftsdüngeranwendung (Stallmist, Gülle, Jauche) sicherzustellen.

Zusammenhänge

In einem liberalisierten Markt konkurrieren die Produkte aus verschiedenen Ländern. Es besteht die Gefahr der Wettbewerbsverzerrung, da Produkte aus Ländern mit niedrigeren Verbraucher-, Tierschutz- und Umweltstandards kostengünstiger erzeugt und damit billiger angeboten werden können. Die Politik ist aufgerufen, dieser Gefahr durch Harmonisierung der Produktionsstandards vorzubeugen.

2.3 Tierschutz

2.3.1 Der Begriff Tierschutz

Unter Tierschutz versteht man die Summe aller Maßnahmen, die das Ziel verfolgen, Leiden, Schmerzen und Schäden von Tieren zu verhindern.

Diesbezügliche Maßnahmen können in Handlungen oder Unterlassungen von Einzelpersonen, von Organisationen oder dem Gesetzgeber und den Behörden bestehen.

Beispiele von Handlungen

- Artgerechte Fütterung und Tränkung
- Regelmäßige Pflege
- Möglichkeit zum Ausleben der angeborenen Verhaltensweisen
- Notwendige tierärztliche Behandlungen
- Gewährung von artgemäßen Unterständen

Beispiel von Unterlassungen

- Vermeidung von Überanstrengung bei Arbeitstieren oder Sportpferden

2.3.2 Motivation zum Tierschutz

a) Ethische Motive

Tiere verdienen als Mitgeschöpfe unsere Achtung. Der Mensch ist aus ethischen Gründen verpflichtet, Tiere allgemein so zu behandeln, dass ihre artgemäßen Bedürfnisse erfüllt werden.
Der Umgang und die Erlebnisse mit Tieren verschaffen vielen Menschen Freude.

b) Wirtschaftliche Motive

Das grundlegende wirtschaftliche Motiv für die Haltung und den Umgang mit Nutztieren ist der finanzielle Erfolg für die damit Beschäftigten.
In die Arbeitssparte mit Tieren fallen berufsbedingt

Vieh haltende Bauern, Viehhändler, Viehtransporteure, Fleischhauer, Zoohändler, Tierärzte und viele andere, die in ihrer Beschäftigung mit lebenden Tieren zu tun haben. Tierschutzmaßnahmen beeinflussen teilweise die Wirtschaftlichkeit positiv, da artgerecht gehaltene und gefütterte Tiere oft gesünder sind, höhere Leistungen erbringen und eine längere Nutzungsdauer aufweisen.

c) Gesetzliche Motive

Mit Gesetzen und Verordnungen werden Mindeststandards festgeschrieben, welche alle Menschen, die mit Tieren zu tun haben, einhalten müssen. Gesetze schützen jedoch auch diese Personengruppe vor übertriebenen Forderungen von Tierschützern. Viele Forderungen des Tierschutzes sind gesetzlich vorgeschrieben. Ihre Nichteinhaltung kann zur Bestrafung führen.

2.3.3 Tierschutznormen und Gesetze

Tierschutznormen – Gesetze, Richtlinien und Verordnungen werden von der Europäischen Union und vom vom Bund erlassen.
Die derzeit bestehenden EU-Normen über den Tierschutz müssen, damit ihre Anwendung in Österreich rechtskräftig wird, erst durch den Bund in nationales Recht umgewandelt werden.

Bundesgesetze:
Strafgesetzbuch §222
Tiertransportgesetz
Tierschutzgesetz

Das Bundestierschutzgesetz ist seit 1.1.2005 in Kraft. Ab 1.1.2007 ist es auch relevant für die Einheitliche Betriebsprämie (Cross Compliance Bestimmung). Das Bundestierschutzgesetz wurde mit dieser letzten Veränderung in den Rang eines Verfassungsgesetzes gehoben. Darin geregelt sind alle allgemeinen Anforderungen an den Tierschutz.
Die für die Tierhalter wichtigen Details sind in der Tierhaltungsverordnung mit ihren einzelnen Anlagen geregelt. Diese Verordnungen regeln die Mindestanforderungen für die Haltungsbedingungen und erforderlichen Bestimmungen hinsichtlich zulässiger Eingriffe sowie zusätzlicher Haltungsanforderungen.

Allgemeine Bestimmungen des Gesetzes

Ziel dieses Bundesgesetzes ist der Schutz des Lebens und des Wohlbefindens der Tiere aus der besonderen Verantwortung des Menschen für das Tier als Mitgeschöpf. Das Bundesgesetz gilt für alle Tiere, das Tierversuchsgesetz und Tiertransportgesetze werden dadurch nicht berührt.
Das Bundesgesetz gilt auch nicht für die Ausübung der Jagd und der Fischerei, jedoch sehr wohl für die Haltung von Jagdhunden.

Verbot der Tierquälerei
Es ist verboten, einem Tier ungerechtfertigt Schmerzen, Leiden oder Schäden zuzufügen oder es in schwere Angst zu versetzen. Es ist daher verboten, technische Geräte, Hilfsmittel oder Vorrichtungen zu verwenden, die darauf abzielen, das Verhalten eines Tieres durch Härte oder Strafreize zu beeinflussen.

Verbot der Tötung
Es ist verboten, Tiere ohne vernünftigen Grund zu töten. Dies gilt jedoch nicht für die fachgerechte Tötung von landwirtschaftlichen Nutztieren und von Futtertieren.

Betreuungspersonen
Menschen, die Tiere betreuen, müssen die erforderliche Eignung dazu nachweisen.

Stallbau
Die Neuerrichtung von Anlagen und Haltungseinrichtungen darf nur nach Maßgabe dieses Bundesgesetzes erfolgen.
Bestehende Ställe, in denen die Mindestmaße nicht erreicht werden, müssen derzeit nicht umgebaut werden, spätestens jedoch ab dem 1.1.2012.

3. Aufbau und Lebensvorgänge des Tierkörpers

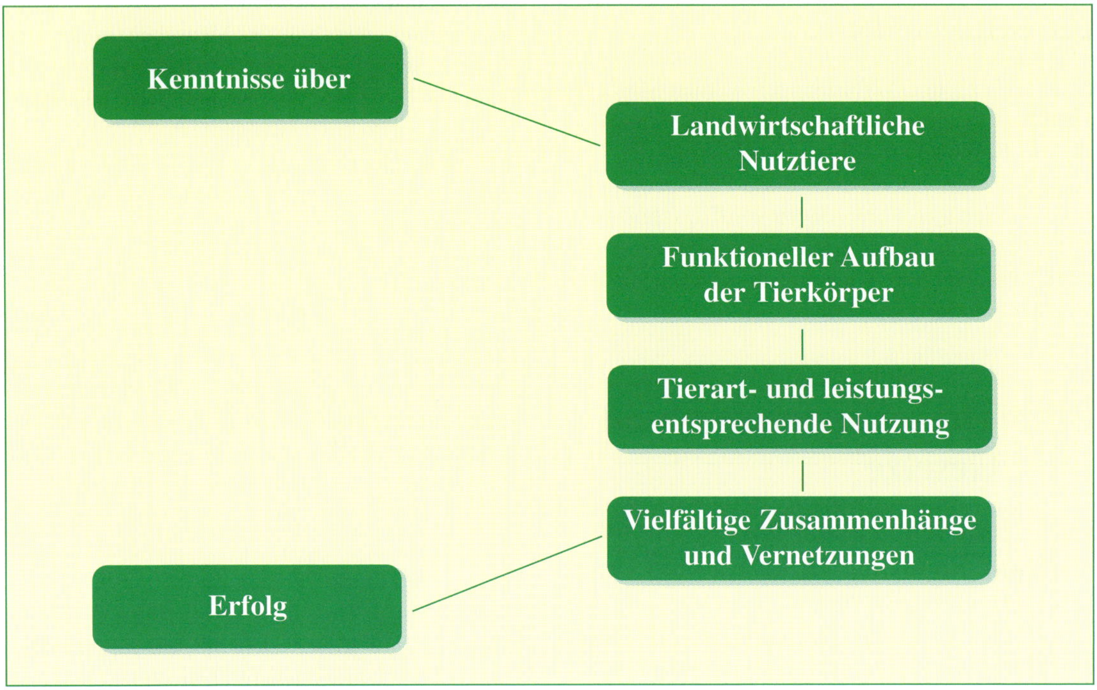

Die Lehre vom Aufbau des Tierkörpers nennt man **Anatomie**, diejenige von den Lebensvorgängen im Tierkörper **Physiologie**.

3.1 Zuordnung der landwirtschaftlichen Nutztiere

Die vielen landwirtschaftlich genutzten Tiere gehören verschiedenen Klassen, Ordnungen und Unterordnungen an. Ihr Körperbau, ihre Körperfunktionen und ihre Futteransprüche sind sehr unterschiedlich, grundsätzlich aber den Bedürfnissen der Tiere und den natürlichen Umweltbedingungen angepasst.

Zugehörigkeit	Rind, Schaf, Ziege Damwild	Pferd	Kaninchen	Schwein	Geflügel
Klasse	Säugetiere				Vögel
Ordnung	Paarhufer	Unpaarhufer	Hasentiere	Paarhufer	Hühnervögel Gänsevögel
Unterordnung	Wiederkäuer	Pferdeartige	Hasen und Kaninchen	Wildschwein asiat. u. europ.	Hühner, Puten, Gänse, Enten
Verdauungssystem					
Magen	vierteilig	einhöhlig			Kropf, Drüsen-, Muskelmagen
Darm	besonders lang (Rind: lang)	mittellang		kurz	sehr kurz
Nahrung	pflanzlich (mit ausreichendem Rohfasergehalt)			pflanzlich und tierisch	
Rohfaser-%-Anteil	hoch bis mittel	mittel		gering	sehr gering
Verdaulichkeits-ansprüche	gering bis mittel	mittel	mittel bis hoch	hoch	hoch bis sehr hoch

Die **Reihenfolge** der Nutztierarten wurde nach den unterschiedlichen Verdauungssystemen gewählt. Sie wird folgendermaßen eingehalten:

Wiederkäuer:
Rind, Schaf, Ziege, Damwild

Pflanzenfresser mit einhöhligem Magen:
Pferd, Kaninchen

Allesfresser:
Schwein, Geflügel

3.2 Stoffwechsel

Die Erzeugung tierischer Produkte beruht auf Stoffwechselvorgängen.

Unter Stoffwechsel versteht man folgende systematisch und chronologisch zusammenhängende Vorgänge im Tierkörper:

- **Aufnahme**
- **Transport**
- **Verarbeitung**
- **Ausscheidung**

} **von Stoffen**

Die Stoffwechselvorgänge werden vor allem durch Nerven (Reizleitung), durch körpereigene Wirkstoffe (Enzyme, Hormone) sowie auch körperfremde Wirkstoffe (Vitamine) reguliert.
Jedes Lebewesen braucht von seiner Umwelt Bau- und Brennstoffe und verbraucht Energie. Die Energiegewinnung im Körper erfolgt durch Abbau

(Verbrennung) energiehältiger Stoffe zu energiearmen Abbauprodukten.

Je höher die Leistungen der Tiere, umso intensiver ist der Stoffwechsel.

Stoffwechselvorgänge am Beispiel einer Kuh (vereinfacht dargestellt)

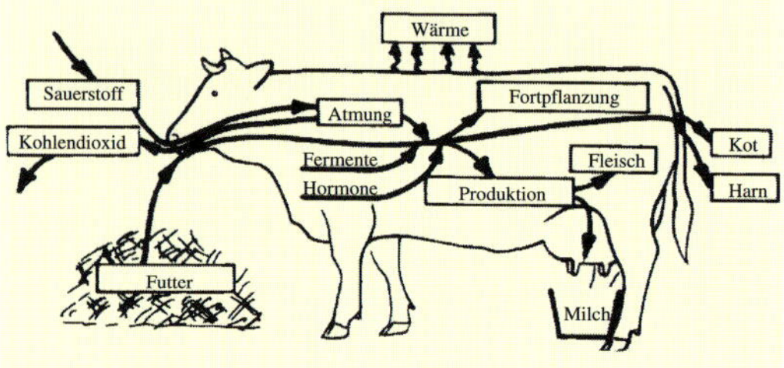

3.3 Aufbau und Funktion von Zellen, Geweben, Organen und Systemen

Zellen	sind die kleinste Lebenseinheit
Gewebe	setzen sich aus vielen Zellen zusammen
Organe	werden aus verschiedenen Geweben gebildet
Systeme	setzen sich aus mehreren Organen zusammen und ergeben den
Tierkörper	

3.3.1 Zelle

Die Zellen sind die Bausteine des Körpers.

Zellen sind nur mit einem Mikroskop erkennbar. Ihre Größe schwankt von 0,005 mm (rote Blutkörperchen) bis 0,02 mm (Leberzellen).

Aufbau und Funktionen

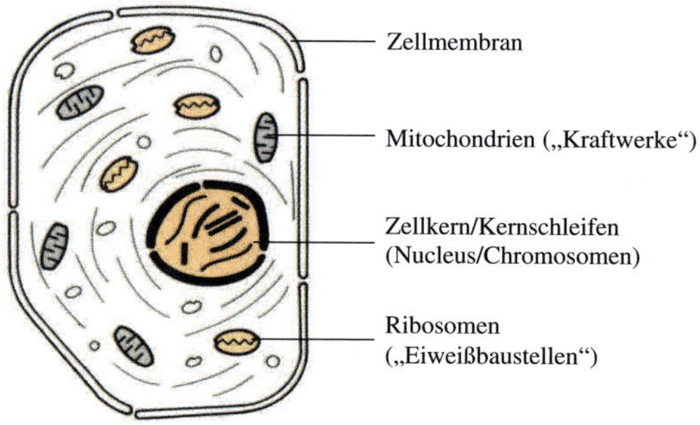

Zellbestandteile und ihre funktionelle Bedeutung:

Zellmembran: Aufnahme und Abgabe von Stoffen
Plasma: Nährstoffspeicherung
Mitochondrien: Energiegewinnung durch Verbrennung von Nährstoffen, Reservebildung, Farbstoffeinlagerungen, Spezielle mitochondrale Geninformation über maternale Einflüsse (Eizellen)

Zellkern: Steuerungszentrale für Stoffwechsel und Fortpflanzung
Kernschleifen (Chromosomen) DNS: Genetische Information
Ribosomen: Eiweißaufbau aus Aminosäuren nach dem Bauplan im Zellkern

Tierische Zellen sind im Gegensatz zu Pflanzenzellen viel spezialisierter. Sie erbringen oft Sonderleistungen, die gleichzeitig Einbußen anderer Fähigkeiten bedeuten können. So dienen z. B. Muskelzellen der Bewegung, Nervenzellen der Reizleitung. Gewisse „Spezialisten" wie Knochen-, Knorpel- oder Fettzellen weisen solche Formen und Zusammensetzungen auf, die ihren Aufgaben besonders gut entsprechen.

So genannte Stammzellen, aus Geweben von Embryonen (z. B. Nabelschnüre) seltener von Erwachsenen gewonnen, können als Vorläuferzellen angesehen werden und haben noch keine Spezialisierung. Sie können als Basis für die Bildung verschieden orientierter Zellverbände, Gewebe und Organe genutzt werden. Das aktuelle Interesse an Stammzellen liegt im biologischen, medizinischen und auch kommerziellen Bereich. Diesbezügliche Ethikkommissionen sowie gesetzliche Bestimmungen sollen die Anwendungsmöglichkeiten festlegen.

Die **tierische Zelle** ist ein hochkompliziertes, chemisches System und zeigt folgende **Eigenschaften:**

- **Stoffwechsel**
- **Vermehrung**
- **Wachstum**
- **Vererbung**
- **Bewegung**

Der Stoffwechsel einer tierischen Zelle im Schema

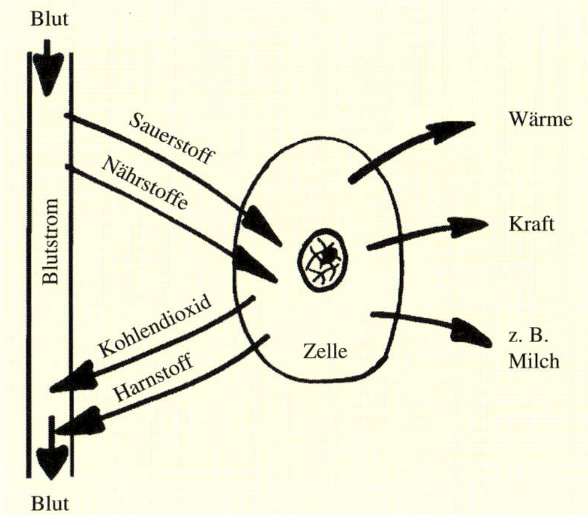

Die lebende Zelle befindet sich in einem ständigen Auf- und Abbau. Sie steht im Stoffaustausch mit ihrer Umwelt. Wenn sie ernährt und mit Sauerstoff versorgt wird, ist sie auch lebensfähig, wenn man sie dem Organismus entnimmt. Durch Tiefgefrieren in flüssigem Stickstoff kann der Stoffwechsel von Zellen (z. B. von Samenzellen, Zellverbänden oder Embryonen) so stark reduziert werden, dass damit eine Konservierung für lange Zeit erreicht werden kann.

In der Zelle und im Zusammenwirken vieler Zellen findet man alle Funktionen, die als Lebensvorgänge bezeichnet werden.

3.3.2 Gewebe und Gewebsarten

Den Zusammenschluss vieler Zellen zwecks Erfüllung ganz bestimmter Aufgaben nennt man Gewebe.

a) Deckgewebe (Epithelgewebe)

Die Zellen liegen eng beisammen mit wenig Zwischenzellsubstanz. Es bildet die oberste Schichte der Haut (äußere Oberfläche) und der

Schleimhäute (innere Oberfläche), der Luftwege, des Verdauungskanals, der Harnwege und der Geschlechtsorgane.
Das Deckgewebe schützt den Körper vor äußeren Einflüssen und vermittelt den Stoffaustausch zwischen außen und innen.
Auch das Drüsengewebe zählt zum Deckgewebe. Es besteht aus Drüsenzellen, die verschiedene Stoffe wie Talg, Schweiß, Schleim, Speichel, Milch, Fermente und Hormone absondern.

b) Stützgewebe

Es verleiht dem Körper Form und Festigkeit und bildet so seine Gestalt.
Die Zwischenzellsubstanz ist stärker entwickelt als bei anderen Gewebearten.

• Bindegewebe
Es tritt in verschiedenen Festigkeitsgraden auf und ist am Aufbau fast aller Organe beteiligt.

Seine **Aufgaben** sind:
- es verbindet das Deckgewebe mit dem Muskelgewebe,
- es bildet elastische Fasern,
- es bildet straffe Sehnen,
- es ist das Grundgerüst für das Fettgewebe.

Lockeres Bindegewebe ermöglicht die Verbindung von Organen.

Fasriges Bindegewebe ist stärker belastbar. Die Aufhängung der inneren Organe (Gekröse) erfolgt mit fasrigem Bindegewebe. Auch die Lederhaut besteht aus solchem.

Sehnengewebe ist ein besonders faserstarkes Bindegewebe. Es verbindet Muskeln mit Knochen und umschließt die Gelenke (Kapsel).

• Knorpelgewebe
Es kann sehr biegsam und elastisch oder glasig und hart sein, je nachdem welche Aufgaben es zu erfüllen hat. Da im Knorpelgewebe keine Blutgefäße vorhanden sind, ist seine Wiederherstellbarkeit beschränkt. Gelenke und Zwischenwirbelscheiben sollten daher maßvoll belastet werden. Knorpelgewebe fungiert als Bindemittel und Stoßdämpfer.

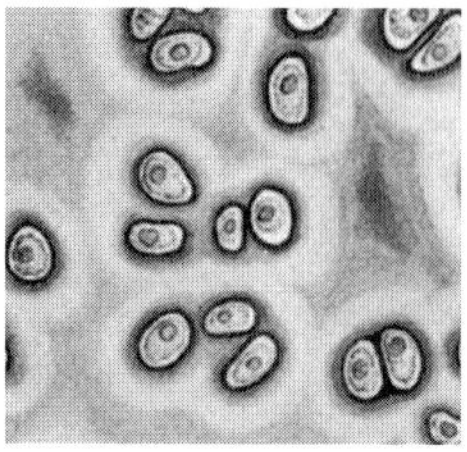
Glasknorpel in fasrigem Bindegewebe

• Knochengewebe
Es entsteht überwiegend aus Knorpelgewebe, in welches Mineralien (Kalk und Phosphor) eingelagert werden und ihm seine Festigkeit verleihen. Es ist das sprödeste Gewebe des Körpers und besteht aus weit verzweigten Knochenzellen und Zwischenzellsubstanz (Knochenleim). Für das Längenwachstum der Knochen im Jugendstadium des Tieres sorgen Wachstumszonen (Fugenknorpel), die erst mit dem Erwachsensein verknöchern. Das Dickenwachstum (z. B. bei den Röhrenknochen) wird durch die bindegewebsreiche Beinhaut, welche die Knochen überzieht, erreicht.

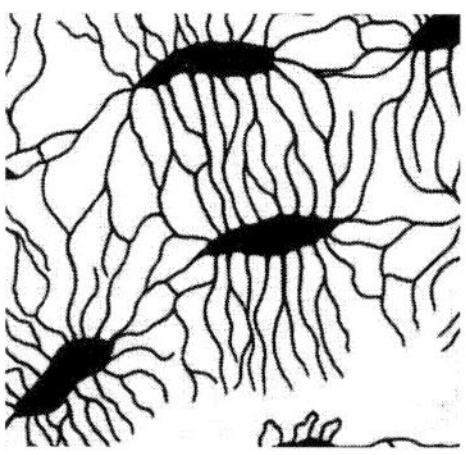
Knochengewebe (Knochenzellen mit Zwischenzellsubstanz)

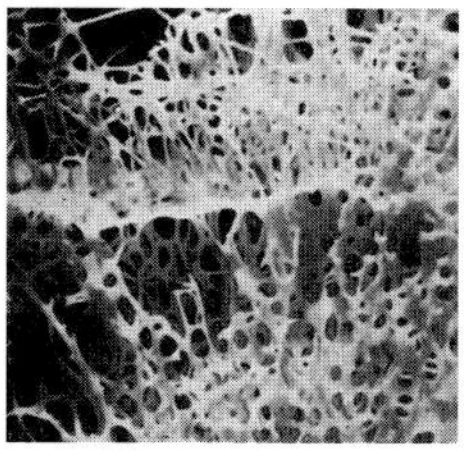
Fugenknorpel (nach der Verkalkung)

Die **Aufgaben** des Knochengewebes sind:
- Stützung des Körpers
- Formung des Körpers
- Lagerstätte für Mineralstoffe

• Zellbildendes Stützgewebe
Dazu zählen das Lymphgewebe, das Knochenmark sowie die Milz. Es ist vor allem für die Bildung von Blutzellen und für die Einlagerung von Fett von Bedeutung.

• Fettgewebe
Es bildet sich aus zellbildendem Stütz- oder aus lockerem Bindegewebe durch Einlagerung von Fett.

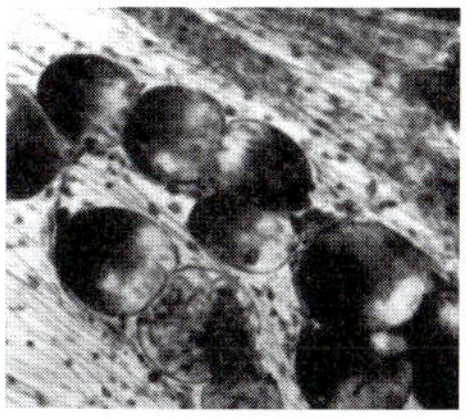

Fettzellen im Bindegewebe

Seine **Aufgaben** sind

- Polsterung und Einbettung innerer Organe (z. B. Nieren)
- Energiespeicher und Wärmeschutz (z. B. Unterhautbindegewebe).

c) Blut

Das Blut stellt ein flüssiges Gewebe dar und besteht im lebenden Organismus aus festen Bestandteilen (Blutzellen) und aus Flüssigkeit.

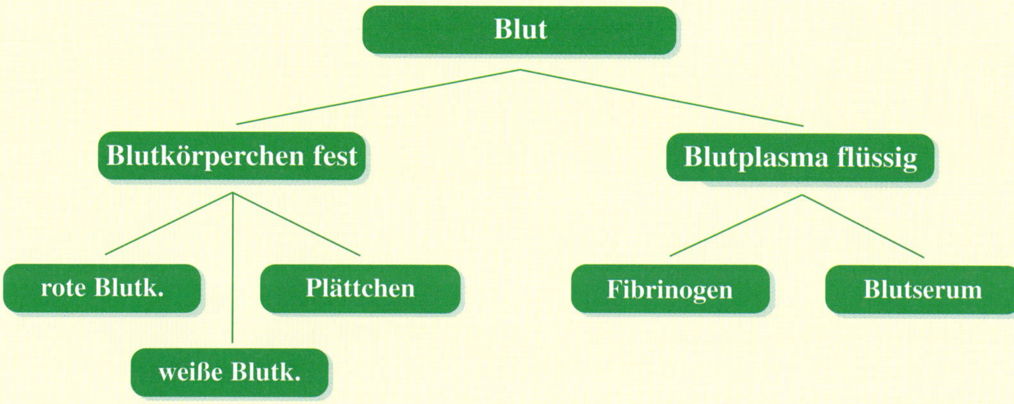

Die Blutkörperchen und das Fibrin, das sich bei Entnahme des Blutes aus dem Körper fasrig abscheidet (Blutgerinnung), bilden den „Blutkuchen". Dabei verfilzt sich das Fibrin mit den Blutplättchen und Blutkörperchen. Der Blutkuchen setzt sich ab, wenn dem Blut kein Mittel gegen Blutgerinnung zugesetzt wird. Beim Schlachten verhindert das Rühren des Blutes die Gerinnung.

Das Serum bleibt im entnommenen Blut flüssig.

• Rote Blutkörperchen (Erythrozyten)
Sie enthalten den roten Blutfarbstoff Hämoglobin (Fe-hältig) und dienen dem Gastransport (O_2 und CO_2). Ein Kubikmillimeter Blut enthält ca. 5 Millionen rote Blutkörperchen. Ihre Lebensdauer ist mit ca. 6 bis 8 Wochen begrenzt. Die Neubildung erfolgt im roten Knochenmark, der Abbau in der Leber und in der Milz.

• Weiße Blutkörperchen (Leukozyten)
Sie vernichten Krankheitskeime (Polizei des Körpers). Ein Kubikmillimeter Blut enthält 8.000 bis 15.000 weiße Blutkörperchen.

• Blutplättchen (Thrombozyten) und Fibrin
Sie sind bei der Blutgerinnung als Wundverschluss von Bedeutung.

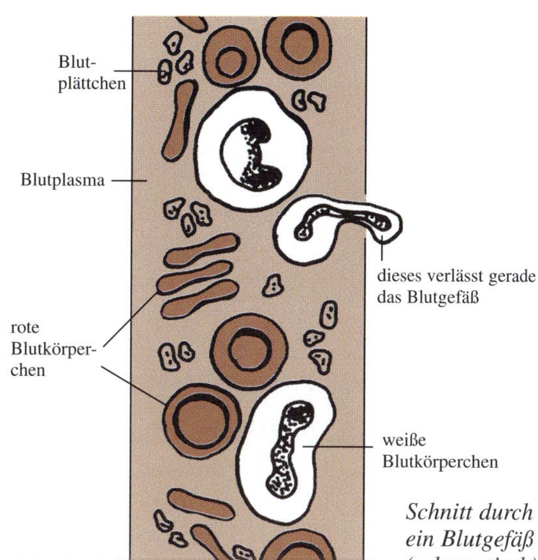

Schnitt durch ein Blutgefäß (schematisch)

• Blutserum
Es enthält Wasser, Mineralien, Salze, Eiweißstoffe, Zucker sowie Antikörper gegen Krankheitserreger.
Es wird auch als Impfstoff eingesetzt.

Das Blut ist ein Transportmittel im Körper, das alle Organe und Systeme zu einer Stoffwechseleinheit verbindet.

d) Muskelgewebe

Es besteht aus gestreckten Muskelzellen, die sich, durch Nervenreize angeregt, zusammenziehen und beim Aufhören des Reizes erschlaffen können.

• Glatte oder unwillkürliche Muskeln
Ihre Tätigkeit unterliegt nicht dem Willen. Sie führen langsame, aber anhaltende Kontraktionen aus und werden vom vegetativen Nervensystem gesteuert. Sie kommen in den Wänden der Blutgefäße und der großen Hohlorgane des Bauches (wie Magen, Darm, Gebärmutter) vor.

• Quergestreifte oder willkürliche Muskeln
Sie werden Skelettmuskeln oder einfach Fleisch genannt und sorgen willkürlich für die Bewegungsabläufe des Körpers. Zwischen den Muskelbündeln findet man Bindegewebe, in welches, abhängig von Veranlagung, Rasse, Alter und Fütterung, mehr oder weniger viel Fett eingelagert werden kann (Marmorierung). Auch die Faserstärke ist von den zuvor genannten Einflüssen abhängig.

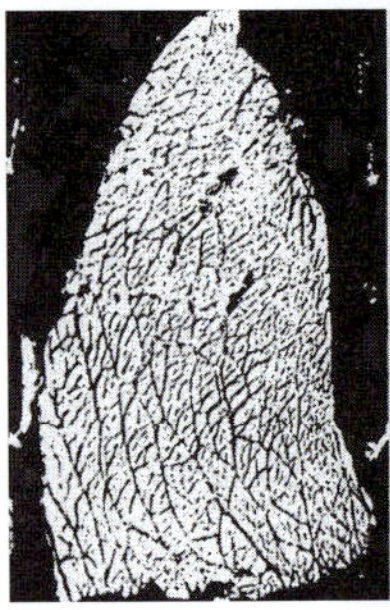

Feine Faserung (beim Lamm kurz nach der Geburt)

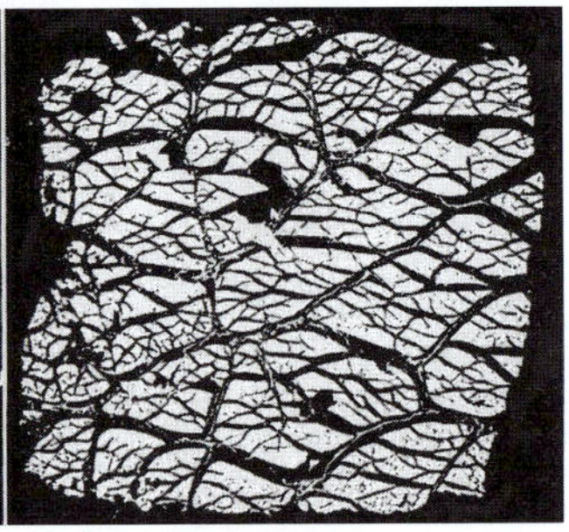

Gröbere Faserung (beim Lamm im Alter von 5 Monaten)

• Herz
Es ist ein Hohlmuskel mit mehreren Kammern. Sein Gewebe besteht aus verzweigten Muskelfasern, die quergestreift sind, aber unwillkürlich funktionieren.

Muskelgewebe entwickelt sich während des Jugendwachstums. Sowohl Entwicklung und Leistungsvermögen können durch Veranlagung sowie durch Training (Kondition) beeinflusst werden. Im Alter vermindern Muskelzellen ihre Teilungsfähigkeit und ihr Leistungsvermögen.

e) Nervengewebe

Das Nervengewebe besteht aus aneinander gereihten und verästelten Nervenzellen, welche die spezialisiertesten Bauteile des Körpers darstellen.

Seine **Aufgaben** sind:
- die Aufnahme
- die Leitung
- die Übertragung

von äußeren Reizen, wie z. B. Kälte, und inneren, wie z. B. Hunger.

Nervenzellen verlieren ihre Teilungs- und Regenerationsfähigkeit schon gegen Ende der Jugend des Lebewesens.

3.3.3 Organe und Organsysteme

Organe bestehen aus mehreren Geweben und zeigen ganz bestimmte Funktionen, z. B. Niere – Blutfilterung, Darm – Verdauung etc.

Organsysteme ergeben sich aus der Verbindung von mehreren Organen mit gemeinsamen Aufgaben, z. B. Bewegungsapparat, Nervensystem, Verdauungssystem etc.

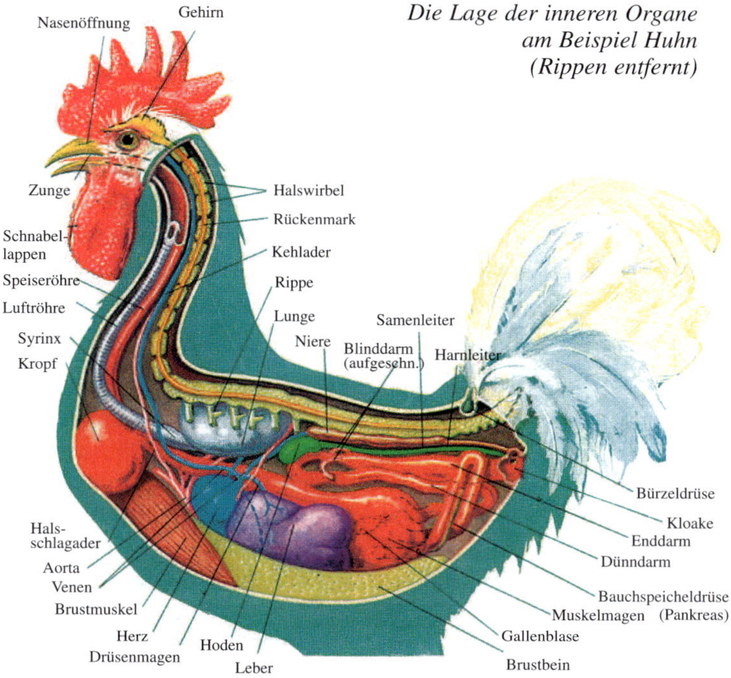

Die Lage der inneren Organe am Beispiel Huhn (Rippen entfernt)

a) Haut

Die Haut schließt den Körper nach außen ab.

Ihre **Aufgaben** sind:

- Schutzorgan

Sie schützt vor Verletzungen, Hitze, Kälte, Strahlen, Austrocknung, Eindringen von Wasser und Krankheitserregern.

- Ausscheidungsorgan

Sie scheidet Wasser und Salze als Schweiß aus. Die Flüssigkeitsabgabe (Verdunstung) durch Poren und Schweißdrüsen ermöglicht eine Wärmeregulation.

- Atmungsorgan

Auch durch die Haut findet ein Gasaustausch statt.

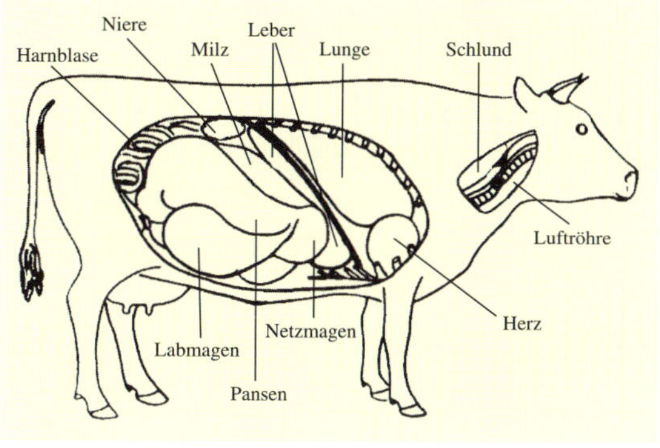

Die Lage der inneren Organe am Beispiel Kuh

- Speicherorgan

Sie ermöglicht eine Speicherung von Blut und Fett.

- Sinnesorgan

Die Haut vermittelt über das Nervensystem Empfindungen von außen (Hitze, Kälte, Druck, Schmerz etc.).

• Oberhaut

Sie wird andauernd neu gebildet und ist außen von einem unregelmäßigen Belag abgestorbener Zellen überzogen. Darunter liegt eine Keimschicht aus teilungsfähigem Gewebe.
Diese Schicht kann Farbstoffeinlagerungen enthalten. Trotz der ständigen Abnützung und Abstoßung von Hautschuppen bleibt die Oberhaut durch Zellteilung in der Keimschicht funktionstüchtig.

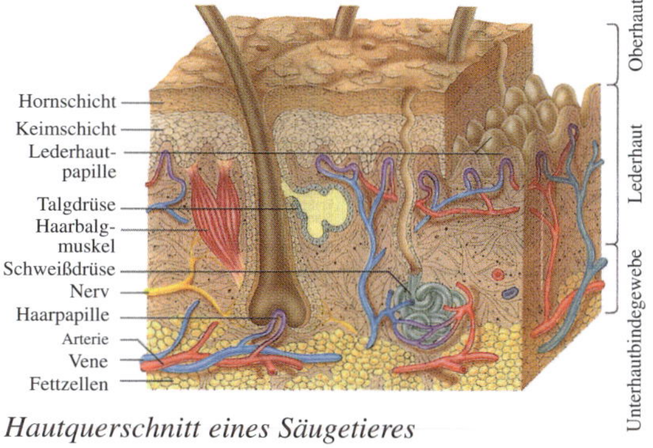

Hautquerschnitt eines Säugetieres

• Lederhaut

Sie ist durch Papillen mit der Oberhaut verbunden und ernährt diese. Die Lederhaut ist mit feinen Blutgefäßen (Kapillaren), Drüsen (Schweiß- und Talgdrüsen), Muskeln und Nervenenden ausgestattet.

• Unterhaut-Bindegewebe

Es besteht aus lockeren, sehr elastischen Fasern, die balkenartig angeordnet sind. Es ermöglicht die Verschiebung der Haut am Körper und dient der Fetteinlagerung. Bei krankhaften Vorgängen sind darin manchmal Ansammlungen von Flüssigkeiten oder Gasen festzustellen.

Haare sind Bildungen der Oberhaut, ihre Wurzeln (Haarzwiebeln) sitzen in der Unterhaut.
Sie sind mit Muskeln und Talgdrüsen (Hautfettung) ausgestattet.
Man unterscheidet:
- **Grannenhaare** liegen an der Oberfläche und schützen vor Umwelteinflüssen.
- **Wollhaare** dienen der Wärmeregulation.

Schweißdrüsen sondern bei zu starker Erwärmung des Körpers Schweiß ab und regeln die Körperwärme. Rinder und Schweine besitzen wenige, Pferde und Schafe viele Schweißdrüsen. Rinder und Schweine sind deshalb auch hitzeempfindlich.

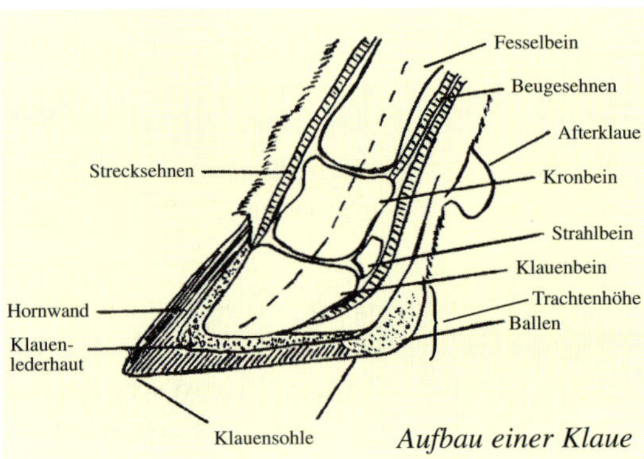

Aufbau einer Klaue

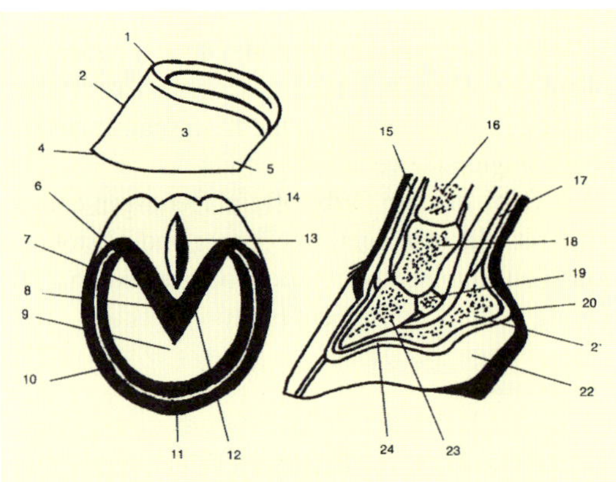

Querschnitt durch ein Huf

1 = Hornsaum
2 = Zehenwand
3 = Seitenwand
4 = Tragrand
5 = Trachtenwand
6 = Eckstrebenwinkel
7 = Eckstrebe
8 = Strahl
9 = Hufsohle
10 = Tragrand
11 = Weiße Linie
12 = Seitliche Strahlfurche
13 = Mittlere Strahlfurche
14 = Ballen
15 = Streckensehne
16 = Fesselbein
17 = Beugsehne
18 = Kronbein
19 = Strahlbein
20 = Ballen
21 = Strahlkissen
22 = Hornstrahl
23 = Hufbein
24 = Huflederhaut

Klauen und Hufe: Paarhufer haben Klauen, Unpaarhufer Hufe. Letztere haben keine Afterklauen, dafür weiter körperwärts so genannte Kastanien (Horngebilde, Rudimente der Mehrzehigkeit).
Das Horn von Klauen und Hufen ist unterschiedlich strapazfähig. Das Wachstum, die Festigkeit und die Notwendigkeit zur Korrektur sind von Veranlagung und Umwelt beeinflusst.

Federn: Sie sind Horngebilde der Haut, bedecken den ganzen Körper des Geflügels und bilden eine Schutz- und Isolationsschicht. Beim Wassergeflügel wird das Gefieder mittels Talg (vom Pürzel) beim Säubern des Tieres mit dem Schnabel gefettet und damit wasserundurchlässig.
Man unterscheidet nach Bau und Aufgaben:
Konturfedern (mit Kiel und Fahne), zum Schutz der Körperoberfläche sowie zur Flugmöglichkeit,
Flaumfedern (Daunen) zur Temperaturregulation (Federn aufplustern bzw. anlegen) und
Fadenfedern zur Unterstützung der Konturfedern und der Dichte des Gefieders.

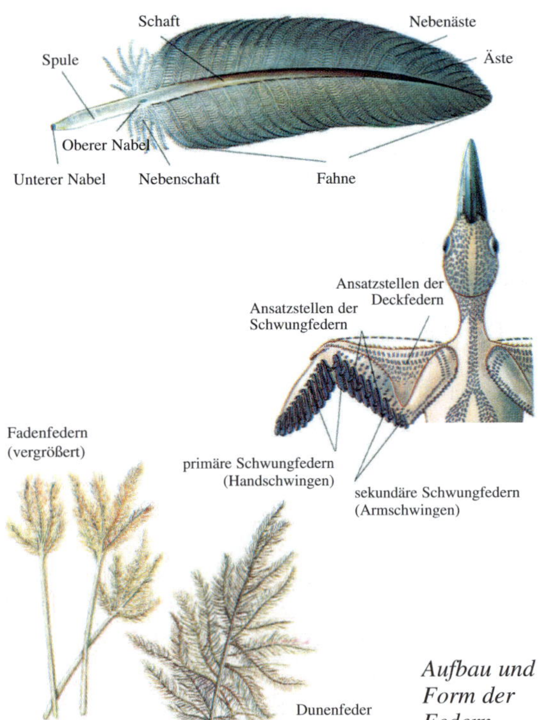

Aufbau und Form der Federn

Hörner und Krallen: Auch sie sind Hautgebilde. Genetische Hornlosigkeit oder Enthornung bringen bei zeitgemäßen Haltungsformen Vorteile für Viehbetreuer und Vieh.

• Schleimhaut

Hohlräume von Organen und Systemen, bei welchen es darauf ankommt schlüpfrig zu sein, sind mit einer Schleimhaut versehen. An ihrer Oberfläche befinden sich Schleim- und Speicheldrüsen. Eine darunter liegende Muskelschicht ermöglicht die oft notwendige Dehn- und Verschiebbarkeit sowie die Beweglichkeit der Schleimhaut z. B. im Verdauungstrakt, im Atmungs- und im Fortpflanzungssystem. Wo es auf eine vergrößerte Oberfläche ankommt, ist die Schleimhaut mit Falten oder Papillen ausgestattet (z. B. bei der Nährstoffaufnahme im Darm). Flimmerhärchen können, durch Tätigkeit von Muskeln der Schleimhaut bewegt, Stoffe in eine bestimmte Richtung transportieren; das betrifft die Eizelle auf ihrem Weg durch den Eileiter zum Tragsack oder das Aushusten von Fremdstoffen aus dem Atmungsweg.

Die Gesunderhaltung und Pflege der Haut, des Haar- und Federkleides, der Klauen, Hufe und Krallen sind für das Wohlbefinden der Tiere bedeutungsvoll.

b) Knochengerüst

Das Knochengerüst (Skelett) gibt dem Körper Form und Stütze und ermöglicht die tierartgerech-

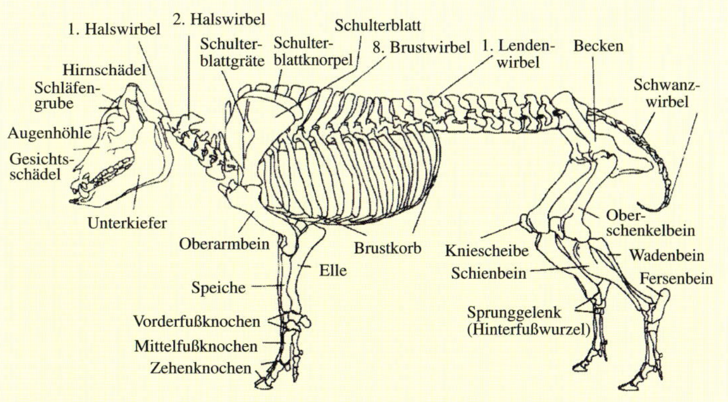

Das Knochengerüst des Schweines

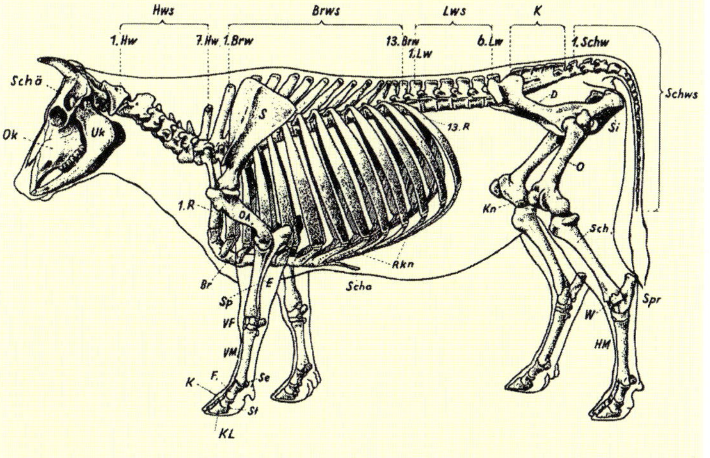

Das Knochengerüst des Rindes

OK	Oberkiefer (Gesichtsknochen)	E	Elle
		VF	Vorderfußwurzelgelenk
Schä	Schädel	VM	Vordermittelfuß
UK	Unterkiefer	F	Fesselbein
Hw	Halswirbel	K	Kronenbein
Brw	Brustwirbel	KL	Klauenbein
Brws	Brustwirbelsäule	Se	Sesambeine des Fesselgelenks
Lw	Lendenwirbel		
Lws	Lendenwirbelsäule	St	Sesambeine des Klauengelenks
K	Kreuzbein		
Schw	Schwanzwirbel	D	Darmbein
Schws	Schwanzwirbelsäule	Si	Sitzbein
R	Rippe	O	Oberschenkelbein
Br	Brustbein	Kri	Kniescheibe
Scha	Schaufelknorpel	Sch	Schienbein
Rkn	Rippenknorpel	W	Wadenbein (beim Rind nicht voll entwickelt)
S	Schulterblatt		
OA	Oberarmbein	Spr	Sprunggelenk mit Sprungbein
Sp	Speiche	HM	Hintermittelfuß

ten Bewegungen. Es schützt auch innere Organe und stellt ein wesentliches Mineralstoffdepot dar.

• Knochen

Sie sind mit geringstem Materialaufwand bei höchstmöglicher Festigkeit gebaut. Sie lassen sich stark im Druck und Zug, nicht aber in der Drehung belasten.

Im Tierkörper gibt es röhrenförmige und plattenförmige Knochen sowie solche mit bestimmten Zweckformen.

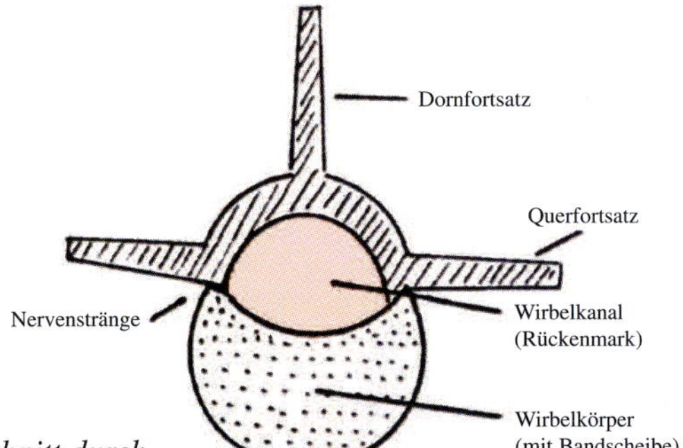

Schnitt durch einen Wirbelknochen

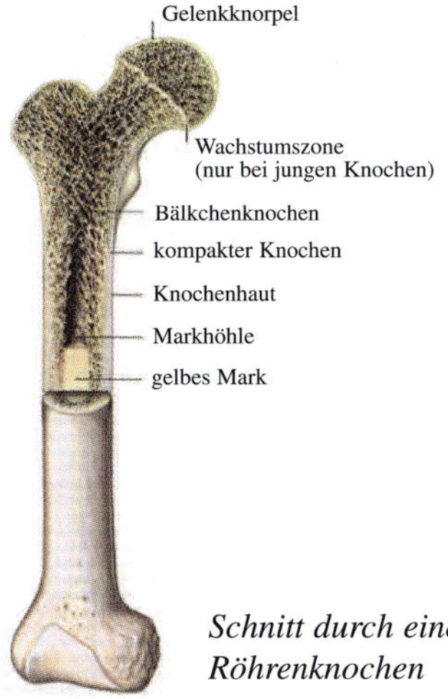

Schnitt durch einen Röhrenknochen

Knochenverbindungen gibt es als:
- Verzahnungen (Nähte)
- Verfugungen (Knorpel- oder Knochenfugen)
- Gelenke
- Sehnen, Bänder, Muskeln

Nähte und **Fugenverbindungen**, wie sie z. B. im Schädel- und im Beckenbereich vorkommen,

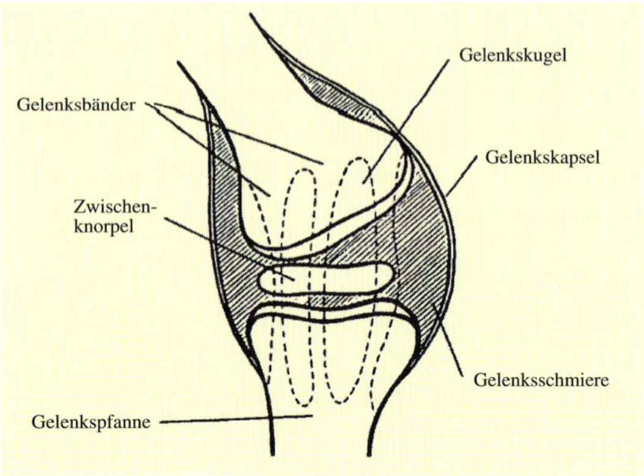

Querschnitt durch ein Gelenk

lassen eine nur sehr beschränkte Bewegung (Verschiebung, Dehnung) zu.

Gelenke ermöglichen Bewegungen zweier durch Sehnen, Knorpel bzw. Muskeln verbundener Knochen in eine Richtung (Scharniergelenk) oder drehbar (Kugelgelenk).

Die Berührungsflächen der Knochen in der Gelenkskapsel sind zumeist als Glasknorpel ausgeführt. Die Gelenksschmiere sorgt für möglichst geringe Reibung.

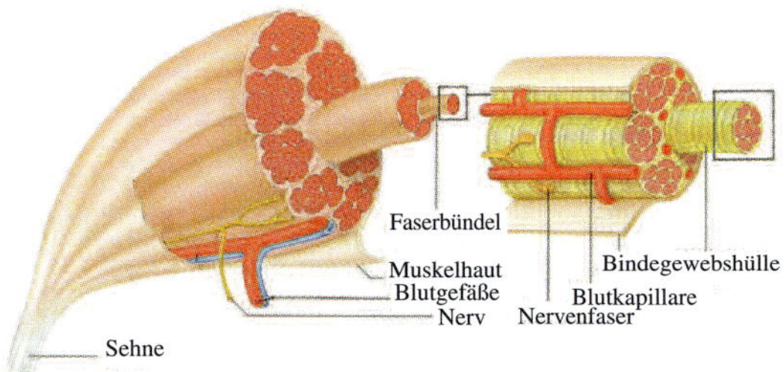

Der Aufbau eines Skelettmuskels (dargestellt in Abschnitten unterschiedlicher Vergrößerung)

c) Muskulatur

• Skelettmuskulatur (Fleisch)

Sie besteht aus einer großen Zahl einzelner Muskeln, welche die vielfältigen Bewegungen der Tiere ermöglicht. Jeder einzelne Muskel ist von Bindegewebshäuten umhüllt, die mittels Bänder und Sehnen an Knochen befestigt sind. Für Beanspruchung der Skelettmuskulatur ist vernünftiges

Training von Jugend an eine wesentliche Voraussetzung.

Das Zusammenziehen eines Muskels beruht auf chemischen Vorgängen, die, durch Nervenreize ausgelöst, neben Wärme auch Milchsäure freisetzen. Durch diese kommt es zur Ermüdung.

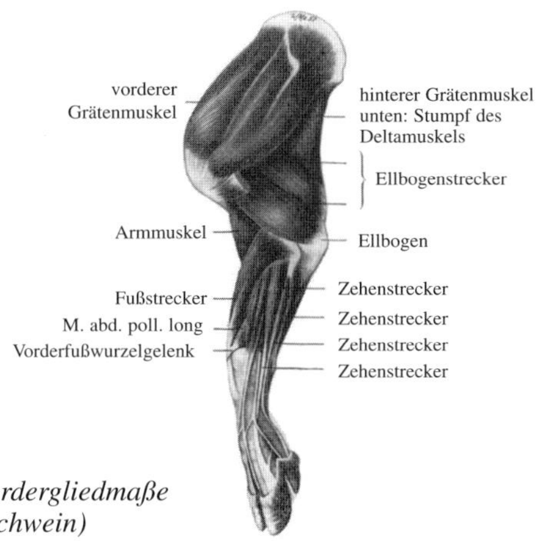

Vordergliedmaße (Schwein)

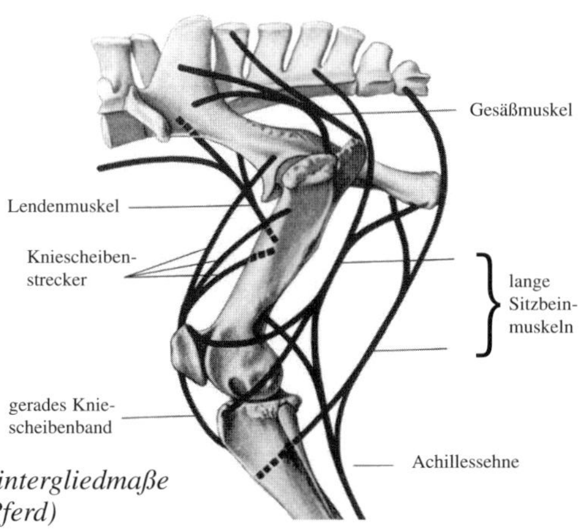

Hintergliedmaße (Pferd)

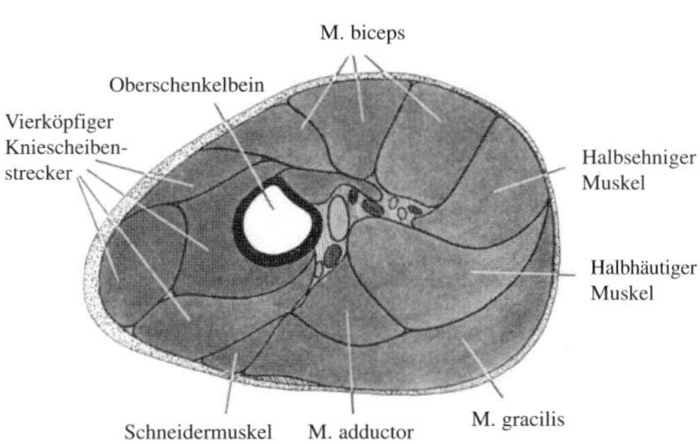

Muskeln des Oberschenkels im Querschnitt

Wichtige Muskeln

Am **Kopf** sind es die Kau- und die Gesichtsmuskeln.

Der **Rumpf** besitzt rückenseitig langgestreckte und zumeist kräftig ausgebildete Muskelpartien, die besonders wertvolle Fleischteile des Schlachtkörpers ausmachen.
Die Brust- und Bauchwand wird von einer flächigen, mehrschichtigen Muskulatur gebildet, welche manche Tierarten bei üppiger Ernährung vor allem im erwachsenen Zustand zu stärkerer Fetteinlagerung veranlasst.
Zwischenrippenmuskeln und das schräg von hinten oben nach vorne unten verlaufende, nur an den Rändern muskuläre Zwerchfell bilden die wichtigen Atemmuskeln.

An der **Vorderhand** sind die Schultergürtelmuskeln und die Muskeln der Vorderbeine von Bedeutung.

Die **Hinterhand** umfasst die zumeist mächtigen Beckengürtel- und Hinterbeinmuskeln, die beim Rind als Behosung oder Keule, beim Schwein als Schinken bezeichnet werden.
Dazu kommen noch die Muskeln der Wade oder Stelze, vorne und hinten.

Das **Muskelbildungsvermögen** ist abhängig von:
- der Tierart,
- der Rasse,
- dem Geschlecht,
- dem Alter,
- der individuellen Veranlagung,
- der Fütterung,
- der körperlichen Beanspruchung (Konditionierung) des Tieres.

• Eingeweidemuskulatur

Sie stellt einen schlauchartigen Hohlmuskel mit unterschiedlichem Querschnitt dar.
Ihre hauptsächliche Aufgabe ist es, den Nahrungsbrei kontinuierlich zu durchmischen und in den Eingeweiden durch wellenförmige Kontraktionen fortzubewegen.

d) Blutkreislauf und Lymphsystem

Zwischen Blut und Lymphe besteht ein entscheidender Zusammenhang. Die Lymphe stellt, einfach ausgedrückt, die Fortsetzung des Blutes in die kleinsten Einheiten des Körpers dar.

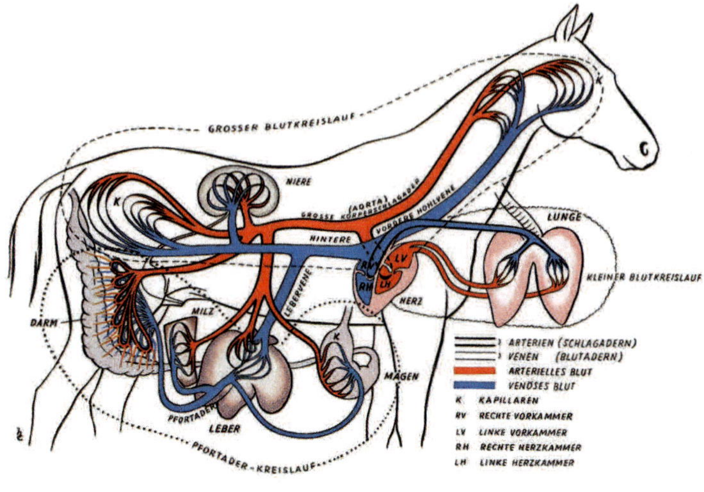

Der große (Körperkreislauf), der kleine (Lungenkreislauf) und der Pfortaderkreislauf, schematisch dargestellt am Beispiel des Pferdes

• Blutkreislauf

Der Blutkreislauf besteht aus einem Röhrensystem von sehr unterschiedlichen Querschnitten, durch welches das Blut durch die rhythmische Bewegung des Herzens gepumpt wird.

Aufgaben des Blutkreislaufs:

- Gastransport (Atmung)
- Nährstofftransport (Ernährung)
- Schlackenstofftransport (Ausscheidung)
- Krankheitsabwehr (Immunstoffe)
- Regelung des Wasserhaushaltes
- Regelung des pH-Wertes (Säuregrad)
- Regelung des osmotischen Drucks
- Wirkstofftransport (Hormone, Vitamine etc.)
- Mineralstoffhaushalt (Ein- und Auslagerung)
- Wärmeübertragung und Wärmeausgleich
- Wundverschluss

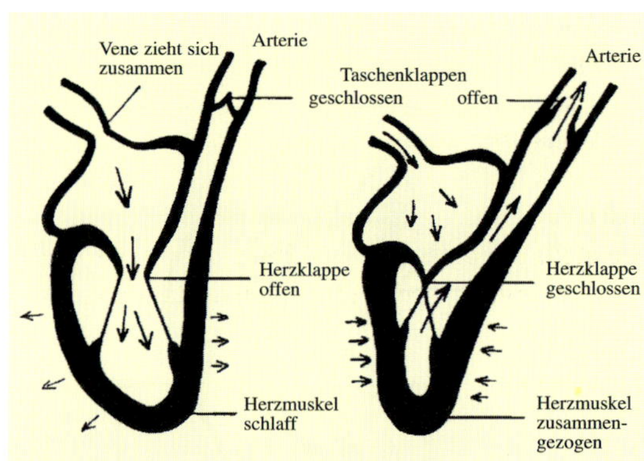

Das Schema der Herztätigkeit

Herz

Es stellt den Motor des Kreislaufs dar, besteht aus zwei Vor- und zwei Hauptkammern und steckt in einer Bindegewebshülle (Herzbeutel). Vor- und Hauptkammer sind jeweils durch Klappen verbunden. Die Blutversorgung des Herzens erfolgt durch ein eigenes Gefäßsystem (Herzkranzgefäße).

Arterien

Die Arterien sind dickwandige, tiefliegende Adern, welche vom Herzen wegführen. Das arterielle Blut ist sauerstoffreich und hellrot. Eine Ausnahme ist das Blut im kleinen Kreislauf.

Venen

Die Venen sind dünnwandig, liegen seicht und sind mit Klappen (Ventilen) ausgestattet, die einen Rückfluss des Blutes verhindern. Venöses Blut ist kohlendioxydreich, dunkelrot und fließt zum Herzen.

Kapillaren

Sie haben kleinste Querschnitte, durchziehen alle Organe und verbinden netzartig die kleinsten Arterien und Venen. Sie sind sehr kurz, aber reichlich und in unterschiedlicher Dichte vorhanden.

Blutmenge

Sie beträgt 7 bis 8% des Körpergewichtes. Ein Teil davon (etwa 1/4) ist immer in der Leber, der Milz und der Haut gespeichert. Etwa 3/4 der Blutmenge befinden sich im Kreislauf.

• Lymphe

Neben dem Blut enthält der Körper noch die Gewebsflüssigkeit oder Lymphe. Sie besteht aus Plasma und weißen Blutkörperchen und entsteht durch Austritt von Flüssigkeit aus den Kapillaren ins Zellgewebe. Sie füllt alle Lücken zwischen Zellen und Gewebe und funktioniert als Fortsetzung des Blutkreislaufs in die kleinsten Einheiten des Körpers. Im Körper verteilt befinden sich **Lymphknoten**, zu deren Aufgabenbereich das Erzeugen von Lymphzellen und das Filtern und Unschädlichmachen von Fremdstoffen (Gifte, Krankheitserreger etc.) gehört.

Die **Aufgaben** der Lymphe sind:

- Versorgung der kleinsten Einheiten (Zellen) im Körper, die von den Kapillaren nicht erreicht werden
- Transport von Fett
- Bekämpfung von Infektionen

Zum Lymphsystem gehören die Milz, das Bries (Thymus), die Leber und das Knochenmark.

Milz

Sie stellt die größte Lymphdrüse dar, bildet weiße Blutkörperchen, speichert Blut und filtert abgestorbene Zellpartikel.

Bries (Thymus)

Es wird auch Jugenddrüse genannt, weil es über Hormone wesentlich am Wachstumsrhythmus der jugendlichen Tiere beteiligt ist und über Antikörperbildung den Ausbruch von Krankheiten verhindern kann. Gegen Ende des Jugendstadiums baut sich diese Drüse ab.

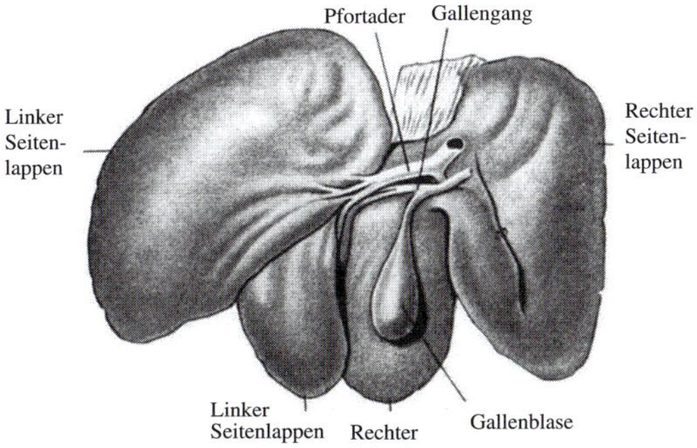

Die stark gelappte Leber vom Schwein

Leber

Sie stellt die größte Drüse im Körper dar und ist in ihrer Funktion eng mit dem Blutkreislauf verknüpft. Sie besteht aus Hunderttausenden von **Leberläppchen**, die die vielfältigen Funktionen durchführen.

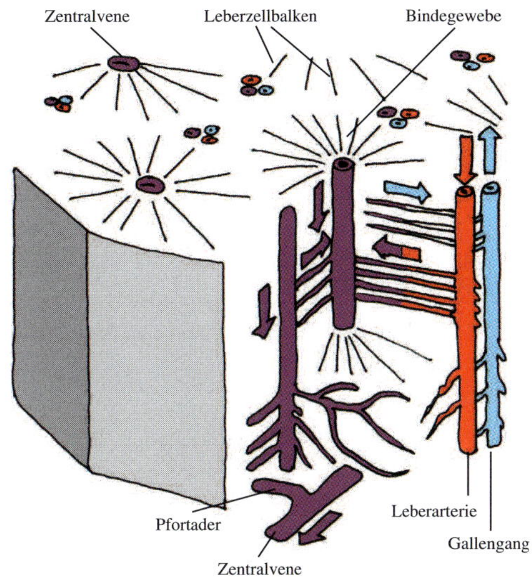

Schnitt durch ein Leberläppchen

Ihre **Aufgaben** sind:

- Entgiftung des Blutes (Filter für Gift- und Schadstoffe)
- Speicherung von Blut
- Stabilisierung des Nährstoffgehaltes im Blut (Traubenzucker wird in Form von Glykogen gespeichert und bei Bedarf wieder dem Blut zugeführt)
- Erzeugen der Gallenflüssigkeit (Verdauungssaft)
- Beteiligung am Fettstoffwechsel
- Kurzzeitige Speicherung von Vitaminen

Die Leber stellt mit ihren vielfältigen Funktionen das Zentrallaboratorium im Stoffwechsel des Organismus dar.

Knochenmark

Die Hohlräume vieler Knochen sind mit Knochenmark gefüllt. Es liefert die wichtigen Blutbestandteile und ist in der Jugend der Tiere rot und sehr aktiv. Später verfettet es und wird gelb.

e) Atmungssystem

• Aufbau und Funktion
Die Lunge ist das Gasaustauschorgan des Körpers.

Luft ist ein Lebensmittel!

Beim Einatmen gelangt die Luft über die **Nase** und den **Rachenraum**, wo sie vorgewärmt, angefeuchtet, von Staub gereinigt und überprüft wird, über den **Kehlkopf** in die **Luftröhre**. Die Luftröhre teilt sich in die beiden **Lungenflügel**, in welchen sich die **Bronchien** befinden.
Diese verzweigen sich in viele traubenförmig aufgebaute **Lungenbläschen**, in denen der Gasaustausch stattfindet. Ein Netz feinster **Kapillaren** nimmt Sauerstoff aus der eingeatmeten Luft auf und gibt Kohlendioxyd an die Ausatmungsluft ab.

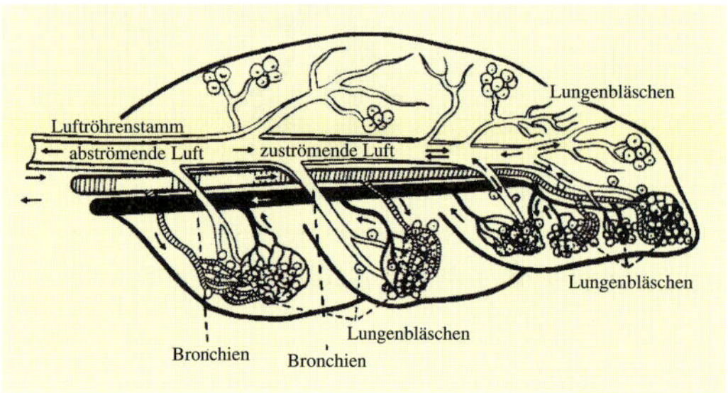

Die Lunge schematisch

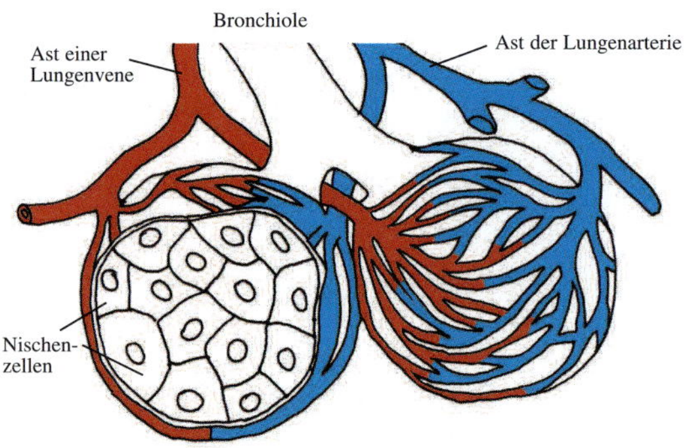

Ein Lungenbläschen (links geöffnet)

Die Leistung der Lunge ist stark von der Beanspruchung des Tieres abhängig. Eine GVE (z. B. Pferd) kann die eingeatmete Luftmenge je Minute, die im Ruhezustand 40 bis 50 Liter beträgt, bei starker Beanspruchung kurzzeitig bis 400 Liter steigern. Im Mittel werden täglich etwa 4000 Liter Kohlendioxyd von einer GVE ausgeschieden.

Alle Nutztiere sollen Luft jederzeit unverändert, rein und nach Bedarf in ihrem unmittelbaren Atembereich zur Verfügung haben.

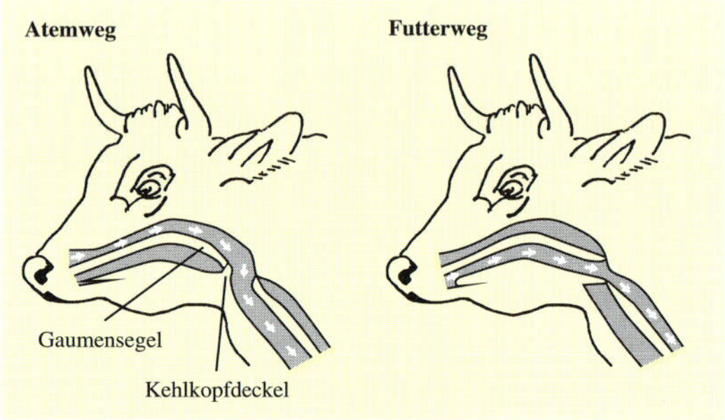

Kreuzung des Atem- und Futterweges

f) Nervensystem

Das Nervensystem durchzieht den ganzen Körper wie ein weit verzweigtes, allerdings ermüdbares, Telefonnetz. Die Zentrale ist das Gehirn, von welchem sich das Nervensystem über das Rückenmark und immens viele Nervenstränge über Organe und Systeme bis zur Körperoberfläche zieht.

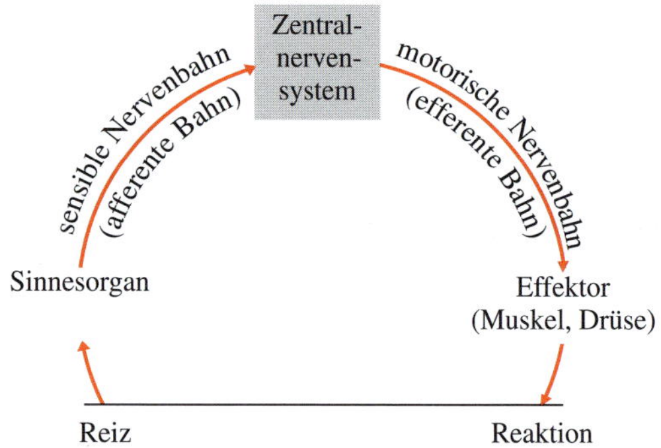

Schema des Nervensystems

• Zentralnervensystem
Es besteht aus dem **Gehirn** (Empfindungs- und Schaltzentrale),
der **Hirnanhangsdrüse** oder **Hypophyse** (Einflüsse auf das Hormonsystem) und
dem **Rückenmark** (Hauptleitungsstrang).

Im **Gehirn** befinden sich Zentren für alle fünf Sinne:
- Tastsinn
- Gesichtssinn
- Gehörsinn
- Geschmackssinn
- Geruchssinn

Sie ermöglichen die Orientierung des Tieres in der Umwelt.

• Peripheres Nervensystem

Es umfasst alle Nervenfasern und Nervenleitungen außerhalb des Zentralnervensystems, mit dem es in direkter Verbindung steht. Es gliedert sich in motorische (Bewegung), sensible (Empfindung) und vegetative Nerven.

• Vegetatives Nervensystem

Es ist kaum oder überhaupt nicht vom Willen beeinflussbar und findet seine hauptsächliche Aufgabe darin, das Leben und die Funktion der inneren Organe aufrecht zu halten, auch wenn Störungen und Zufälligkeiten des Bewusstseins auftreten. Die Gruppe des **„Sympathikus“** wirkt anregend (Kraftentfaltung, Verbrauch), die des **„Vagus“** hemmend (Erholung, Sammlung). Das vegetative Nervensystem ist eng mit dem Gefühls-, dem Triebleben und dem Hormonsystem verbunden. Mit seiner Hilfe werden die Funktionen im Körper in möglichst richtigem Ausmaß und zur richtigen Zeit gelenkt (→ siehe Kap. 3.3.3, Hormonsystem, Band 1, Seite 43)

• Reflex

Empfindungen werden unter Ausschaltung des Bewusstseins direkt an den ableitenden Nerv übermittelt, der Konsequenzen auslöst, z. B. das Ausschlagen des Pferdes, wenn es erschreckt, das Einschießen der Milch bei der Stute, wenn sie das Wiehern ihres Fohlens hört (→ siehe Kap. 3.3.3, Hormonsystem, Band 1, Seite 43)

• Instinkt

Instinkthandlungen sind komplizierte, zweckmäßige Handlungen der Tiere, die diese zielsicher durchführen, ohne sie erlernt zu haben. Sie werden schon beim ersten Mal fehlerlos ausgeführt. Instinkte sind erblich und werden durch bestimmte Reize ausgelöst, z. B. Nestbau bei Vögeln, Kaninchen, Sauen sowie gewisse Abläufe im Triebleben.

• Schlaf

Das Schlafbedürfnis ist nicht nur eine Folge der Ermüdung, sondern ein Schutzmittel gegen Erschöpfung. Der Schlaf ist lebenswichtig und ermöglicht es dem gesamten Körper, sich zu regenerieren. Im Schlaf werden alle Lebensvorgänge vermindert. Pferde und Rinder schlafen leicht, schon geringe Geräusche lassen sie aufwachen. Schweine, Hunde, Katzen können lange und tief schlafen. Das Geflügel hält einen Tagesrhythmus ein und schläft im Dunkeln tief. Durch ungewohnte Geräusche werden alle Tiere rasch geweckt; ein Überbleibsel des Verhaltens von Wildtieren, die ständig in Gefahr waren.

• Schock

Er wird über eine plötzlich eintretende Erschütterung des Organismus (Erschrecken, Verletzungen, Schmerzen, Gewalteinwirkung etc.) unbewusst über das sensible Nervensystem ausgelöst und bewirkt Veränderungen des Kreislaufs. Schock kann einen Schutz für das Tier darstellen, wenn sich unter Ausschaltung gewisser Funktionen über das vegetative Nervensystem kurzfristig der Körper auf das Lebensnotwendigste beschränken kann.

g) Hormonsystem

Das Hormonsystem lenkt einen großen Teil von den vielfältigen funktionellen Abläufen im Körper.

• Hormone

Sie sind vielfach unentbehrliche Botenstoffe im Körper, die lebenswichtige Vorgänge steuern und aufeinander abstimmen. Sie ermöglichen ein inneres Gleichgewicht und eine Anpassung an äußere Einflüsse.

Die Hormonbildung erfolgt in Hormondrüsen (innersekretorische Drüsen), die untereinander und auch mit der Hirnanhangsdrüse (Hypophyse) in Wechselbeziehung stehen, sowie auch in bestimmten Geweben (z. B. Niere, Darmwand).

Hormondrüsen sind stark durchblutet, was auf ihre große Bedeutung schließen lässt. Sie geben ihre **Inkrete** (Hormone) direkt in die Blutbahn ab.

Die Hormone müssen im Hormonsystem des Körpers in einem dem Geschlecht und der jeweiligen Lebenssituation angepassten harmonischen

Verhältnis zueinander stehen. Veränderungen im Hormonhaushalt bewirken Änderungen bestimmter Funktionen, wie z. B. ungewollt

- dass ein persistierender (anhaltendender) Gelbkörper trotz Nichtträchtigkeit eine Brunst verhindert,

oder gewollt

- dass, nach einer Hormonbehandlung mehrere bis viele Eizellen zwecks M. O. (Multiple Ovulation) heranreifen. Siehe Beispiele auf der nächsten und übernächsten Seite.

Eine Harmonie im Gesamteindruck des Tierkörpers ist immer Ausdruck für ein richtig abgestimmtes, funktionelles Hormonsystem.

Lage und Aufgaben der Hormondrüsen

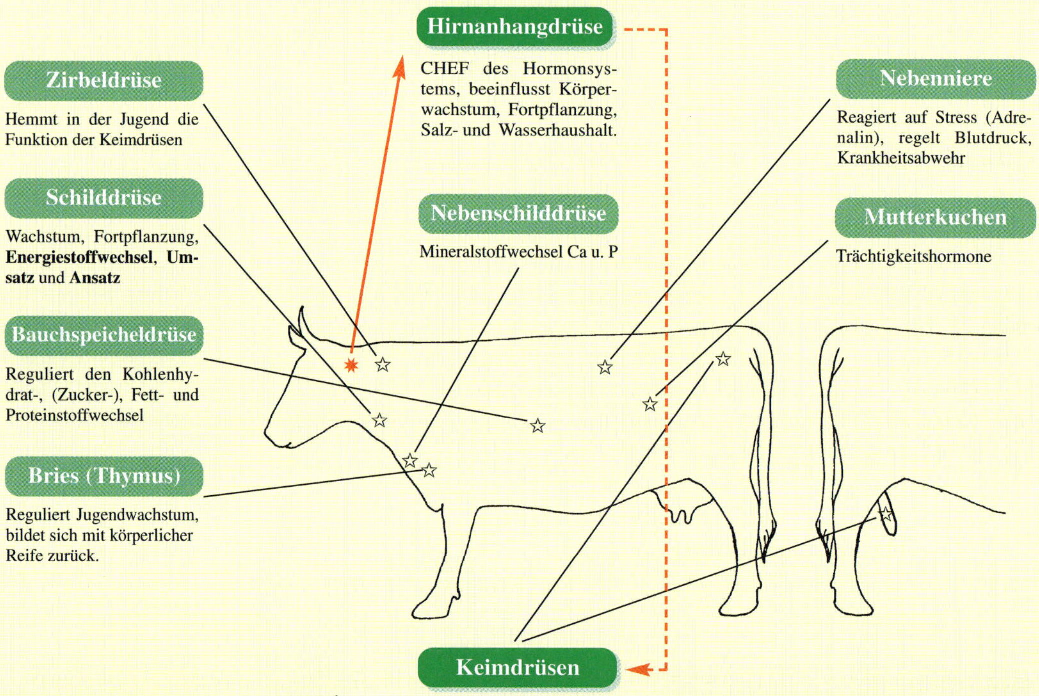

Eierstöcke, Tragsack, Euter

Auswirkungen

Geschlechtstypisches Körpergepräge, Sexual- und Fortpflanzungsverhalten der Geschlechter. (siehe 3.3.3 k)

Hoden

zyklisch ← **Hormonbildung** → **kontinuierlich**

Hormone	Funktionen
FSH	Follikelbildung und -reifung
LH	Fortpflanzungszyklus, Gelbkörperbildung, Follikelsprung etc.
ÖSTRADIOL	Brunstablauf
PROGESTERON	Trächtigkeit
PROLAKTIN	Milchbildung
RELEASER	Auslösehormon (Follikelsprung)
OXYTOCIN	Kontraktionshormon

bei trächtigen Tieren – Wehen / nach der Geburt – Reinigungsausfluss / bei laktierenden Tieren – Einschießen der Milch

Hormone	Funktionen
TESTOSTERON	Spermienbildung, Spermienreifung, Decklust (Libido)

Zusammenwirkung von Hormonen am Beispiel des Fortpflanzungszyklus beim Rind
(schematisch)

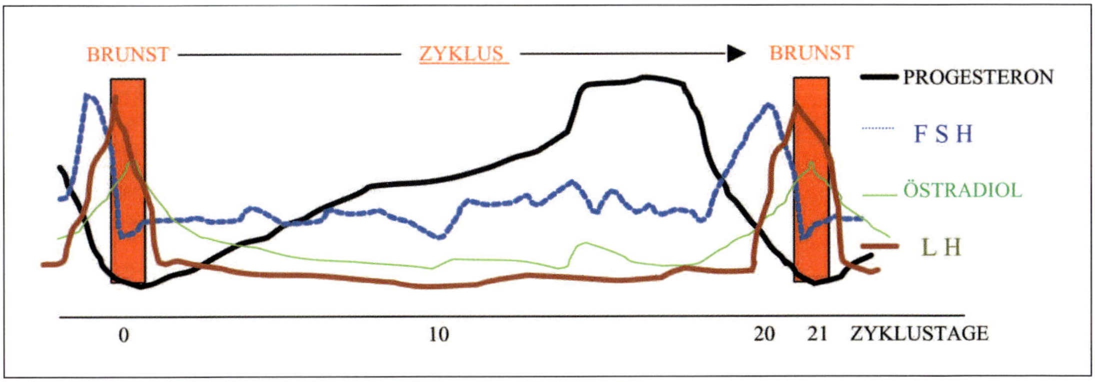

Normale Funktionen ohne Besamung oder Belegung

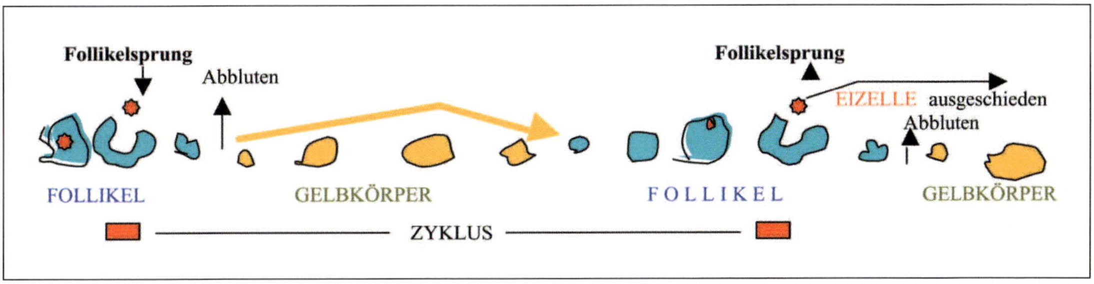

Normale Funktion mit Besamung oder Belegung

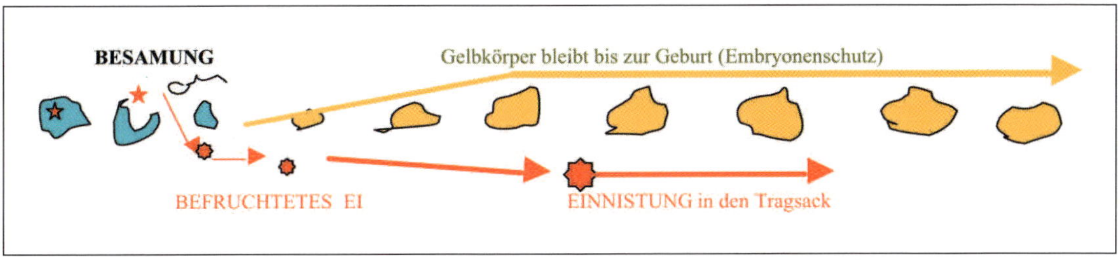

Anormale Funktion mit persistierendem Gelbkörper durch Hormonstörung

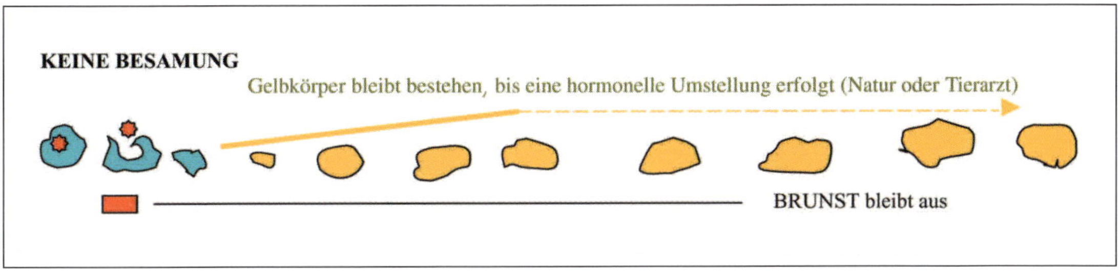

Funktion am Beispiel Melkbereitschaft

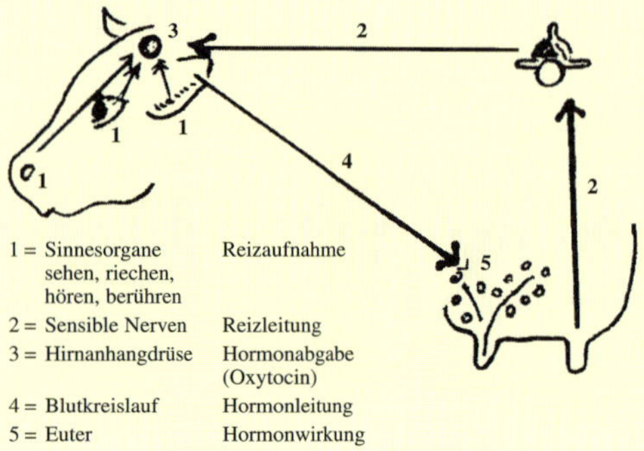

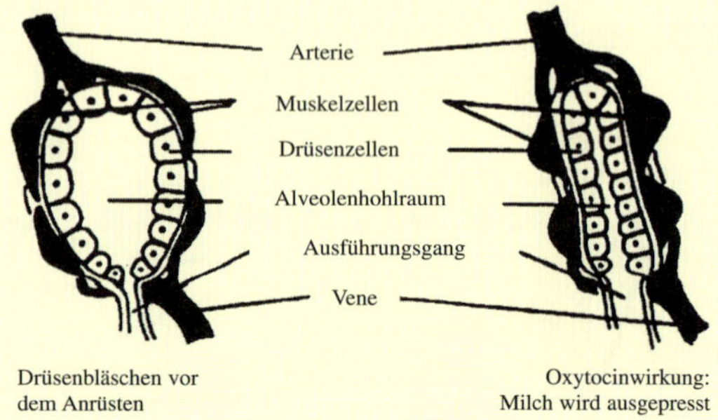

• Zusammenwirken von Hormonen bei der Stressbewältigung

Das Hormonsystem, im Besonderen die Nebenniere, versucht nicht nur eine sekundenschnelle Anpassung an bedrohliche Umweltbedingungen, sondern auch an Dauerbelastungen, wie sie z. B. bei der Massentierhaltung vorkommen können.

Durch Belastungen plötzlich erhöhte Nebennierenausschüttungen (Adrenalin) steigern den Blutdruck und den Puls, erhöhen den Blutzuckergehalt und können zur Erschöpfung des Abwehrmechanismus führen; Erscheinungen, die man als Stress bezeichnet.

Der Auslöser solcher Belastungen wird **Stressor** (z. B. Platzmangel, Hitze, Kälte, Lärm, Hunger, Angst, Aufregung sowie alle Einflüsse, die ein artgerechtes Verhalten der Tiere verhindern) genannt. Ein begrenzter Stress ist zwecks „Training an Herausforderungen“ notwendig. Tiere versuchen, mit Stress fertigzuwerden.

Funktion am Beispiel der Steuerung des Blutzuckerspiegels (vereinfachte Darstellung)

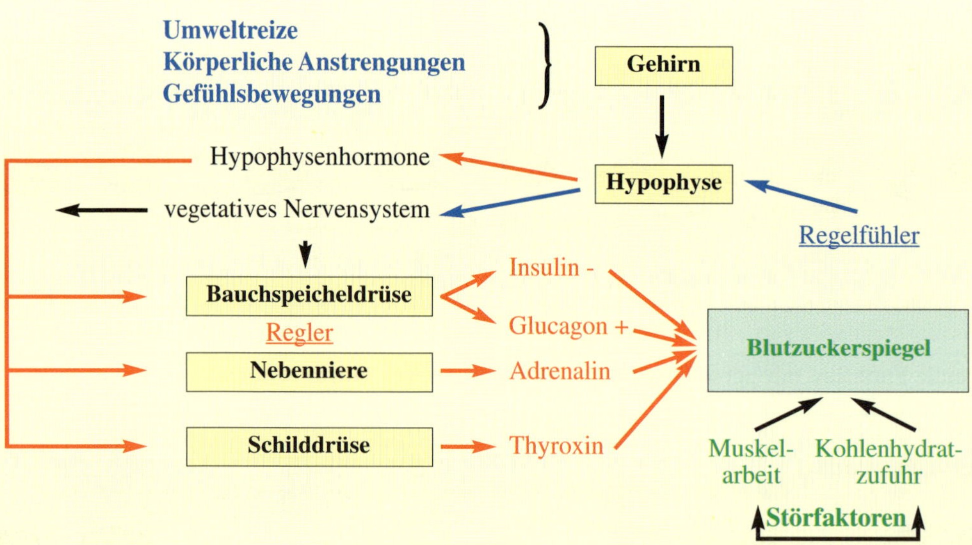

Im Zusammenwirken einiger Regelkreise ergeben sich mit Hilfe verschiedener Hormone **bestimmte Funktionsabläufe**

h) Verdauungssystem

• Die **Verdauung** ist Aufbereitung in Form von Zerlegung und Umwandlung des Futters in lösliche, resorbierbare Nährstoffe und in unverdauliche Reste. Die zur Ernährung notwendigen Stoffe sind im Futter gewöhnlich in einer nicht unmittelbar nutzbaren Art enthalten. Für die Verdauung ist der gesamte Verdauungstrakt zuständig.

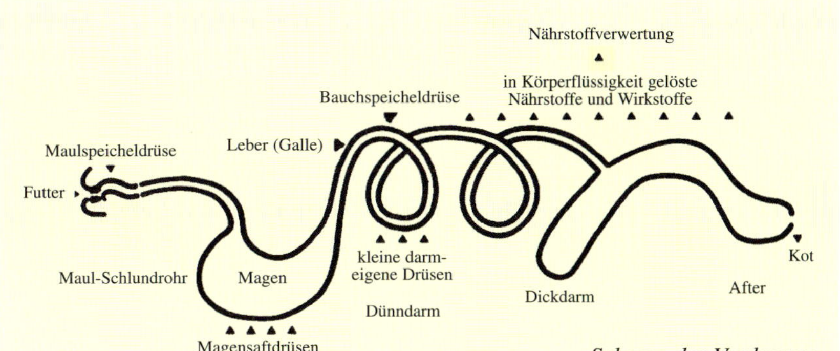

Schema der Verdauung

Das Tier lebt nicht von dem, was es frisst, sondern von dem, was es verdauen kann!

• Die **Verwertung** eines Futters hängt wesentlich davon ab, ob es sich für die betreffende Tierart eignet und inwieweit es für dieses verdaulich ist.

• Die **Aufbereitung** des Futters geschieht auf dreierlei Art

- **mechanisch** Zerkleinerung und Auflösung durch Kauen, Einspeicheln, Durchmischen und Weiterbewegen
- **chemisch** chemische Zerlegung durch die in den Verdauungssäften enthaltenen Enzyme
- **biologisch** chemische Zersetzung von zumeist schwer löslichen Stoffen wie z. B. von Zellulose durch Mikroben.

Diese Aufbereitungsvorgänge des Futters haben bei den verschiedenen Haustierarten sehr unterschiedliche Bedeutung.

• **Trinkwasser** wird immer reichlich, frisch und hygienemäßig einwandfrei benötigt.

Die **benötigte Wassermenge** hängt ab:
- vom Alter und Gewicht des Tieres
- von der Leistung des Tieres
- vom Wassergehalt des Futters
- vom Feuchtigkeitsgehalt der Umwelt.

Faustzahlen für den täglichen Wasserbedarf:

- Rind	4 bis 6	Liter je kg TM im Futter
- Schwein	2 bis 4	Liter je kg TM im Futter
- übrige Nutztiere	2 bis 5	Liter je kg TM im Futter

• **Verdauung im Maul**
Die Verdauungsorgane im Maul sind **Lippen**, **Zunge**, **Zähne** und **Speicheldrüsen**.

Das **Gebiss** hilft bei der Aufnahme und Zerkleinerung des Futters. Es besteht aus Ober- und Unterkiefer und setzt sich aus Schneidezähnen, Eckzähnen und Backenzähnen zusammen.
Die Milchzähne sowie die vorderen Backenzähne werden gewechselt, die hinteren Backenzähne sind bleibende Zähne.
Die Wiederkäuer haben im Oberkiefer anstatt Schneidezähnen eine verhornte Gaumenplatte. Alle Geflügelarten haben Schnäbel und keine Zähne.

Schädelformen und Gebisstypen von einigen landwirtschaftlichen Nutztieren

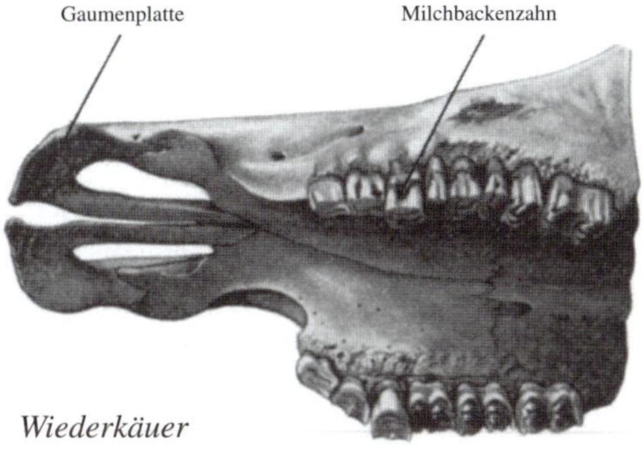

Wiederkäuer

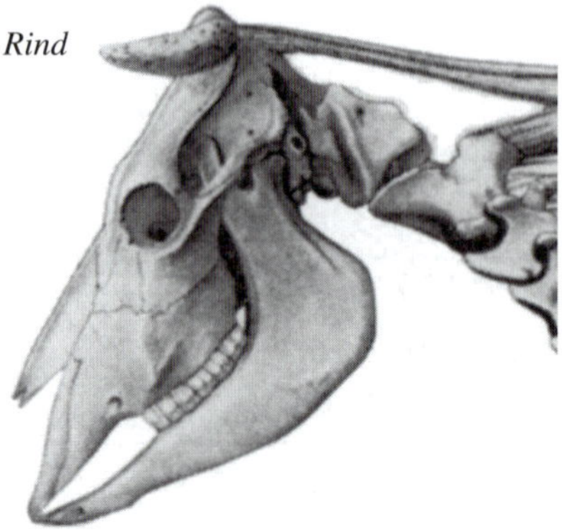

Rind

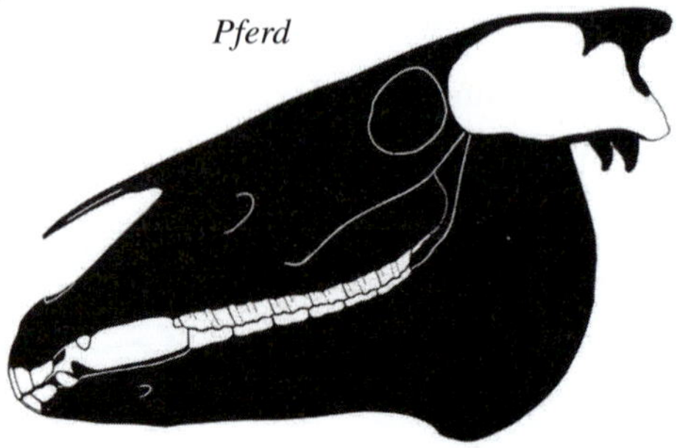

Pferd

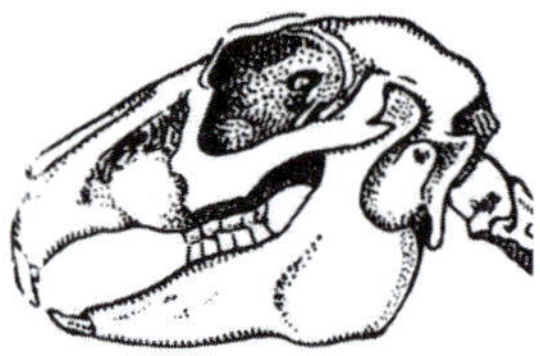

Kaninchen

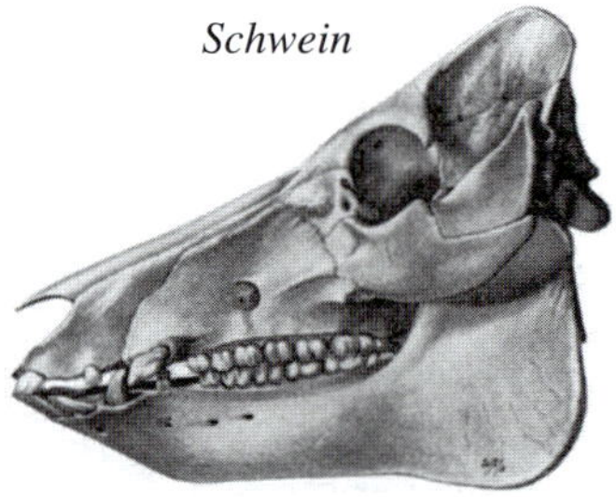

Schwein

Huhn

Gebissformeln einiger Nutztierarten

Erwachsene Tiere		linke Gebisshälfte			rechte Gebisshälfte		
		Backenzähne	Eckzähne	Schneidezähne		Eckzähne	Backenzähne
Wiederkäuer	Oberkiefer	6	0	0	0	0	6
	Unterkiefer	6	0	4	4	0	6
Pferd	Ober- und Unterkiefer je (Stuten ohne Eckzähne)	6	1	3	3	1	6
Schwein	Ober- und Unterkiefer je (Sauen ohne Eckzähne)	6	1	3	3	1	6

Die Form der Zähne ist allgemein dem Zerkleinern der arttypischen Nahrung angepasst.
Die Schneidezähne der Kaninchen als Nagetiere wachsen ständig von der Zahnwurzel ausgehend und müssen fortwährend an der Nagefläche abgenutzt werden. Kaninchen brauchen Möglichkeit zum Nagen, sonst kommt es zu Zahnmissbildungen.

Das Gebiss der Tiere (Zahnwechsel, -abnützung) kann auch zur Altersbestimmung dienen.

WIEDERKÄUER

Diese nehmen das Futter mit den Lippen, der Zunge und den nur im Unterkiefer vorhandenen Schneidezähnen auf. Ein gründliches Zerkleinern der Nahrung erfolgt in der Regel erst beim Wiederkauen durch die ausgeprägten Kauflächen der Backenzähne.
Strukturiertes Futter verursacht schon bei der Nahrungsaufnahme ausgiebigen Speichelfluss, damit es zum Schlucken ausreichend schlüpfrig wird.
Erwachsene Rinder bilden je nach Feuchtigkeits-

gehalt der Nahrung täglich 80 bis 180 Liter Speichel.

Der **Wiederkäuerspeichel** reagiert alkalisch, sein **pH-Wert** beträgt **ca. 8,2.**

Ein wichtiger Bestandteil des Rinderspeichels ist Natriumbikarbonat (Speisesoda).

PFERDE
Sie gebrauchen vorwiegend ihre Lippen zur Futteraufnahme, kauen gründlich und benötigen reichlich Zeit zum Fressen. Beim Weiden hinterlassen Pferde einen kurzen „Verbiss".

KANINCHEN
Sie kauen die ausschließlich pflanzliche Nahrung gut und benötigen auch festes, hartes Futter zum Abnützen ihrer Nagezähne.

SCHWEINE
Das Futter wird zumeist hastig hinuntergeschlungen und wenig gekaut. Sie bevorzugen weicheres, feuchtkrümeliges Futter. Der Schweinespeichel enthält kleine Mengen eines stärkespaltenden Fermentes. Die Tagesproduktion an Speichel beträgt 10 bis 15 Liter.

GEFLÜGEL
Alle Arten Geflügel schlucken das Futter ungekaut. Im Kropf, der eine Ausstülpung im Schlund darstellt, befinden sich Speicheldrüsen zur Vorverdauung des Futters.

• Verdauung im Magen
Säuglinge aller Säugetiere produzieren im Drüsenmagen das Ferment Lab, welches für die Gerinnung und Vorverdauung der Eiweißstoffe der Milch benötigt wird.

WIEDERKÄUER
Ihre Nahrung besteht hauptsächlich aus großen Mengen pflanzlichen Futters mit geringerer Nährstoffkonzentration und höherem Rohfasergehalt. Aufbau und Funktion des Wiederkäuermagens entsprechen optimal dieser Ernährungssituation.

Alle Wiederkäuer haben einen gegliederten Magenaufbau

Vormägen:
- **Pansen** (Gärkammer)
- **Pansenvorhof**
- **Netzmagen** (Schleudermagen)
- **Blättermagen** (Psalter)

Drüsenmagen:
- **Labmagen**

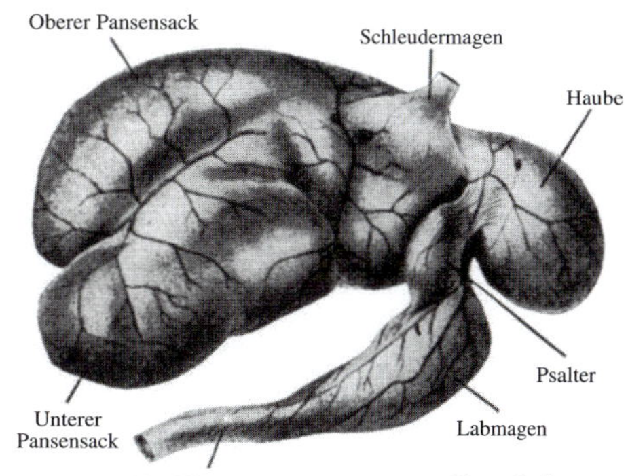

Das Schema der Wiederkäuermägen

Das neugeborene **Kalb** besitzt noch keine funktionstüchtigen Vormägen. Es muss leicht verdauliche Nahrung in Form von Milch oder Milchersatz erhalten. Die Milch gelangt beim Säugling über die Schlund- und Psalterrinne direkt in den Labmagen, wo die Milch für die Verdauung des Proteins dickgelegt wird. Beim Saugkalb ist der größte Abschnitt des Magenaufbaus der Labmagen.

Beim **Aufzuchtkalb** und **Jungrind** wird eine optimale Pansenentwicklung erreicht durch:

Züchtungsmaßnahmen
Selektion bei Vater und Mutter auf sehr gut veranlagte Fresser und

Fütterungsmaßnahmen
Frühentwöhnung des Kalbes von Milch und Milchersatz und frühzeitige Verabreichung von fester Nahrung (Kraftfutter, Heu).

Die Entwicklung der Magenabschnitte beim wachsenden Jungrind (schematisch)

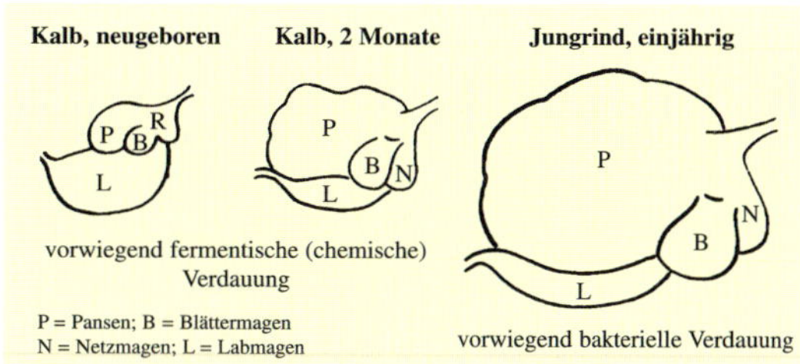

Beim **erwachsenen Rind** füllt der Magentrakt die linke Bauchraumhälfte aus und fasst 150 bis 220 Liter, wovon etwa 80% auf den Pansen entfallen.

Der Weg des Futters im Wiederkäuermagen

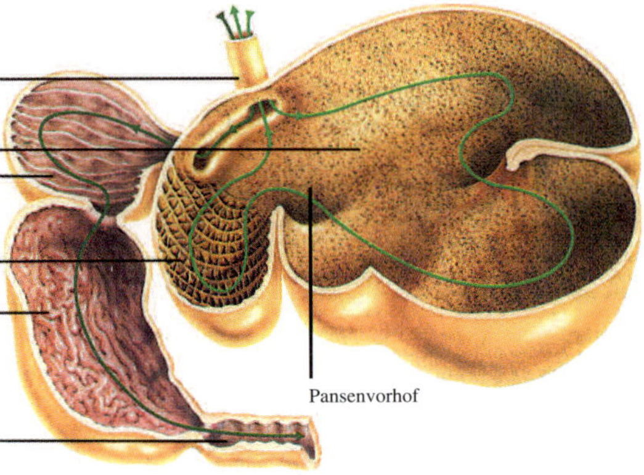

Der Pansen

Er ist innen mit zahlreichen Zotten ausgekleidet und stellt eine große Gärkammer dar, in welcher mit Hilfe von **Mikroben** bestimmte Futterbestandteile zerlegt, für die Verdauung aufbereitet sowie Proteine aufgebaut werden können. Die **Menge der Pansenmikroben** beträgt bei einem erwachsenen Rind zwischen 3 und 8 kg, was 5 bis 10% des Panseninhaltes ausmacht. Diese Menge entspricht Milliarden von Keimen je ml Pansensaft. Menge und Art der Mikroben werden wesentlich von der Fütterung sowie dem Milieu im Pansen beeinflusst. Die Mikroben sind kurzlebig; nach ihrem Tod werden sie vom Wiederkäuer verdaut und stehen als Proteinquelle zur Verfügung.

Die Pansenfunktionen

Sie werden durch ein **ideales Pansenmilieu**, welches einen ziemlich konstanten pH-Wert von **6,5** aufweisen soll, und optimal wiederkäuergerechte Futterrationen begünstigt.

Das Wiederkauen

Es beginnt 1/2 bis 1 Stunde nach der Nahrungsaufnahme und geschieht mit 40 bis 60 Kaubewegungen je Wiederkaubissen. Die Wiederkauzeit beansprucht 6 bis 7 Stunden täglich. Dabei wird der Großteil des Futters gründlich zerrieben und mit Speichel vermengt. Der hinreichend zerkleinerte und verflüssigte Futterbrei gelangt durch die Haubenpsalteröffnung in den Blättermagen, wogegen der noch zu wenig zerkleinerte Futteranteil nochmals vom Pansenvorhof in den Pansen kommt. Das Wiederkauen ist ein Reflexvorgang, der sich bei den Kälbern mit der Aufnahme von fester Nahrung einstellt. Die Pansenmotorik, drei Bewegungen des Pansens und Netzmagens je zwei Minuten, sorgt für ständige Durchmischung des Inhaltes.

Der Kohlenhydratestoffwechsel

Rohfaser ergibt hauptsächlich Essigsäure, die als Energielieferant, als Baustein für die Milchfettbildung, die Cholesterinsynthese bei der Bildung weiblicher Geschlechtshormone und damit auch für die Fruchtbarkeit bedeutend ist. Außerdem erfordert Struktur und Rohfaser eine stärkere Einspeichelung und erhöht den pH-Wert im Pansen.

Stärke- und Zuckerarten werden nur zum Teil im Pansen aufgeschlossen und ergeben Propion- und Buttersäure, die vor allem als Energielieferanten im Stoffwechsel Verwendung finden. Besonders Zukker bewirkt einen negativen Einfluss auf den pH-Wert und soll in nicht zu großer Menge in der Ration enthalten sein.

Fette werden durch die Gallenflüssigkeit verseift und für die Resorption vorbereitet. Die Art der Futterfette beinflusst den Geschmack und die Qualität des Fettes im Tierkörper.

Vorgänge in vereinfachter Darstellung

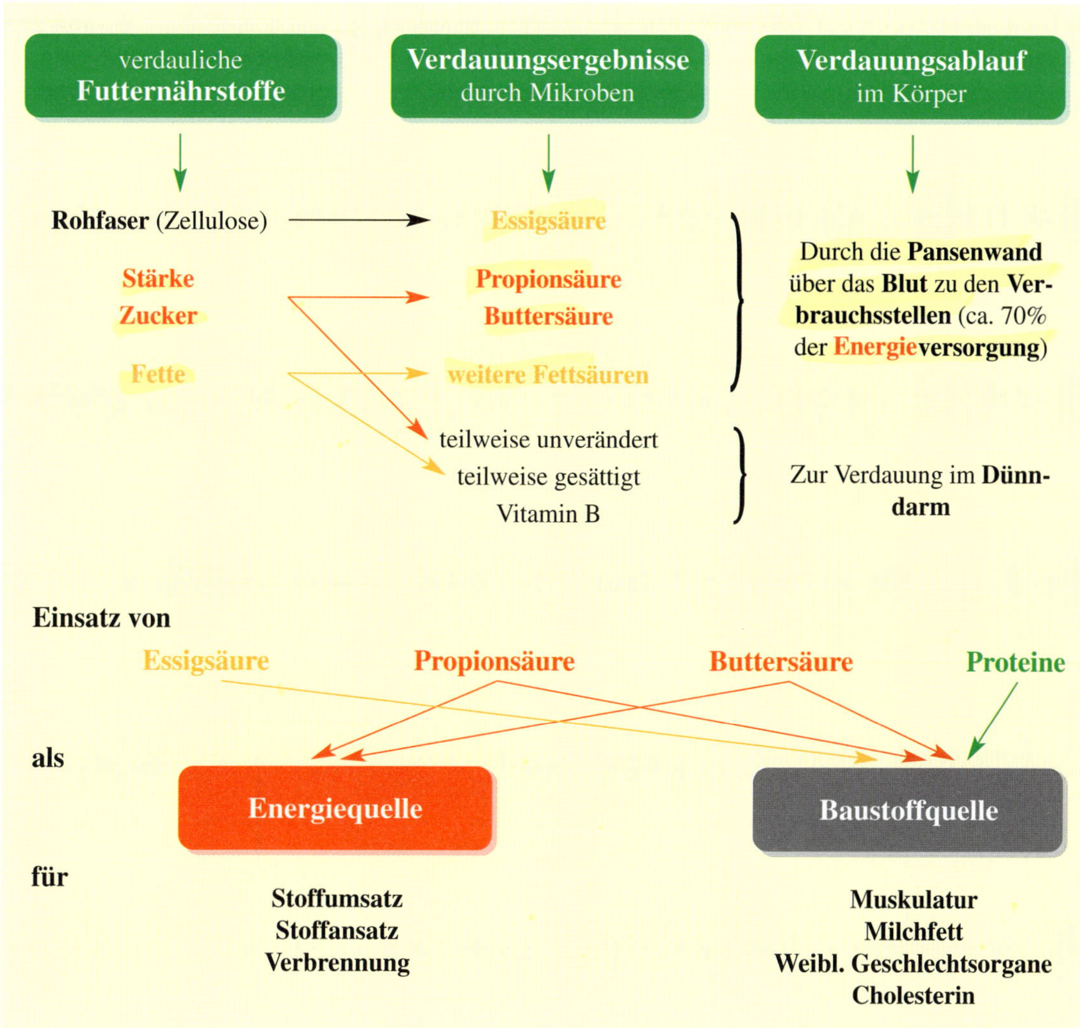

Der Proteinstoffwechsel

Rohprotein (Roheiweiß) umfasst alle N-hältigen Verbindungen.
Es kann teilweise **nicht abgebaut** (unbeeinflusst) den Pansen passieren = **U D P**
und teilweise von den Pansenmikroben **ab-** und **umgebaut** werden = **Mikrobenprotein**

Vorgänge in vereinfachter Darstellung

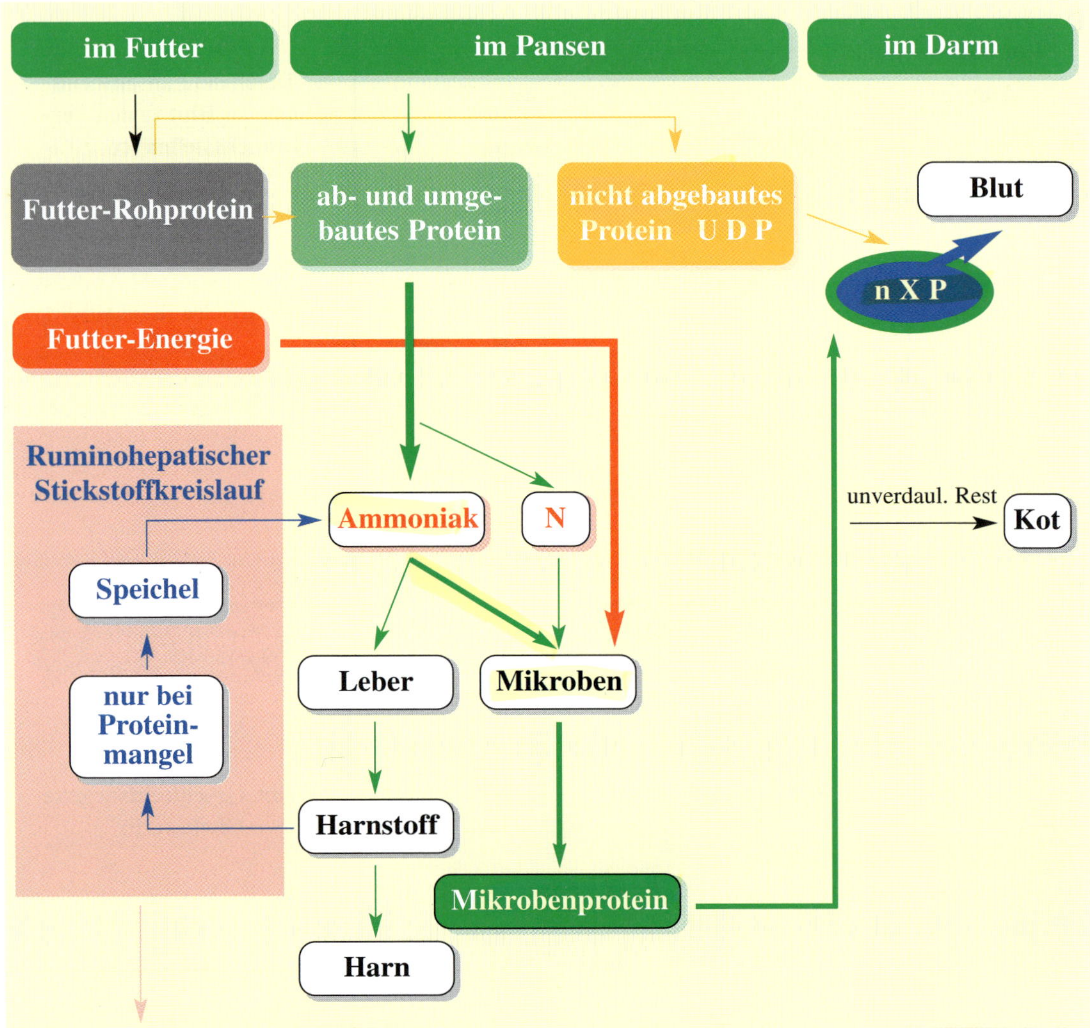

Ruminohepatischer Stickstoffkreislauf
Bei einem **Proteinangebot** bis 10% (maximal 15%) **unter dem Bedarf** kann der Wiederkäuer mit Hilfe des **ruminohepatischen Stickstoffkreislaufs*** mit dem Protein sparsam umgehen, indem eine Rückführung von Harnstoff über die Leber, das Blut und den Speichel in den Stickstoffkreislauf erfolgt.
* Wiederkäuermagen-Leber-Stickstoffkreislauf (RUMEN = Wiederkäuermagen, HEPAR = Leber)

Liegt die Proteinversorgung im Futter mehr als 10 % unter dem Bedarf, erfolgen deutliche Einbußen bei den Leistungen und beim Futterverzehr. Besonders beim **laktierenden Milchvieh** muss auf eine **exakte Bedarfsversorgung** geachtet werden.

U D P + **Mikrobenprotein** = **n X P**

nicht abgebautes **Protein** | ab- und umgebautes **Protein** | im Darm nutzbares **Protein**

Das U D P

Der Anteil des im Pansen nicht beeinflussten Proteins (U D P) ist von der Art der Futtermittel abhängig und sehr unterschiedlich.

Angegeben wird		Grenzwerte in %	Beispiele
U D P	von	**10**	**Grünfutter**
	bis	**50**	**Körnermais**

Der Anteil des **UDP** an der gesamten Proteinzufuhr beträgt im Dünndarm zumeist zwischen 15% und 30%. Nur bei wenigen Futtermitteln liegt er unter 15% bzw. über 30% (siehe UDP-Tabelle).

Futterprotein in Form von **UDP** hat den Vorteil, dass es die Gesundheit des Tieres in keiner Weise belastet, weil im Pansen keine Stickstoffreste bleiben.

Durch technologische oder chemische Vorbehandlung kann Futterprotein vor der Zerlegung durch Pansenmikroben „geschützt" werden und damit wie **UDP** unbeeinflusst den Pansen passieren.

Durch Verfütterung von Futtermitteln mit hohem **UDP**-Wert bzw. von „geschütztem Protein" kann das gesundheitliche Belastungsrisiko von Leistungskühen deutlich vermindert werden.

Nachfolgende Tabelle gibt über den UDP-Gehalt wichtiger Futtermittel Aufschluss

Grundfuttermittel	Nutzungszeit	UDP %
Grünfutter	früh	10
Grünfutter	spät	15
Kleegrassilage	früh	15
Futterraps	grün	15
Grassilage	1. Schnitt, früh	15
Grassilage	1. Schnitt, spät	20
Getreideganzpflanzensilage		20
Futterrübe		20
Heu	früh	20
Heu	spät	25
Maissilage	teigreif	25
Maissilage	spät	30

Kraftfuttermittel	UDP %
Roggen, Triticale	15
Hafer	15
Ackerbohnen, Erbsen	15
Weizen	20
Gerste	25
Weizenkleie	25
Raps-, Sonnenblumenextraktionsschrot	25
Rapskuchen	30
Sojaextraktionsschrot	35
Trockenschnitte	45
Biertreber	45
Körnermais	50

Bei der Gestaltung von Futterrationen sowie besonders bei der Auswahl der Kraftfutterkomponenten kann der tierartgerechte Bedarf berücksichtigt werden. Für Leistungskühe empfiehlt sich in diesem Sinn der Einsatz von Maissilage, Körnermais, Trockenschnitten etc.

Das Mikrobenprotein

Der im Pansen abbaubare Anteil des Futterproteins wird weitgehend zu Ammoniak zerlegt. Die Pansenmikroben, die sich unter günstigen Bedingungen rasch vermehren, verwerten Ammoniak und Harnstoff unter Zuhilfenahme von **Futterenergie** zum Aufbau von Mikrobenprotein. Nach dem Tod der kurzlebigen Mikroben steht deren hochwertiges Körperprotein dem Wiederkäuer im Labmagen und vor allem im Dünndarm zur Verdauung zur Verfügung.

Mit 1 MJ umsetzbarer Energie können rund 10 g Mikrobenprotein, bzw. je 1 kg vdl. organische Substanz der Futter-TM 120 bis 150 g Protein gebildet werden.

Die Bildung von Proteinen im Pansen hängt ab vom:

Anteil am Protein in der Futter-TM + **Anteil an Energie** in der Futter-TM + **Wohlbefinden** von Wiederkäuer und Pansenmikroben

Eine Bedarfsdeckung mit nutzbarem Protein steht in direktem Zusammenhang mit der **Energieversorgung** sowie einer **Wiederkäuer- und bedarfsgerechten Fütterung**.

Mit dem so genannten **Ruminohepatischen Stickstoffkreislauf** (Sparmaßnahme bei N-Mangel im Stoffwechsel von Wiederkäuern) tritt automatisch ein Vorgang in Kraft, der zu einer verbesserten Ausnützung des Rohproteins, wenn es im Stoffwechsel knapp werden sollte, führt. (→ Siehe schematische Abb. beim Proteinstoffwechsel der Wiederkäuer 3.3.3 h) Seite 52)
Es werden in der Leber die Ausscheidungen von Harnstoff und anderen N-Verbindungen reduziert und diese eingesparten N-hältigen Stoffe über das Blut und den Speichel in den Kreislauf zurückgebracht. Sie können nun als Proteinquelle von den Pansenmikroben genützt werden. Mit Ausnahme von Hochleistungskühen kann so eine leicht negative Proteinbilanz bis maximal 10% Unterversorgung ausgeglichen werden, wenn ausreichend Futterenergie zur Verfügung steht.

Die Gasbildung

Die bei der Zerlegung von Nährstoffen im Pansen entstehenden Gase (1,0 bis 1,5 Liter je Minute), hauptsächlich als Methangas, müssen durch Rülpsen entweichen. Als mittlere Methanbildung können 4 bis 5 g je 100 g verdaute Rohfaser und N-freie Extraktstoffe angenommen werden.
Blähungen sind zumeist die Folge einer schaumigen Gärung, die durch Verfüttern von länger abgelegenem, welkgewordenem, proteinreichem Grünfutter, Klee, Grünraps etc. begünstigt wird. Der natürliche Gasabgang wird dadurch beeinträchtigt oder unterbunden. Eine große Gesundheitsgefahr stellt auch die Verabreichung von schimmeligem oder verdorbenem Futter dar.

Eventuelle **Gesundheitsrisken** bei Nichteinhalten entscheidender Fütterungsgrundsätze sind:

Proteinüberschuss bzw. **Energiemangel** in der Futterration.
Übersteigt die Proteinzufuhr den Bedarf beträchtlich oder wird im Pansen zu wenig Futterenergie angeboten, bleiben Reste von Ammoniak oder Harnstoff unverwertet, welche von der Leber entgiftet und als Harnstoff mit dem Urin und mit der Milch ausgeschieden werden müssen.
Schädigungen der Leber und Funktionsstörungen der Nieren sowie Beeinträchtigungen der Gesundheit, der Fruchtbarkeit und des Leistungsvermögens können von einer Harnstoffüberlastung ausgelöst werden.

Die Ruminale Stickstoffbilanz RNB

Sie zeigt das Verhältnis

von **Protein** zu **Energie**

im Futter an.
Zur Ermittlung wird der Stickstoffanteil in **g +** oder **-** als Abbauprodukt des Proteins im Pansen von der Summe aller Futtermittel der Ration herangezogen.

Die Ermittlungsformel lautet:

$$\frac{\text{Proteingehalt des Futters in g} - \text{Gehalt an nutzbarem Protein (nXP) in g}}{6{,}25} = \text{RNB}$$

Die Zahl **6,25** ergibt sich aus dem durchschnittlichen Stickstoffgehalt des Rohproteins; Rohprotein weist 16% Stickstoff auf, daher 100 : 16 = 6,25.

Ist die Stickstoffbilanz ausgeglichen, so können die Mikroben im Pansen die Abbauprodukte des Proteins vollständig nützen und es bleibt kein Reststikkstoff.

Ein Stickstoffüberhang im Pansen (**RNB = +**) ist nachteilig und würde die Gesundheit vor allem durch Überbelastung der Leber beeinträchtigen.

Zur **Durchführung einer Stickstoffbilanz** kann folgende Tabelle dienen:
Diese Tabelle gibt von häufig eingesetzten Futtermitteln an:
- **die Menge an nutzbarem Protein (nXP) in g von 1 kg Trockenmasse**
- **die Ruminale Stickstoffbilanz (RNB) in + oder - g von 1 kg Trockenmasse**

Futtermittel	XP g	RNB g N
Sojaextraktionsschrot	308	+ 32
Sonnenblumenextraktionsschrot	193	+ 30
Rapsextraktionsschrot	219	+ 29
Ackerbohnenkörner	195	+ 17
Rotklee, grün, früh	164	+ 10
Biertrebersilage	185	+ 10
Futterraps, grün	157	+ 6
Erbse als Grünfutter	144	+ 6
Grünfutter, früh	152	+ 5
Luzerneheu, spät	131	+ 5
Kleegrassilage, früh	137	+ 5
Grassilage 1. Schnitt, früh	132	+ 3
Weizenkleie	140	+ 3

neutral

Futtermittel	n XP g	RNB g N
Futterrübe	49	- 12
Trockenschnitzel	156	- 9
Körnermais	164	- 9
Maissilage, teigreif	133	- 7
Gerste	164	- 6
Weizen	172	- 5
Triticale	170	- 4
Hafer	140	- 3
Heu, spät	108	- 3
Getreideganzpflanzensilage	115	- 3
Grünfutter, spät	123	- 2
Heu, früh	121	- 2
Grassilage, 1. Schnitt, spät	119	- 1

neutral

Durch gezielten Einsatz von Futtermitteln kann eine annähernd ausgeglichene Stickstoffbilanz der Futterration erreicht werden, die ganz besonders für das Milchvieh notwendig ist.

Mögliche Fütterungsmängel

- Zu geringer Anteil an UDP vom nXP

Solche Situationen können vor allem bei Tieren mit hohem Proteinbedarf (z. B. Hochleistungskühe) auftreten. Eine **RNB**-Kontrolle der Futterration ist dringend zu empfehlen.

- Pansenübersäuerung

Besonders nachteilig kann sich eine Übersäuerung im Pansen als Senkung des pH-Wertes auswirken. Man kann von schwach ausgeprägter, latenter bis zu schwerer, **akuter Übersäuerung** (Acidose) unterscheiden. **Acidose** erfordert sofortige Diätfütterung mit viel hochwertigem Heu (Anregung des Speichelflusses) und oft tierärztliche Behandlung.

Ursachen für Übersäuerung sind vor allem die Verabreichung von:

- größeren Mengen leicht abbaubarer Kohlenhydrate,
- größeren Mengen von Kraftfutter auf einmal (besonders, wenn es fein gemahlen ist),
- Silagen mit geringem Gehalt an TM (Nass-Silagen),
- Futter mit zu geringer Strukturwirksamkeit.

Auswirkungen von Übersäuerung beim Tier sind:

- beeinträchtigte Funktion der Pansenschleimhaut,
- Mängel bei der Absorption der Nährstoffe, vor allem der flüchtigen Fettsäuren,
- verringerte Pansenmotorik,
- verminderter Futterverzehr,
- Häufung von Klauenproblemen,
- in schweren Fällen (Acidose) Futterverweigerung, Funktionsstörungen der Leber, Acetonämie bis zum Pansenstillstand.

Der **Speichel** stellt eine biologische Korrekturmaßnahme gegen ein Absinken des pH-Wertes im Pansen (Acidose) dar.

Der Netzmagen

Er liegt neben dem Pansen, direkt hinter dem Zwerchfell.

Darin sammeln sich gröbere Futterbestandteile. Fremdkörper (Drahtstücke, Nägel etc.), welche die Wand des Netzmagens durchbohren, können durch das Zwerchfell an den Herzbeutel gelangen und dort Verletzungen und lebensbedrohende Prozesse verursachen.

Pansen und Netzmagen sind durch einen breiten Übergang miteinander verbunden.

Vom Netzmagen gelangen beim erwachsenen Rind täglich 50 bis 80 kg Vormageninhalt zum Wiederkauen zurück in das Maul.

Der Blättermagen

Darin wird der Futterbrei intensiv zerrieben und durch Flüssigkeitsentzug eingedickt.

Der Labmagen

Im Labmagen des erwachsenen Wiederkäuers findet eine geringfügige Verdauung von Protein durch die Fermente des Magensaftes statt.

PFERD

Pferde haben einen relativ kleinen Magen. Sein Fassungsvermögen beträgt bei erwachsenen Tieren etwa 20 Liter. Es erfolgt eine teilweise Zerlegung von Protein, Stärke und Zucker. Die Magensäure unterbindet eine intensive biologische Gärung (Blähgefahr).

Querschnitt durch einen Pferdemagen als Beispiel für einen einhöhligen Magen

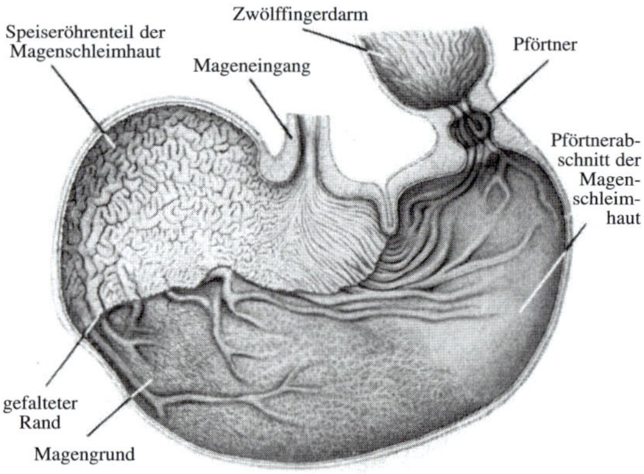

KANINCHEN

Sie benötigen bei Futterrationen mit geringer Nährstoffkonzentration viel Zeit zum Fressen. Auf Fütterungsfehler bzw. nicht einwandfreies Futter reagieren sie empfindlich.

SCHWEIN

Der einhöhlige Magen von Schweinen weist eine drüsenfreie Zone um die Schlundmündung auf, in welcher die chemische Zerlegung leicht verdaulicher Kohlenhydrate mit Fermenten aus dem Futter (z. B. *Diastase*) beginnt, unterstützt durch das Ferment *Ptyalin* des Speichels. Der größere Teil des Magens ist mit drüsenreicher Schleimhaut ausgekleidet, die mit den Fermenten des Magensaftes und der *Magensäure* die Verdauung inklusive einer

teilweise erfolgenden Zerlegung von Proteinen mit dem Ferment *Pepsin* fortsetzt. Zum Schutz gegen Selbstverdauung ist die Magenwand mit reichlich Schleimdrüsen bestückt.
Schweine sind Allesfresser. Aus den anatomischen und verdauungsphysiologischen Gegebenheiten leiten sich die **Ernährungsansprüche** des Schweines ab.

Sie sind grundsätzlich gekennzeichnet durch:
- Hohe Verdaulichkeit
- Hohe Nährstoffkonzentration
- Geringen Rohfasergehalt
- Hohe Eiweißwertigkeit

GEFLÜGEL
Beim Geflügel gelangt die Nahrung vom Kropf (Aufweichen des Futters) in den Drüsenmagen (Einwirken von Fermenten) und anschließend in den Muskelmagen. Dieser zerkleinert mit Hilfe von Sand, der mit dem Futter aufgenommen werden muss, die Nahrung.

Nach den Verdauungsvorgängen wird der Futterbrei durch wellenförmige Bewegungen der Magenwand zum Magenausgang befördert.

Das Geflügel hat einen kurzen Verdauungstrakt und stellt **hohe Fütterungsanforderungen**:
· Hohe Nährstoffkonzentration
· Sehr geringer Rohfasergehalt
· Hohe Eiweißwertigkeit

Der Pförtner
Er befördert, als ringförmiger Schließmuskel ausgebildet, den Magenbrei in kleinen Portionen in den Dünndarm.

• Verdauung im Darm

Der Darm gliedert sich in **Dünndarm** und **Dickdarm**.
Im Darm erfolgt in ähnlicher Weise die weitere Verdauung des Futterbreies.

Die Innereien schematisch

Rind

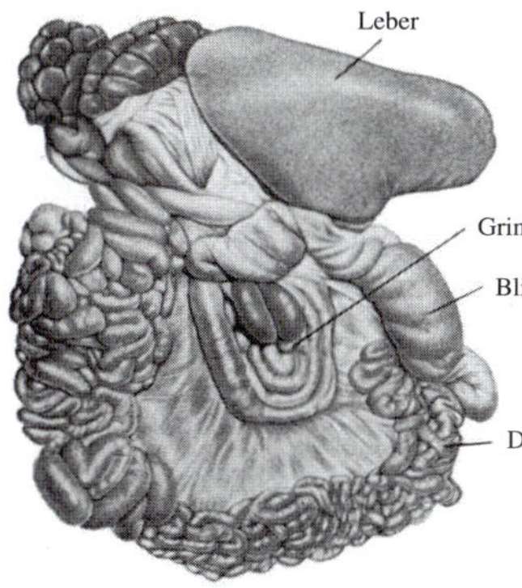

Pferd

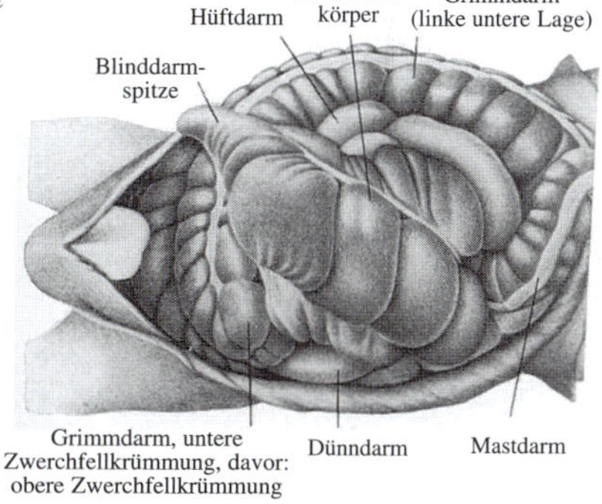

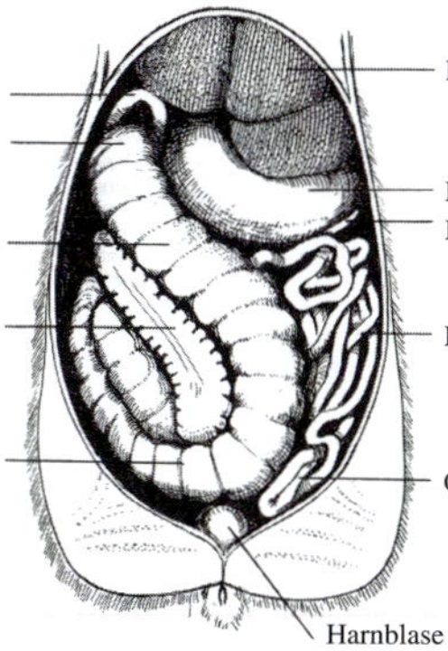

Kaninchen

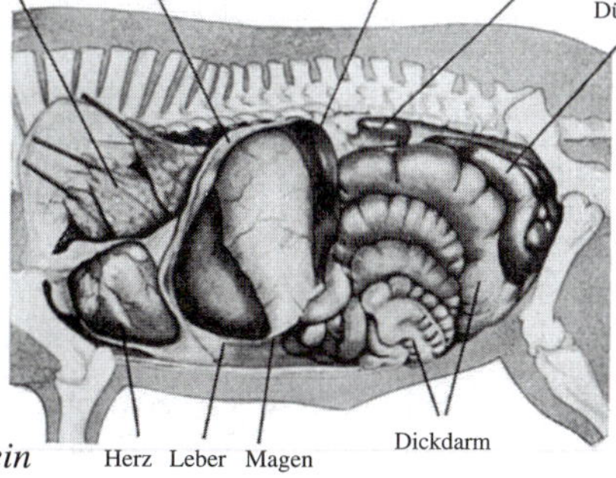

Schwein

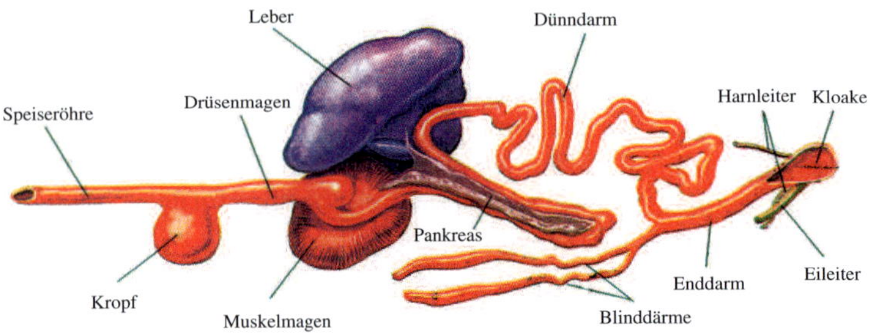

Haushuhn

Der Dünndarm

Der Zwölffingerdarm

Gallensaft und Bauchspeichel neutralisieren den vom Magen in saurer Reaktion kommenden Futterbrei. Der Gallensaft verseift die Fette und macht sie wasserlöslich. Er regt auch die Darmbewegung an und schützt den Darminhalt vor Fäulnis (Blähgefahr).

Die Bauchspeicheldrüse sowie darmeigene Drüsen sondern Enzyme für die Zerlegung von Kohlenhydraten, Fetten und Proteinen ab.

Vorgänge in vereinfachter Darstellung

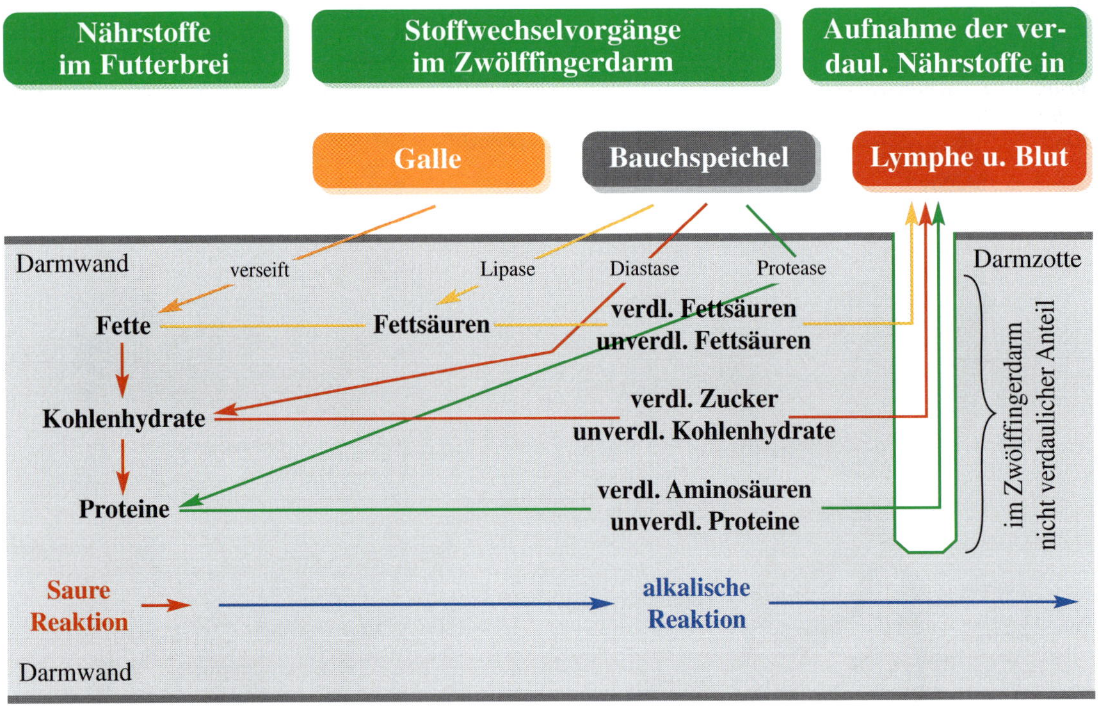

Der **Leerdarm** und der **Hüftdarm**

Ihre Schleimhaut ist mit vielen Darmzotten ausgekleidet, die die Darmoberfläche vergrößern und die Aufnahme der verdaulichen Nährstoffe in die Lymph- und Blutgefäße der Darmzotten ermöglichen.

Ausschnitt aus dem Dünndarm

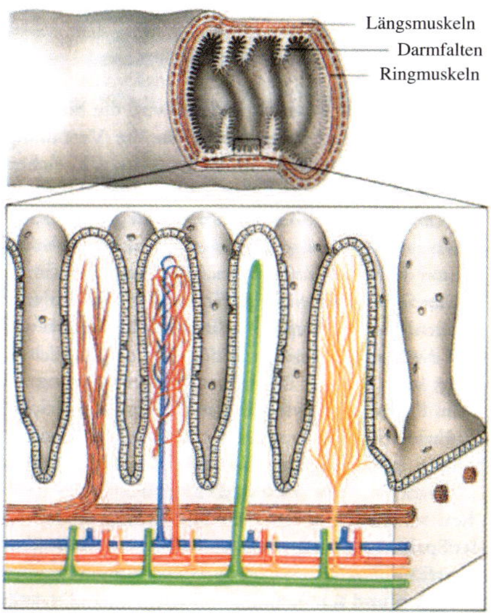

Die Muskelschicht wird außen von Bindegewebe umhüllt.
Darunter: Darmzotten stark vergrößert.
braun: glatte Muskelfasern
rot: Arterie und Kapillaren
blau: Vene
grün: Lymphgefäß
gelb: Nervenfasern

Der Dickdarm

Der Blinddarm

Vor allem bei den zu den Nichtwiederkäuern zählenden Pflanzenfressern wie Pferd und Kaninchen setzt eine rege Mikrobentätigkeit ein, die zur Aufschließung der Rohfaser und zur Aktivierung von Vitaminen und Wirkstoffen führt.

Der Grimmdarm

Die nun noch vorhandenen verdaulichen Nährstoffe werden in die Lymph- und Blutbahnen aufgenommen und der restliche Nahrungsbrei wird durch Flüssigkeitsentzug eingedickt.

Der Mastdarm

In diesem stark dehnbaren Darmabschnitt wird der unverdauliche Teil des Futters tierarttypisch geformt und als Kot durch den After, einen willkürlichen, ringförmigen Schließmuskel ausgeschieden.

Die **Länge des Verdauungstraktes** in einem Vielfachem der Körperlänge und die Verweildauer des Futters stehen in umgekehrtem Verhältnis zu den Futteransprüchen:

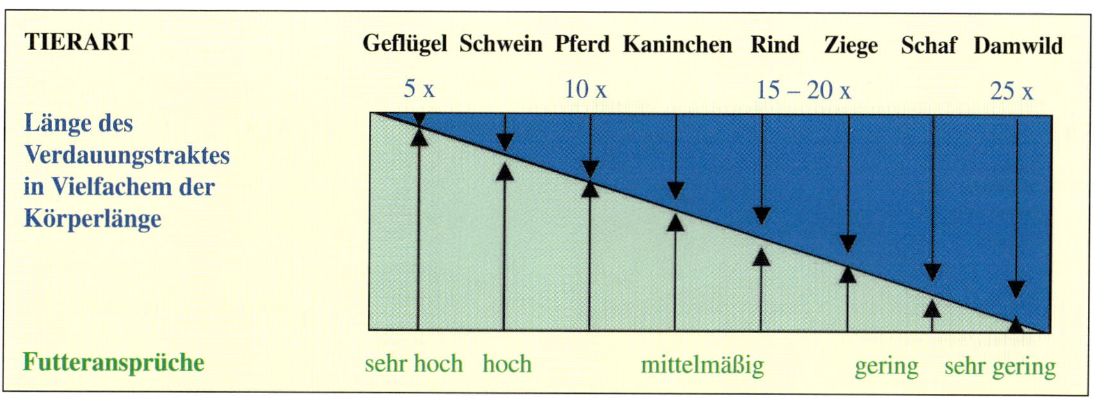

Unter **Kot** versteht man die unverdaulichen und nicht resorbierten Nahrungsanteile. Er enthält auch noch Kleinlebewesen, Vitamine und Stoffwechselabfälle.
Die Menge ist nach Tierart und Ernährung verschieden und bei Pflanzenfressern größer als bei Allesfressern, am geringsten bei Fleischfressern. Seine Trockenmasse beträgt etwa 20% und die täglichen Entleerungen schwanken bei gesunden Pflanzenfressern zwischen 12 und 16. Bei Alles- und Fleischfressern ist die Zahl geringer.
Die Bedürfnisse hinsichtlich Rohfaser- bzw. Ballastanteil, Nährstoffkonzentration, Verdaulichkeit und essenzielle Futterbestandteilen müssen konsequent erfüllt werden.

i) Harnsystem

Die hauptsächliche **Aufgabe** des Harnsystems ist es, das Blut ständig auf den Wasser-, Elektrolyt- und Schlackengehalt zu untersuchen, Schlackenstoffe, vor allem Harnstoff, zu filtern und überschüssiges Wasser auszuscheiden. Das Produkt daraus ist der **Harn**.

• Die Organe und ihre Funktionen

- Nieren		
zweifach vorhanden	=	Filterorgane
- Nebennieren		
zweifach vorhanden	=	Hormondrüsen
- Harnleiter		
zweifach vorhanden	=	Leitungsorgane
- Harnblase		
einfach vorhanden	=	Sammelorgan
- Harnröhre		
einfach vorhanden	=	Leitungsorgan
- Schließmuskel		
einfach vorhanden	=	Harnentleerungsorgan

Die **Nieren** liegen im Bauchraum in der Lendengegend hinter dem Zwerchfell und sind eingebettet in Fett. Die Nieren der kleinen Wiederkäuer, der Pferde, der Kaninchen und der Schweine sind oberflächlich glatt und mit Ausnahme jener der Pferde bohnenförmig. Die Nieren der Pferde sind oval. Rinder haben ovale Nieren mit stark gefurchter Oberfläche.

Die **Nierenfunktion** schematisch:
Arterielles Blut fließt durch die Nierenkörperchen (Nephrone) zum Nierenbecken.
Abbaustoffe und ein Teil der Flüssigkeit werden gefiltert. Beim Weiterleiten können verwertbare Stoffe von den Kapillaren aufgenommen und in den Blutkreislauf eingebracht werden. Schlackenstoffe, vor allem solche aus dem Proteinstoffwechsel, kommen in den Harn.
Die Nieren regulieren auch den Salz- und Wasserhaushalt des Körpers.

Der **Harn** gelangt aus den Nierenbecken über die Harnleiter in die Harnblase.
Durch willkürliches Öffnen des Blasenschließmuskels wird der Harn über den Harnleiter und die äußeren Geschlechtsorgane nach außen entleert.
Die **tägliche Harnmenge** wird beeinflusst:
- von der Menge des aufgenommenen Tränkwassers,
- vom Wassergehalt des Futters,
- von der Umgebungstemperatur

und beträgt durchschnittlich bei:

- **erwachsenem Rind und Pferd**	10	bis 15 l
- **Kalb und Fohlen**	3	bis 5 l
- **Schwein**	2	bis 5 l
- **Ferkel**	0,5	bis 1 l

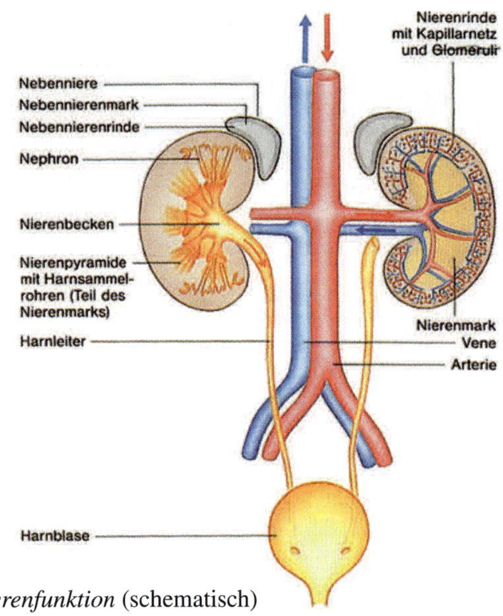

Nierenfunktion (schematisch)

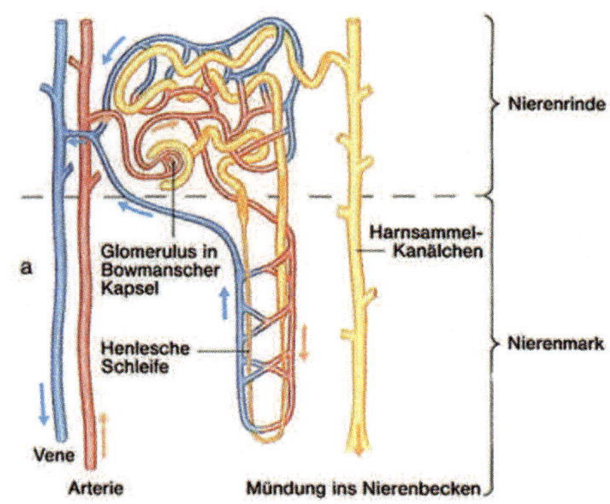

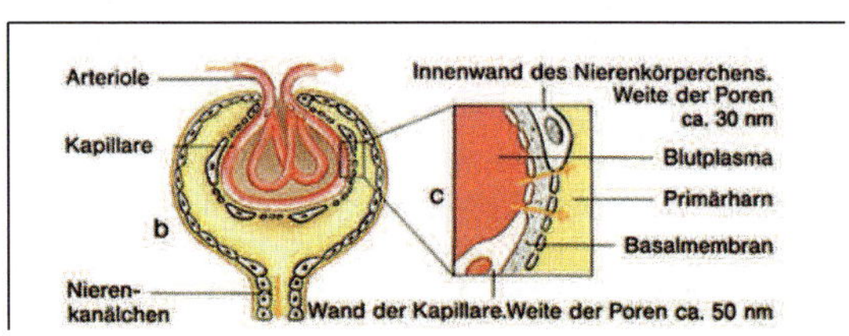

Die Häufigkeit der Harnentleerung sowie spezielle Geruchsstoffe spielen besonders beim weiblichen Tier für die Brunsterkennung eine Rolle. Bei manchen Tierarten benutzen vor allem männliche, geschlechtsreife Tiere die speziellen Geruchsstoffe im Harn zur Markierung ihres Reviers.

Die Beschaffenheit des Harns ist mit Ausnahme der Pferde dünnflüssig, klar und in der Farbe ähnlich hellem Bier. Pferdeharn ist trüb und etwas schleimig. Geflügel sondert an Stelle des Harns kotähnliche mit weißen Kristallen durchsetzte Harnsäure ab.

k) Fortpflanzungssystem

Es besteht aus dem Zusammenwirken aller an der Fortpflanzung beteiligten Organe und Systeme des männlichen und weiblichen Tieres.

• Die Fortpflanzungsorgane bei den Säugetieren

Männlich
Hoden (Testis)
mit **Nebenhoden** im Hodensack
Samenleiter
Geschlechtsanhangdrüsen
Samenblase
Vorsteherdrüse (Prostata)
Glied (Penis oder Rute)
Vorhaut (Präputium)

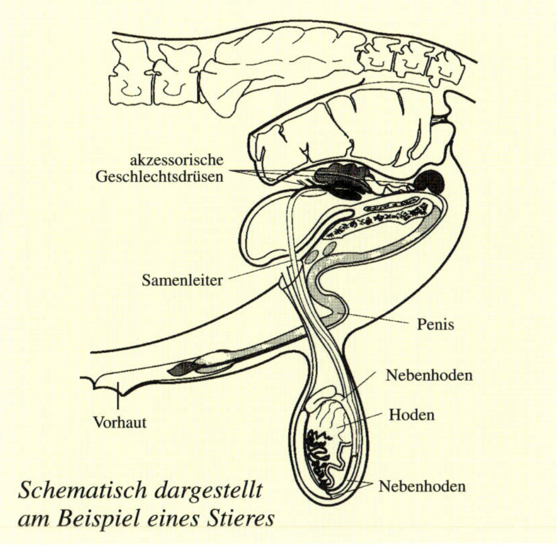

Schematisch dargestellt am Beispiel eines Stieres

Weiblich
Eierstöcke (Ovarien)
Eileiter
Gebärmutter (Tragsack oder Uterus)
Muttermund (Cervix)

Scheide (Vagina)
Schamlippen (Vulva)

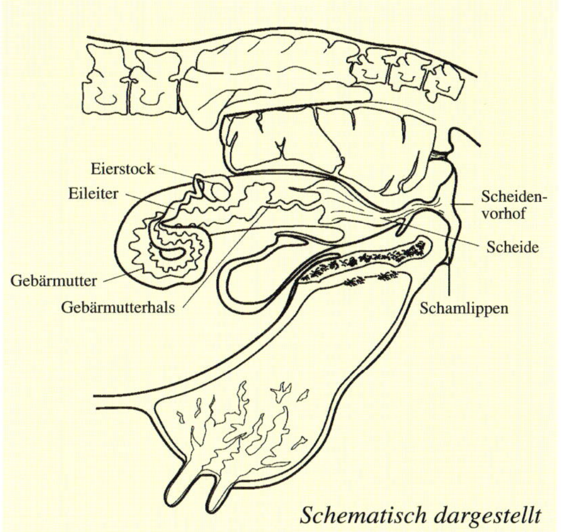

Schematisch dargestellt am Beispiel einer Kuh

• Die Fortpflanzungsfunktionen bei den Säugetieren

Männlich
Das männliche Tier erzeugt, durch Hormone veranlasst, mit der Geschlechtsreife beginnend, in den zahlreichen Kanälchen der Hoden ständig **Spermien** (Samenfädchen).
Diese werden in den Nebenhoden gespeichert und sind nach einer gewissen Reifezeit (Kapazitation), beim Stier etwa nach 7 Wochen, befruchtungsfähig.

Spermium

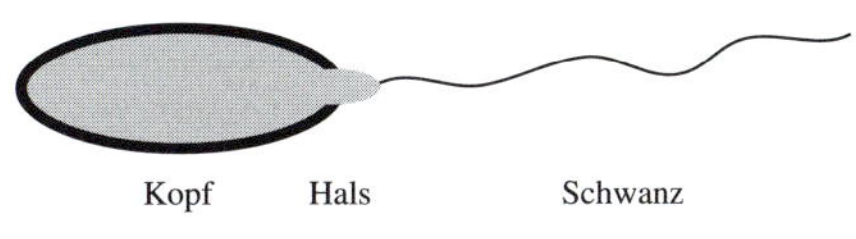

Die Spermien sind winzig klein, beim Stier z. B. ca. 0,003 mm lang. 1 g Hodengewebe kann täglich ca. 3 Millionen erzeugen.

Die Spermienbildung

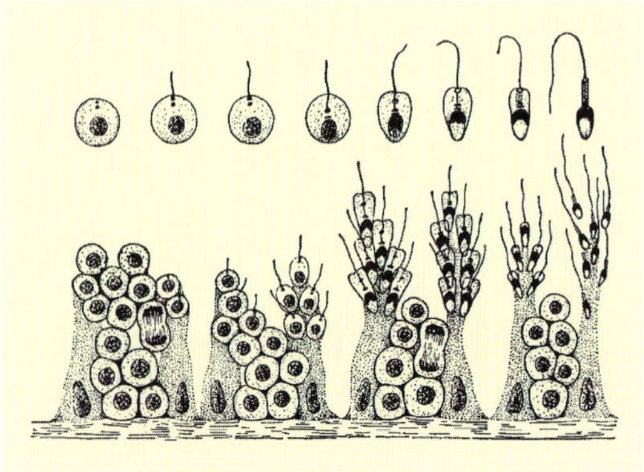

Bei der **Begattung** vermischen sich die Spermien mit den Sekreten der Geschlechtsanhangsdrüsen, die im **Ejakulat** (Samenerguss) zur Aktivität der Spermien beitragen.

Weiblich

Beim geschlechtsreifen weiblichen Tier erfolgt in regelmäßigen Abständen (Zyklus) durch Hormongruppen gesteuert am Eierstock die Ausbildung von Bläschen, die **Follikel** genannt werden.

Ein Eierstock (Sau) mit reifenden und sprungreifen

In jedem Follikel entwickelt sich eine Eizelle bis zur Befruchtungsreife. Dann wird die Brunst ausgelöst. Nach dem Brunstende kommt es zum **Follikelsprung**. Die Eizellen werden in die Trompete (trichterförmige Öffnung) des Eileiters gespült. Anschließend entwickeln sich auf den Eierstöcken **Gelbkörper**.

Bei der **Häsin** löst der Deckakt die Follikelsprünge aus.

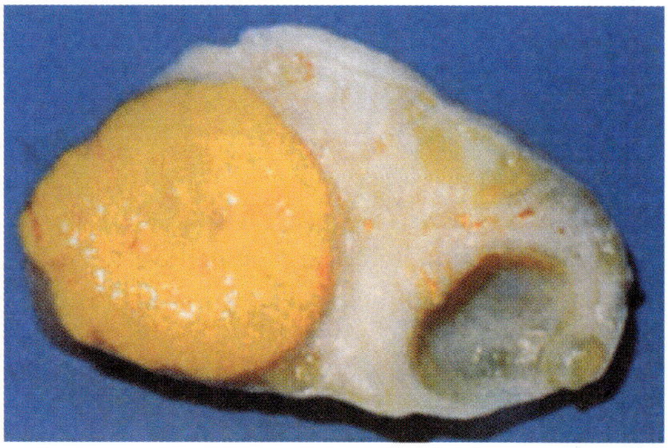

Trächtigkeitsgelbkörper

Das **befruchtungsfähige Ei** ist eine relativ große Zelle, beim Rind ca 0,15 mm im Durchmesser. Die Eizelle hat reichlich Plasma mit vielen Nährstoffen gespeichert, um im Falle der Befruchtung ausreichend „Startkapital" für die anfängliche Entwicklung der Föten im Mutterleib mitzubringen.

Die Fortpflanzungsnormen bei den weiblichen Säugetieren

Tierart	Geschlechtsreife / Alter in Monaten	Zykluslänge in Tagen	Brunstdauer Std. / Tage	Follikelsprung Stunden nach Brunstende	Besamungsoptimum / Stunden nach Brunstende
Rind	9–12	21 (18–24)	16–22	8–14 Brunstende	6–18
Schaf	5–10	16 (14–19)	24–36	18–24 Brunstende	12–24
Ziege	8–10	21 (4–24)	32–40	4–8 Brunstende	12–24
Pferd	18–24	21 (12–32)	3–10	48–24 vor Ende der Rosse	zur Zeit des Follikelsprunges
Schwein	5–6	21 (20–22)	2–3	24–36 Brunstbeginn	16–24 nach Hochrausche

Der Brunstzyklus am Beispiel eines weiblichen Rindes

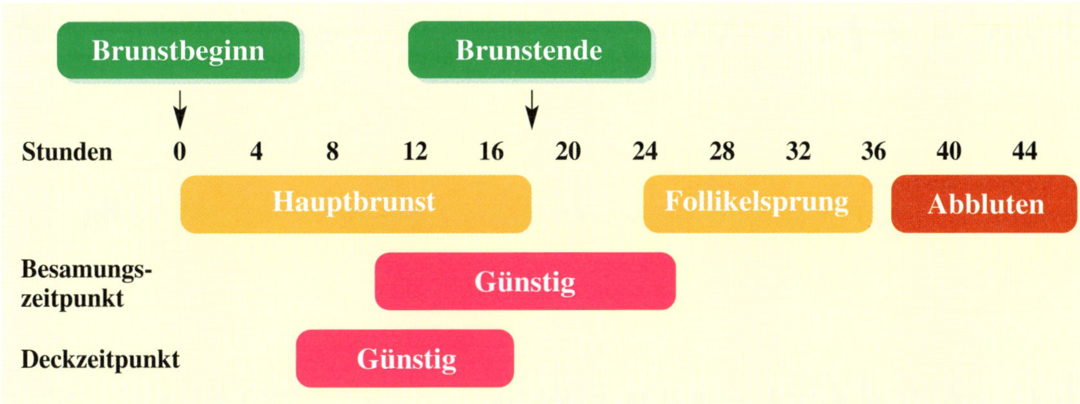

Die Begattung und Befruchtung

Beim Begattungsakt, zu welchem gesunde, geschlechtsreife männliche Nutziere gewöhnlich immer, weibliche nur zum Zeitpunkt der Brunst, bereit sind, wird eine geordnete Reihe von Vorgängen im Körper ausgelöst.

Männlich

Beim geschlechtsreifen männlichen Tier wird der **Begattungsakt** über den Gesichts- (Torbogenphänomen) und den Geruchssinn (Brunstgeruch) angeregt. Es kommt zum **Aufsprung**.
Durch Blutstau wird der **Penis** versteift und seine S-förmige Schleife gestreckt, wodurch er aus der Vorhaut austritt und der **Suchreflex** ausgelöst wird.
Wenn der Penis in die Scheide eindringt, erfolgt die **Absamung** (Ejakulation), verursacht durch Wärme und Muskelreize der Scheide.

Die Spermamenge und -beschaffenheit

Vatertier	Volumen ml	Farbe	Beschaffenheit
Stier	2 bis 10	gelblich	rahmig
Widder	0,3 bis 3	weißlich	rahmig
Bock	0,5 bis 3	weißlich	zähflüssig
Hengst	30 bis 150	grau	schleimig
Rammler	0,1 bis 1	weißlich	wässrig+Gel
Eber	50 bis 350	hellgrau	milchig+Gel

Wiederkäuer samen in die Scheide, Hengste an den Muttermund und Eber in den Tragsack. ab. Die **Ejakulation** erfolgt je Tierart unterschiedlich. Bei Wiederkäuern ist sie kurz und fällt mit dem Nachstoß zusammen. Hengst und Eber ejakulieren lange und das Sperma wird von den Sekreten der Nebendrüsen (gelartige Substanz) getrennt abgegeben.

Weiblich

Beim weiblichen Tier findet nach einer vorausgegangenen Begattung oder Besamung zumeist im oberen Drittel des Eileiters die Befruchtung statt:

> Ein Enzym des Spermienkopfes bewirkt eine Lücke in der Eihülle. Das Spermium befruchtet das Ei, wonach sich die Eihülle sofort wieder schließt.

Ein Abbluten (Rind) zeigt an, dass 2 bis 3 Tage vorher eine funktionelle Brunst mit Follikelsprung stattgefunden hat. An Stelle der geplatzten Follikel wachsen **Gelbkörper**, die durch eigene Hormone (**Progesterone**) den Tragsack für die Aufnahme der befruchteten Eizellen vorbereiten. Ist es zu einer Befruchtung gekommen, so bleibt der Gelbkörper für die Dauer der Trächtigkeit bestehen und eine neue Brunst unterbleibt.

Erst die **Einnistung** (Nidation) der Embryonen (beim Rind 20 bis 30, bei der Sau 4 bis 8 Tage nach der Befruchtung) führt zur Trächtigkeit.

Fand keine Befruchtung statt, bilden sich der oder die Gelbkörper zurück und ein neuer Fortpflanzungszyklus setzt ein.

Der **Progesteronspiegel** im Blut und in der Milch hängt eng mit dem Fortpflanzungsgeschehen, im Speziellen mit der Gelbkörperfunktion, zusammen.
➡ Siehe Kap. 3.3.3, Organe und Organsysteme Band 1, Seite 43

Bei der Kuh kann zur Überprüfung dieser Vorgänge der Progesterongehalt der Milch (Probe aus dem Nachgemelk), gemessen in ng (Nanogramm = Milliardstel Gramm) herangezogen werden. Exaktwerte sind von einer Laboruntersuchung abhängig, einfache Tests können mit entsprechenden Geräten selbst durchgeführt werden.

Rückschlüsse auf die Fortpflanzungsfunktionen lassen **Progesterontests**, die an den Tagen **0**, **7** und **19–21** nach einer Brunst oder Besamung durchgeführt werden, zu.

Progesteronverlauf

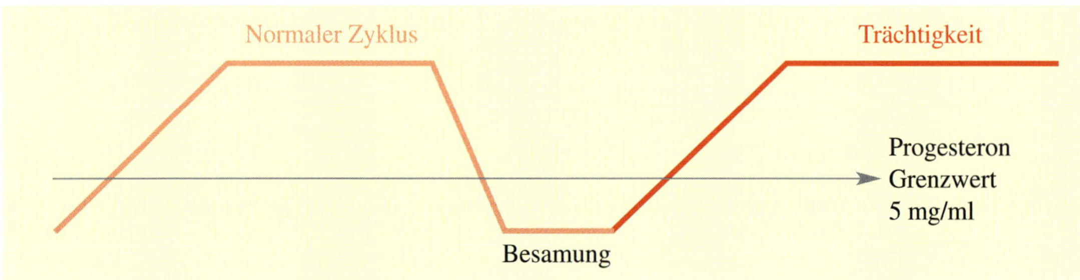

Wert des Progesterontests in ng/ml Milch für Aussagen über Fortpflanzungsfunktionen

Zyklustage: 0. – 7. – 14. – 19. – 21.
Trächtigkeitstage: 0. – 7. – 14. – 19. – 21.

	Zyklus Tag 0	Zyklus Tag 7	Zyklus Tag 19	Trächtigkeit Tag 7	Trächtigkeit Tag 19
Progesteron	0,6 bis 3,0 echte Brunst	über 5,0 Gelbkörper in Funktion	unter 5,0 nicht trächtig wird stierig	unter 5,0 Zystenverdacht	5,1 bis 8,4 Hormonschwäche (ev. trächtig?)
Progesteron	über 3,5 keine echte Brunst	unter 5,0 Zystenverdacht			über 8,5 zu 85% sicher trächtig

• Trächtigkeit
Als **Anzeichen** für Trächtigkeit können gelten:
- Positiver Progesterontest,
- Ausbleiben der Brunst,
- Verdickter Schleimpfropfen in der Scham,
- Eventueller Leistungsabfall,
- Zunahme des Leibesumfangs.

Mit **Sicherheit** kann die eingetretene Trächtigkeit nur durch eine exakte Untersuchung
- mittels Ultraschall oder
- rektaler Trächtigkeitskontrolle

nachgewiesen werden.

Eine festgestellte Trächtigkeit führt zu terminellen Konsequenzen (Errechnung des Geburtstermines, Termin für Trockenstellen, Vorbereitungsfütterung etc.).

Durchschnittliche Trächtigkeitsdauer:

Rind	285 Tage
Schaf u. Ziege	150 Tage
Damwild	ca. 6 Monate
Pferd	335 Tage
Kaninchen	31 Tage
Schwein	116 Tage

Die Entwicklung der Embryonen

Die befruchtete Eizelle ist unbeweglich und wird vom Flimmerepithel, das die weiblichen Genitalorgane auskleidet, zur Gebärmutter befördert. Dort erfolgt beim Rind 20 bis 30 Tage, bei der Sau 4 bis 8 Tage nach der Begattung die Einnistung. Bis zu diesem Zeitpunkt ernähren sich die Embryonen von Nährstoffreserven im Ei und von den Absonderungen der Schleimhaut (Uterinmilch). Im 1. Drittel der Entwicklung im Mutterleib spricht man zumeist von Embryonen, ab dem zweiten Drittel bis zur Geburt von Föten oder Feten.

Der **Embryo** ist von zwei Hüllen umgeben. Von der äußeren Hülle (Chorion) stülpen sich zottenartige Gebilde (beim Rind Kotyledonen oder Rosen genannt) in die Karunkeln der Gebärmutterwand des Muttertieres und bilden den **Mutterkuchen** (Plazenta), welcher den Embryo über die **Nabelschnur** ernährt. Die innere Hülle (Amnion) umhüllt den Embryo.

Beide Hüllen sind mit Fruchtwasser gefüllt, in welchem der empfindliche Embryo schwimmt.

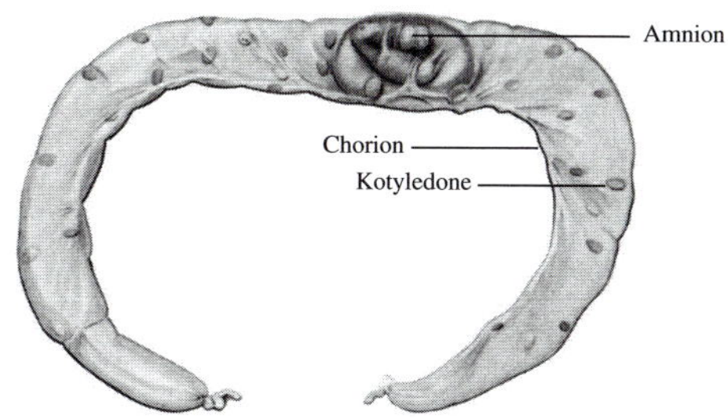

Die Keimblase eines 3 Wochen alten Kälberembryos

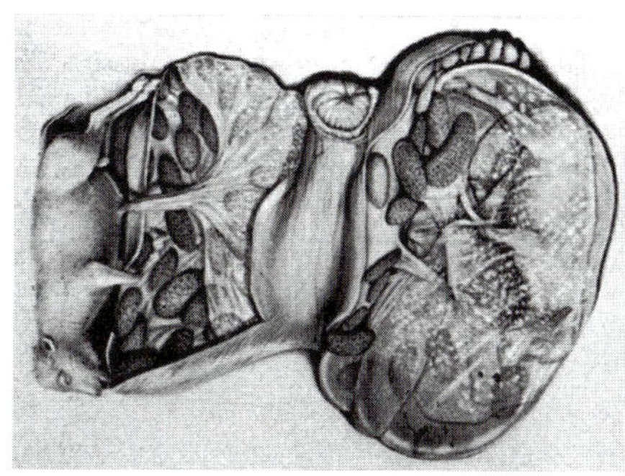

Eine Zwillingsträchtigkeit

Von der Zeugung bis zur Einnistung

Ungefähr vom 6. bis zum 20. Tag nach der Brunst liegt der Embryo frei in der Gebärmutter und kann aus dieser herausgespült werden. Eine Übertragung ist bis zum 12. Tag möglich, erfolgt aber meist am 7. oder 8. Tag.

Wann	Was	Wo	Aussehen	Größe
Tag 0	Brunst Besamung			
nach 1 Tag	Follikelsprung	Eierstock		Durchmesser der Hülle ca. 0,1 mm
	Befruchtung	Eileiter		
nach 2 Tagen	2-Zell-Stadium			
nach 3 Tagen	4-Zell-Stadium			
nach 4 Tagen	8–16 Zellen		usw.	
nach 5 Tagen	16–32 Zellen		usw.	
nach 6 Tagen	Morula (50–100 Zellen)	frei in der Gebärmutter		
nach 7 Tagen	Blastozyste (100–200 Zellen)			
nach 8–9 Tagen	Blastozyste schlüpft aus der Hülle			
nach ca. 10 Tagen	Embryo beginnt zu wachsen			0,5–1 mm lang
nach 20–30 Tagen	Einnistung	Gebärmutterhorn		

Mit 7 Monaten Trächtigkeit ist die untere Grenze der Lebensfähigkeit des Kalbes (Gewicht etwa 20 kg) erreicht. Bei den anderen Nutztieren zu analogen Zeitpunkten.

Die embryonale bzw. fetale Entwicklung geht bei den verschiedenen landwirtschaftlich genutzten Säugetierarten in ähnlicher Weise vor sich. Der zeitliche Entwicklungsablauf wird von der unterschiedlichen Dauer der Trächtigkeit bestimmt.

Bei der Sau und der Häsin kann es bei größerer Embryonenzahl durch Platz- oder Nahrungsmangel im Mutterleib, eventuell auch durch Krankheit oder genetisch bedingt, zu Entwicklungsstörungen bzw. zum Absterben der schwächeren Embryonen kommen. Diese werden zumeist im Mutterleib aufgesaugt oder ausgeschieden.

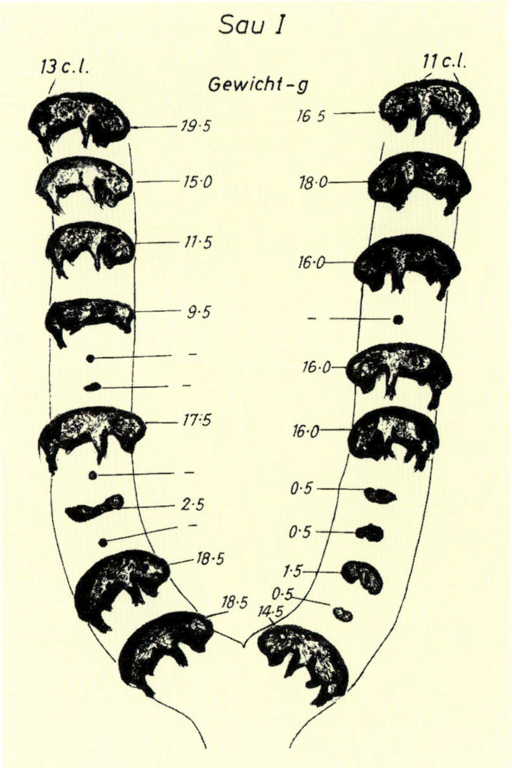

Ein Beispiel der Reduktion von Embryonen (Sau)

• Geburt

Einige **Phasen** werden durchlaufen, wobei der Zeitpunkt, die Dauer und der Verlauf von mehreren Faktoren abhängen und sehr unterschiedlich sein können.

Die Vorbereitungsphase

Die Geburt wird hormonell vorbereitet. Die geburtsreif werdenden Jungen veranlassen ein Absinken des Hormons Progesteron und ein Ansteigen des Hormons Ocytocin (➡ siehe Kap. 3.3.2, Gewebe und Gewebsarten, Band 1, Seite 31). Das Euter oder das Gesäuge der werdenden Mutter wächst zusehends an (Zunahme der Drüsensubstanz) und alles Gewebe, das direkt mit dem Geburtsablauf in Zusammenhang steht, wird mit Gewebsflüssigkeit durchsaftet und dadurch elastisch und dehnbar. Diese Schutzfunktion betrifft das Bindegewebe des Euters, der Scham sowie die gesamte Umgebung des Beckens. Man spricht vom „Einbrechen im Schambereich". Sauen und Kaninchen richten, wenn es ihnen möglich ist, ein Geburtsnest her.

Auch alle anderen werdenden Nutztier-Mütter bevorzugen für die Geburt freie Bewegungsmöglichkeit, reichlich Einstreu (Geburtsbox) und Ruhe in ihrer Umgebung.

Die Eröffnungsphase

Anfangs in größeren Zeitabständen, später regelmäßig und rascher einsetzende Wehen führen zur Erweiterung des Muttermundes und zur Orientierung des oder der Jungen in die Geburtslage.

Die Austreibungsphase

Durch **Presswehen** erfolgt das Platzen der Fruchtwasserblase und schließlich die Geburt.

Bei der Stute ist normalerweise der Ablauf der Geburtsphasen rasch. Die Stute kann jedoch die Geburt verzögern, wenn ihr die Umgebungssituation nicht genehm ist.

Bei der Sau erfolgt unter normalen Umständen die Geburt der Ferkel rasch hintereinander.

Die Konditionierung des Muttertieres über richtige Ernährung und artgerechte Haltung, dazu gehört jedenfalls auch regelmäßige Bewegungsmöglichkeit, hat wesentlichen Einfluss auf den Geburtsverlauf. Die Geburt sollte beobachtet und wenn nötig, doch niemals zu früh, Hilfe mit Sachkenntnis geleistet werden. Eine Geburt im Liegen bringt Vorteile für den Verlauf.

Wenn Zughilfe nötig: Zugrichtung

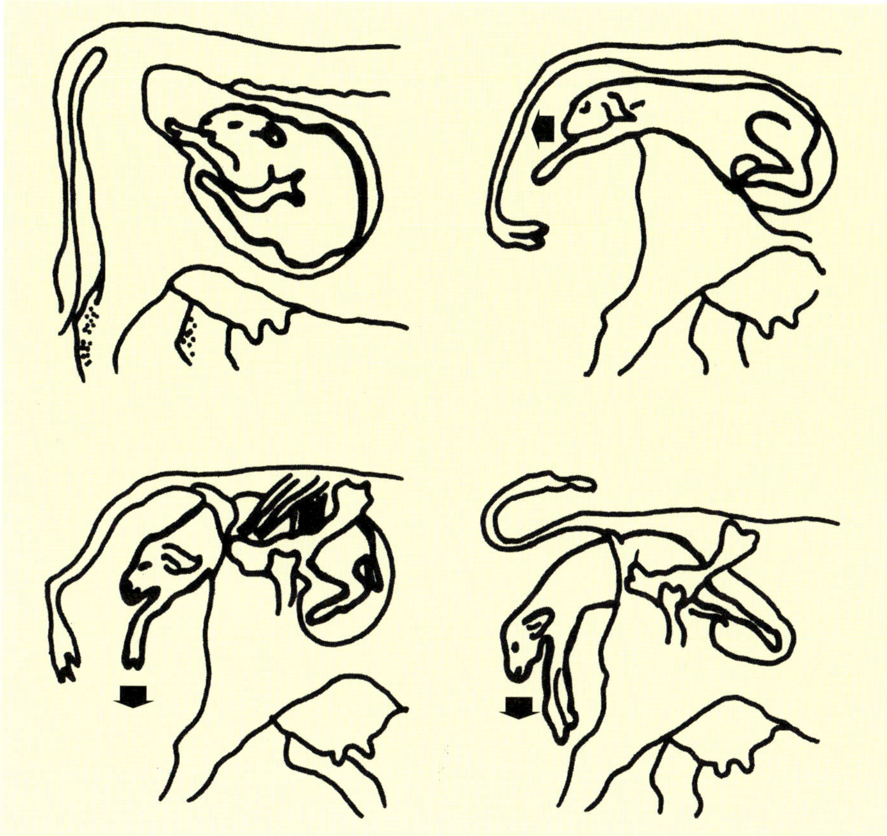

Geburtsstadien beim Rind (normaler Ablauf)

Die Nachgeburtsphase
Die Nachgeburt soll bald nach einer normal erfolgten Geburt ausgeschieden werden. Die Zeit des Nachgeburtsabganges ist individuell und je nach Tierart etwas unterschiedlich und beträgt einige bis maximal 24 Stunden. Wird diese Zeit überschritten, ist die Ursache zu ergründen.

Die Reinigungsphase
Bei der Kuh sollte die Reinigung des Genitaltraktes, gekennzeichnet durch zuerst blutig-schleimiges, später rotbraunes und schließlich klares Sekret, normalerweise bis eine, spätestens bis drei Wochen nach der Geburt abgeschlossen sein. Trüber weißlicher oder mit eitrigen Beimengungen durchsetzter Schleim bzw. unangenehmer Geruch des Ausflusses deuten auf Entzündungsvorgänge im Tragsackbereich hin. Rasche tierärztliche Behandlung ist erforderlich, um Verzögerungen für die Zwischenkalbezeit (ZWZ) aus wirtschaftlichen Überlegungen zu vermeiden. Bei der Stute und der Sau erfolgt die Reinigung zumeist intensiv und innerhalb von einigen Tagen.

Die Phasen des Geburtsverlaufs sind bei allen weiblichen Säugetieren ähnlich.

Grundsätzlich ist bei jeder Haustiergeburt ganz besonders auf Hygiene zu achten. Eventuelle Geburtshilfen erfordern Sachkenntnis und Gefühl. Für die Zeit nach der Geburt ist eine konsequente Beobachtung des Muttertieres eine sehr wichtige Maßnahme.

• Euter
Das Milchbildungsorgan der weiblichen Säugetiere ist seiner Entstehung nach ein Hautgebilde, eine umgewandelte Schweißdrüse.
Entwicklung und Funktion der Milchdrüsen werden durch Geschlechtshormone gesteuert.

Das Euter der Milchkuh schematisch

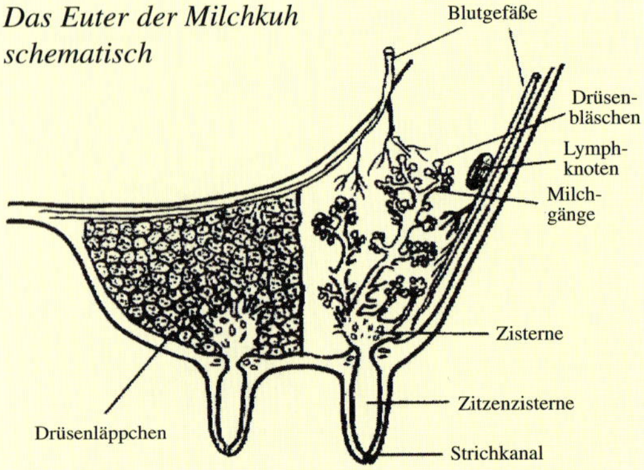

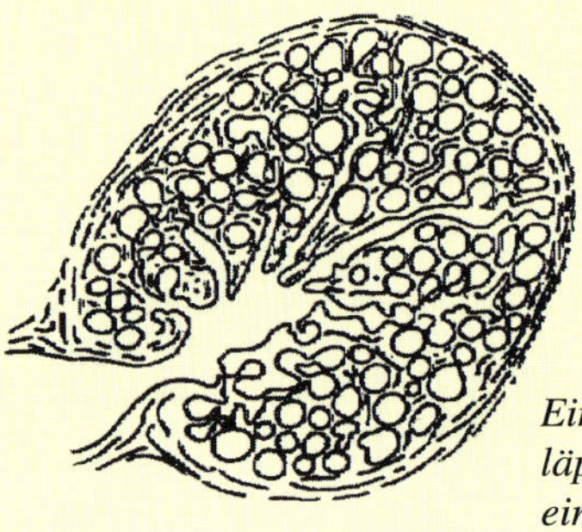

Ein Drüsenläppchen eines Euters

Der Aufbau

Das Euter der Kuh ist vierteilig, das des Schafes, der Ziege, des Damtieres und der Stute zweiteilig, das Gesäuge der Sau und der Häsin vielteilig.

Der Aufbau und die Funktion der Milchdrüsen sind grundsätzlich bei allen weiblichen Säugetieren ähnlich.

Die vier Viertel des Rindereuters sind voneinander unabhängig, sie bestehen aus den zwei Bauch- und den zwei Schenkelvierteln. Außen ist das Euter von einer Bindegewebskapsel umhüllt. Auch im Inneren befindet sich zwischen Drüsenkörpern ein Gerüst aus Bindegewebe, das zusammen mit dem Mittelband (Zentralband) für die Euteraufhängung verantwortlich ist.

Bei männlichen Säugetieren ist die Milchdrüse anlagemäßig erkennbar (z. B. Hodenwarzen beim Stier, Gesäugeanlage beim Eber).

Die Funktion

In den mikroskopisch kleinen **Drüsenbläschen**, die sich zu traubenartigen Gebilden, den **Drüsenläppchen**, zusammenschließen, werden winzige Tröpfchen Milch gebildet. Jedes Drüsenbläschen besteht aus etwa 700 einzelnen **Milchbildungszellen** und ist von feinsten Blutgefäßen umsponnen. Ein durchschnittliches Kuheuter enthält ca. 2 Milliarden Drüsenbläschen. Die Ausführungsgänge führen in die Milchgänge, welche sich über ein weit verzweigtes System je Viertel in der **Zisterne**, einem gut faustgroßen, dehnbaren Hohlraum, sammeln. Von dort zieht sich der Strichkanal in die **Zitze** (Strich), die mit einem ringförmigen Schließmuskel nach außen verschlossen ist.

Da zur Bildung von 1 Liter Milch rund 400 Liter Blut das Euter durchfließen müssen, wird auf ein gut ausgebildetes Blutgefäßsystem großer Wert gelegt. Das Blut gelangt in der Euterarterie vom Bauch kommend in das Euter und führt, nach Vollzug des Stoffwechsels, auf kurzem Weg in der Bauchvene (zumeist Milchader genannt), zum Herzen zurück. Ein ausgeprägtes Lymphsystem mit Lymphknoten ergänzt das leistungsfähige Blutgefäßsystem.

Die Milchbildung erfolgt im Euter ziemlich gleichmäßig. Nur bei prall gefülltem Euter (starker Innendruck) geht die Milchsekretion zurück oder wird ganz unterbunden. Die regelmäßige Milchentnahme regt die Milchbildung an. Hormonell wird sie von der Hypophyse (Prolaktin und Ocytocin) gesteuert (➞ siehe Kap. 3.3.3, Organe und Organsysteme, Band 1, Seite 43). Mit fortschreitender Laktation wird Drüsengewebe abgebaut, das Euter wird kleiner und die Milchleistung sinkt. Mit jeder neuerlichen Geburt bildet sich wieder leistungsfähiges Drüsengewebe aus.

Die Entwicklung der Milchdrüse (am Beispiel Rind)

Die Euteranlage des Kalbes wächst bis zum 5. Lebensmonat nur sehr geringfügig. Ab diesem Zeitpunkt findet im Vergleich zur körperlichen Entwicklung ein etwas stärkeres Wachstum des Euters statt. Es bilden sich sowohl Drüsenmasse als auch Fettgewebe aus. Das Euter der Kalbin wiegt zum Zeitpunkt der ersten Brunst etwa 2 kg (1/3 Drüsen-, 2/3 Fettgewebe). Erst ab dem 4. bis 5. Trächtigkeitsmonat setzt ein etwas intensiveres Wachstum ein, wobei Fettgewebe systematisch durch Drüsengewebe ersetzt wird. Bei der ersten Abkalbung kann mit einem Eutergewicht von etwa 12 bis 18 kg gerechnet werden.

Das Euter einer 3 Monate trächtigen Kalbin
Viel Fettgewebe. In Entwicklung sind bereits die dunkel erscheinenden Milchgänge.

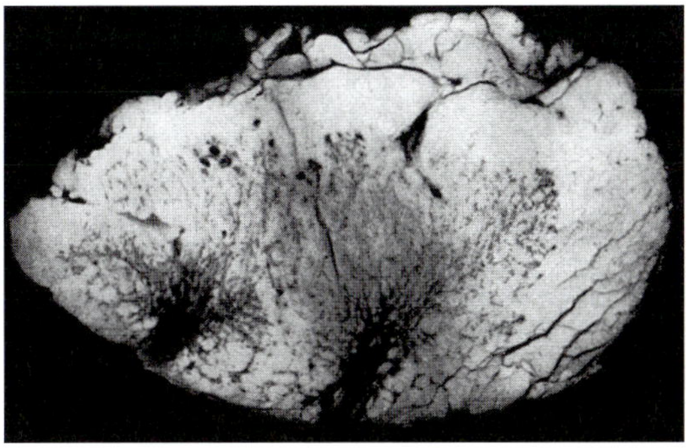

Das Euter einer Kalbin im 6. Trächtigkeitsmonat
Die sich entwickelnde Drüsenmasse verdrängt das Fettgewebe.

Vor der Abkalbung wird das Euter oftmals in unterschiedlichem Ausmaß ödemisiert; Östrogen kann einen Lymphstau hervorrufen. Ein Euterödem muss bei sonst gesunden Kühen relativ rasch durch Eutermassage beim Melken und durch Bewegungsmöglichkeit für das Tier (Schenkelmassage) zum Abbauen gebracht werden.

Die Entwicklung und die Funktion der Euter- oder Gesäugeanlage anderer Säugetiere ist ähnlich wie beim weiblichen Jungrind, natürgemäß in anderen Zeit-, Form- und Größenrelationen.

Die Zusammensetzung der Milch sowie ihr Einfluss auf die körperliche Entwicklung der Säuglinge

Tierart	Zusammensetzung der Milch durchschnittlich in %			Geburtsgewicht je Neugeborenen Ø in kg	Verdoppelung des Geburtsgewichts in Tagen
	TM	Gesamt-Protein	Fett		
Rind	12,9	3,5	4,0	40,0	48
Schaf	17,0	5,0	7,0	4,0	16
Ziege	12,5	3,3	3,8	4,0	22
Pferd	9,9	2,1	1,3	50,0	55
Kaninchen	32,0	12,0	16,0	0,06	7
Schwein	19,0	6,0	7,2	1,4	13

• Fortpflanzung beim Nutzgeflügel

Das weibliche Geflügel legt Eier; die Hennen und die Enten der Legerassen asaisonal (über das ganze Jahr verteilt), die Puten, die Gänse, die Lauf- und Flugenten saisonal (vor den Brutzeiten, zumeist im Frühjahr). Die Zahl der Eier je Tier und Saison ist abhängig von Erbanlagen (Rasse, Hybrid) und der Umwelt (Fütterung, Haltung, Belichtung etc.).

Die Organe

Beim **Hahn:**

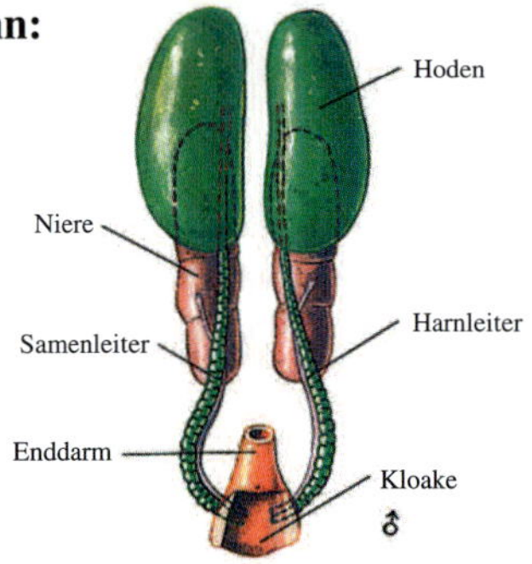

Bei der **Henne:**

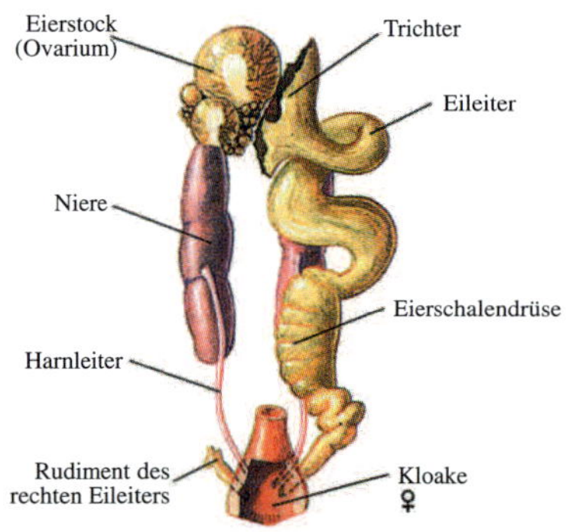

Das **Ei:**

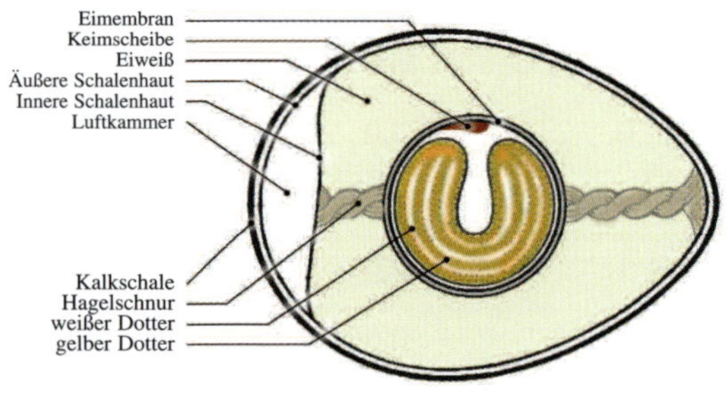

Zusammensetzung in Gewichts-%

Eiklar 57 Dotter 33 Schale 10

Die **Eibildung** erfolgt hormonell gesteuert im weiblichen Genitaltrakt. Beim männlichen Geflügel liegen die Hoden in der Bauchhöhle.

Bei vielen Vogelarten geht der Paarung eine Balz (Werben des Männchens um die Gunst des Weibchens) voraus. Bei dem hühnerartigen Geflügel erfolgt die Begattung über die männlichen und weiblichen Kloaken, beim Wassergeflügel mit einem Penis in die weibliche Kloake.

Die Brutdauer in Tagen

Huhn	21	Ente	28
Pute	28	Flugente	35
Gans	30		

Die Entwicklung der Kücken im Ei

Das Ei enthält alle Aufbau- und Reservestoffe für den rasch wachsenden Embryo. Die poröse Kalkschale ermöglicht den Gasaustausch.

Das Kücken verbraucht das Eiklar und einen Teil des Eidotters für seine Entwicklung. Es bewegt und wendet sich regelmäßig im Ei.

Der Schlupf

Mit dem Ende der Brutzeit nimmt das Kücken den restlichen Dottersack als Nahrungsquelle durch die Nabelöffnung in das Körperinnere auf. Anschließend pickt es mit dem Eizahn seines Schnäbelchens ein Loch in die Eischale und sprengt diese durch Flügelbewegungen.

Das **Schlupfergebnis** ist sehr unterschiedlich und hängt ab:

- von der Jahreszeit
- vom Alter der Eltern
- von der Fütterung, im Besonderen von der Wirkstoffversorgung.

Allgemein wird ein Schlupfergebnis von etwa 70% als gut bezeichnet. Es ist bei Naturbrut besser als bei künstlicher Brut.

Eine **Mutter-Prägung** erfolgt auf das erste bewegliche und lautgebende Objekt, das die Kücken nach dem Schlupf sehen. Die Kücken der Nutztiergeflügelarten sind Nestflüchter, sie können sofort Futter und Wasser suchen und aufnehmen.

Die **körperliche Entwicklung**, Wachstum, sowie die Geschlechtsreife und die Nutzungsintensität hängen von der Art, der Rasse und den Umweltverhältnissen, insbesondere von der Fütterung ab.

4. Nutztiere in ihrer Umwelt

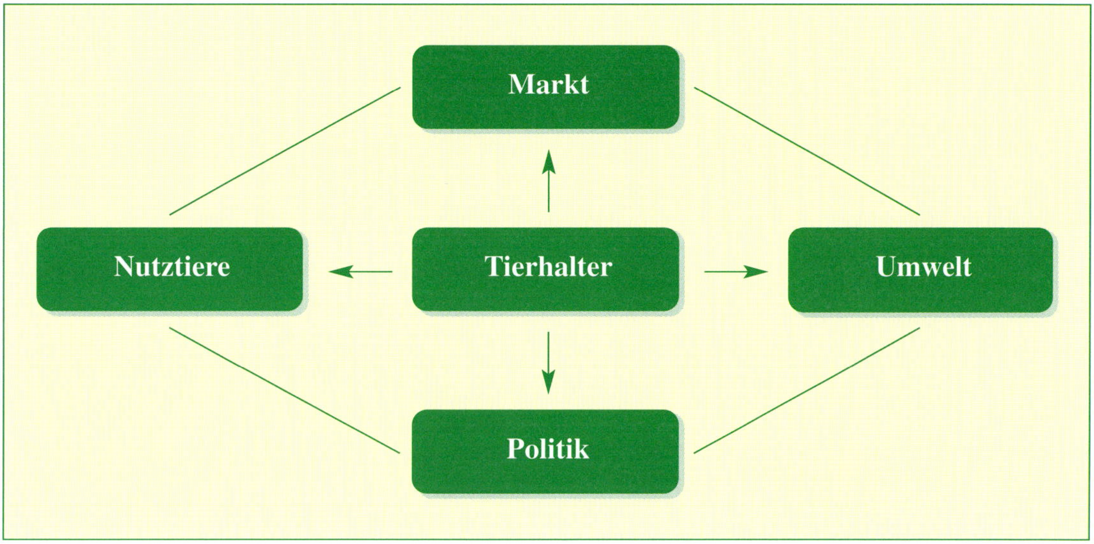

Der Tierhalter steht heute im Spannungsfeld eines komplexen Netzwerkes.

4.1 Allgemeine Grundsätze

Der Markt verlangt heute qualitativ hochwertige Veredelungsprodukte, die von gesunden Nutztieren, welche sich in tiergerechter Haltung wohl fühlen, erzeugt werden sollen. Tierhaltende Bauern müssen im Sinne der Nachhaltigkeit sowie einer ökonomischen Bewirtschaftung ihrer Betriebe die nachfolgend aufgezählten Kriterien optimal abstimmen und haben folgende Aufgaben in ihre Überlegungen mit einzubeziehen:

- Den Betrieb ökonomisch führen, um seine Existenz zu sichern
- Qualitätsprodukte erzeugen und an ihrer Vermarktung mitarbeiten
- Die Ansprüche seiner Nutztiere kennen und erfüllen
- Die Umwelt gesund erhalten
- Beratungs- und förderpolitische Zielsetzungen berücksichtigen
- Nach den Grundsätzen der guten landwirtschaftlichen Praxis ausrichten

Das **Wohlbefinden** der Nutztiere ist eine wesentliche Voraussetzung für jede Veredelungswirtschaft!

Wohlbefinden wird dann erreicht, wenn die Tiere mit sich, ihren Artgenossen und ihrer Umwelt in Harmonie nach ihren angeborenen Verhaltensweisen leben und ihre tierartspezifischen Bedürfnisse weitestgehend erfüllen können.

4.2 Der natürliche Lebensraum

Das artspezifische Sozialverhalten der Nutztiere soll bei der Wahl der Haltungsform und der räumlichen Gestaltung (z. B. für Ausweichmöglichkeiten im Bereich der Rangordnung in der Herde) berücksichtigt werden.
Bei gemeinsamer Haltung von verschiedenen Haustierarten (Rind und Schaf, Schwein und Geflügel etc.) müssen tierartspezifische Verhaltensweisen wie z. B. Nahrung, Fressverhalten, Sozialverhalten, Verträglichkeit etc. und hygienische Gesichtspunkte (Möglichkeit von Krankheits- und Parasitenübertragung) beachtet werden.
Für unsere landwirtschaftlichen Nutztiere ist eine Auseinandersetzung mit den verschiedenen Formen von nützlichen, indifferenten oder schädlichen Mikroorganismen unvermeidbar und auch notwendig.
Eine möglichst naturgemäße Haltung soll die Tiere befähigen, natürliche Abwehrkräfte zu entwickeln und zu nutzen. Die diesbezüglichen Ansprüche der Nutztiere sind denen ihrer früher in freier Wildbahn lebenden Vorfahren weitgehend ähnlich.

Lebensraum als Maßstab für klimatische Bedürfnisse der Haustiere			
Tierart	Pferd	Rind	Schwein
Vorwiegender Lebensraum	Steppe	Waldrand	Wald
Temperaturverträglichkeit	Kälte und Hitze	keine Hitze	eng begrenzt
Windverträglichkeit und Windbedarf	groß	mittel	klein
Lichtverträglichkeit und Lichtbedarf	groß	mittel	klein

4.3 Mögliche Auswirkungen auf die Umwelt

4.3.1 Positive Auswirkungen

Erzeugen von einwandfreien Lebensmitteln und sonstigen Produkten
Der Begriff einwandfrei bezieht sich auf Freisein von Inhaltsstoffen in Lebensmitteln (Rückstandsfreiheit), die sich bei den Konsumenten kurz- bis langfristig schädlich auf die Gesundheit auswirken können. Für die meisten dieser Schadstoffe sind gesetzliche Grenzwerte festgelegt.

Anforderungen des Tier- und Umweltschutzes:

- Tiergerechte Haltung
- Stallbau, Aufstallungsart
- Stallklimafaktoren und -elemente
- Stallhygiene
- Erzeugen von gesunden Zucht- und Nutztieren für den Markt
- Landschaftspflege usw.

4.3.2 Unangenehme Auswirkungen

Immissionen sind einwirkende Störungen und Beeinträchtigungen durch die Abgabe von luftverunreinigenden Gasen oder sonstigen Stoffen sowie durch Verursachung von Geräuschen und Erschütterungen.

Staubentwicklung durch Manipulation mit Futter und Streu. Der Staub kann vor allem bei seitlichen Ausblasöffnungen der Lüftungen zu einer Beeinträchtigung der Umgebung führen.
Lärmentwicklung durch den Einsatz von Be- und Entlüftungsanlagen und Maschinen. Sie wird mit der Anzahl, Stärke und dem Fabrikat der Ventilatoren größer oder kleiner sein. Auch der Tierlärm kann je nach Bestand und nach Fütterungssystem schwanken.
Geruchsbildung durch tierische Ausscheidungen,

deren Lagerung und Manipulation. Diese wird ganz wesentlich von der Größe des Tierbestandes im Stall, dem Stallhaltungs- und Entmistungssystem, der Art der Stallentlüftung sowie der Art, der Lagerung und der Ausbringung des Mistes bestimmt. Um eine Geruchsbeeinträchtigung zu vermeiden, ist die Anordnung der Wohnungen in Bezug auf die Ställe maßgebend und daher zu beachten.

4.3.3 Intensivhaltung

Unter Intensivhaltung versteht man die spezialisierte Haltung einer Tierart, einer Leistungsrichtung oder einer Altersgruppe unter weitgehender Ausnützung aller Möglichkeiten der Rationalisierung: z. B. die Haltung von Legehühnern in Batterien.

In der Intensivhaltung sollten gewisse Mindestforderungen des Tieres an seine Umwelt beachtet werden. Aus diesem Grund ist es unbedingt notwendig, dass größere Bestände von geschultem Personal betreut werden. Auch der Leiter eines solchen Großbetriebes sollte ein Fachmann sein. Unter unseren Haustieren sind es v. a. Schwein und Geflügel, die eine besonders aufmerksame Betreuung verlangen.

- Diese Bestände müssen mindestens 1 Mal täglich genau kontrolliert werden.
- Besonderes Augenmerk ist dabei auf das Stallklima zu legen: In fensterlosen Stallungen mit Lüftungsanlagen muss der ev. Ausfall der Energiequelle sofort durch ein Alarmsignal angezeigt werden, da die Tiere sonst infolge Schadgasanreicherung elend zugrunde gehen können.
- Ein sehr wesentlicher Faktor ist die Temperatur (besonders im Abferkelstall, wo ohne Einstreu eine Mindesttemperatur von 10 °C, mit Einstreu von 5 °C herrschen muss!).
- Ein weiteres wichtiges Kriterium im Schweine- und Geflügelstall ist die Besatzdichte: minimale Liegefläche beim Mastschwein bis 0,5 m², bei der Zuchtsau bis 1 m².

Als „Massentierhaltung“ bezeichnet man die negativen Auswirkungen von intensiven Haltungsformen ohne Einhaltung von Mindestnormen in Bezug auf Tier und Umwelt.

Zusammenstellung wichtiger Elemente umweltkonformer Nutztierhaltung

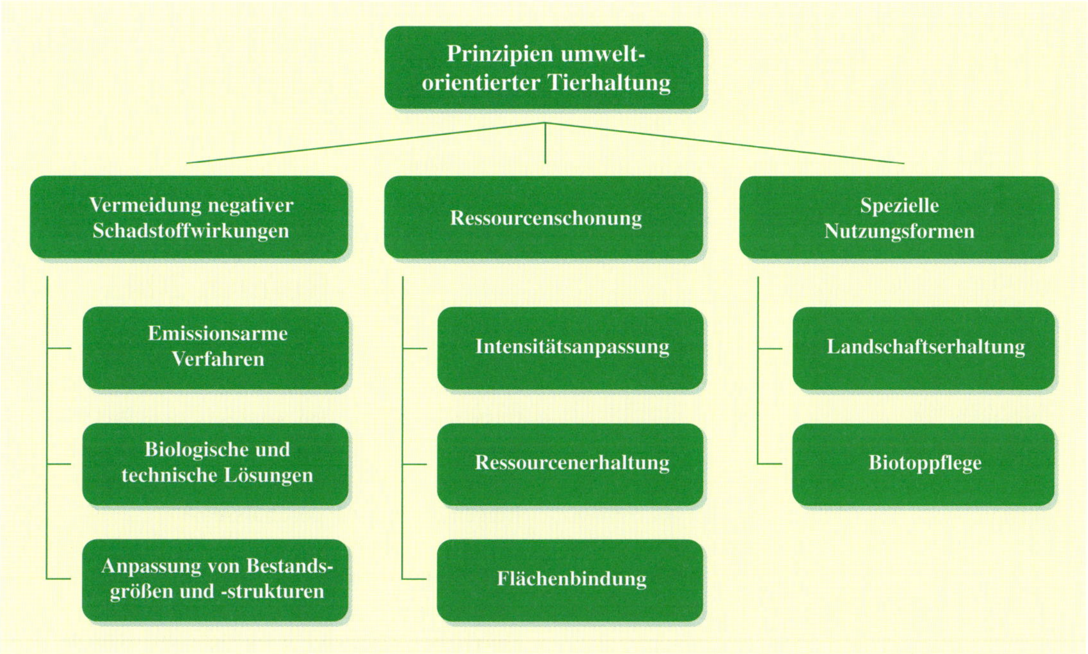

4.4 Artbedingte Verhaltensweisen und deren Störungen

Vereinfacht ausgedrückt beruhen die vielfältigen Verhaltensweisen eines Lebewesens auf angeborenen, vor allem im Gehirn gespeicherten Bedürfnissen sowie auf verschiedenen Umweltreizen.

4.4.1 Wichtige Verhaltensweisen

- Fressverhalten
- Sexualverhalten
- Mutter-Kind-Verhalten
- Sozialverhalten
- Körperpflege
- Bewegungsanspruch
- Ruheverhalten

Diese Verhaltensweisen sind tierartspezifisch.

4.4.2 Verhaltensstörungen

Verhaltensstörungen können sich in vielfältigen Formen äußern:

- Schwanzbeißen bei Schweinen (seltener bei Kälbern)
- Federnpicken bei Geflügel
- Gegenseitiges Ansaugen bei jungen Säugetieren
- Leerhandlungen wie z. B. Fress- und Kaubewegungen ohne Futter bei Schweinen, Pferden etc.
- Gestörtes Sexualverhalten
- Fortpflanzungsstörungen
- Störungen im Mutter-Kind-Verhalten
- Untugenden
- Aggressionen
- Kannibalismus usw.

Haltungsformen und Haltungstechniken, welche den Tieren ein Leben nach ihren Verhaltensweisen nicht oder nur in beschränktem Ausmaß ermöglichen, führen zu Verhaltensstörungen und sind nicht artgerecht.

4.5 Die Gemeinsame Agrarpolitik (GAP)

4.5.1 Grundlagen und Entwicklung

Die grundlegenden Ziele der GAP wurden bereits in den Römischen Verträgen von 1957 im Rahmen der Errichtung des Europäischen Wirtschaftsraumes festgelegt. Das allgemeine Streben nach einer gesicherten Nahrungsversorgung in Europa veranlasste die Europäische Gemeinschaft 1962, einen einheitlichen Markt für Agrarerzeugnisse zu schaffen. Die Gemeinsame Agrarpolitik (GAP) beruht auf drei miteinander verknüpften Grundprinzipien: **Schaffung** und Erhaltung eines Gemeinsamen Marktes, **Beachtung** des Grundsatzes der Gemeinschaftspräferenz und **Verpflichtung** zur Solidarität. In den achtziger Jahren begann die europäische Landwirtschaft enorme Überschüsse zu produzieren, die hohe Kosten für den europäischen Haushalt verursacht (z. B. Lagerkosten, Exporterstattungen). Die Reaktion der europäischen Union war eine tiefgreifende Reform der GAP 1992.

Wesentliches Merkmal dieser Reform war ein Direktbeihilfe-System, welches den Landwirten Anreize für eine Umstellung auf weniger intensive Produktionsmethoden geben, die Preise senken und die Wettbewerbsfähigkeit für die Zukunft sicherstellen sollte. Der Überschussproduktion sollte entgegengewirkt und der Umweltschutz gefördert werden.

4.5.2 Die Ergebnisse der GAP-Reform 2003

Nach langer Diskussion im EU-Agrarministerrat einigte man sich am 26. Juli 2003 auf ein Kompromissergebnis. In den strategischen Produktionsbereichen Milch, Rinder, Getreide und nachwachsende Rohstoffe wurden teils tiefgreifende Änderungen in der GAP beschlossen.

- **Milchmarktordnung bis 2014/2015 festgeschrieben**

Durch die Reform wird gewährleistet, dass die Umsetzung der Milchquote in den neuen Mitgliedstaaten verwirklicht und dieser Markt damit langfristig stabilisiert werden kann. Mit der nunmehr ebenfalls beschlossenen Fixierung der Milchausgleichszahlung wird das Element der Direktzahlungen auch in diesem Marktsegment umgesetzt. Diese Direktzahlung bleibt bis zur vollständigen Umsetzung der Reform an die Produktion gekoppelt.

• **Getreide**

Beim Getreide wurde im Wesentlichen das Ergebnis der Agenda 2000 bestätigt.

• **Cross Compliance (Bindung der Ausgleichszahlungen an Umwelt- und Tierhaltungsauflagen)**

In Zukunft erhält der Landwirt die Prämienzahlung für die Einhaltung von EU-weit geltenden Betriebsauflagen. Mit der neuen Rahmenregelung werden verpflichtende Mindeststandards für alle Mitgliedstaaten (auch die neuen MS) festgelegt. Damit wird eine EU-interne Wettbewerbsverzerrung zu Lasten der Umwelt- und Qualitätsproduktion verhindert. Die seit 1.1.2005 einzuhaltenden Grundanforderungen im Rahmen von Cross Compliance werden aufgrund der Vorgaben der EU laufend erweitert. Dabei handelt es sich um keine neuen, sondern bereits bisher gültige gesetzliche Bestimmungen und Richtlinien.

Mindestens 1 % der Antragsteller müssen vor Ort auf Einhaltung der anderweitigen Verpflichtungen kontrolliert werden. Die Ergebnisse dieser Kontrollen können Auswirkungen auf die Höhe der einzelbetrieblichen Marktordnungs-Direktzahlungen haben.

Cross Compliance-Bestimmungen

1. Erhaltung der wild lebenden Vogelarten und Erhaltung der natürlichen Lebensräume sowie der wild lebenden Tiere und Pflanzen – seit 2005
2. Grundwasserschutz – seit 2005
3. Verwendung von Klärschlamm – seit 2005
4. Schutz der Gewässer vor Verunreinigung durch Nitrat – seit 2005
5. Rinderkennzeichnung – Zentrale Rinderdatenbank (ZRDB) – seit 2005
6. Schweinekennzeichnung – seit 2005
7. Schaf- und Ziegenkennzeichnung – seit 2005
8. Verwendung von Pflanzenschutzmitteln – ab 2006
9. Hormonanwendungsverbot und Tierarzneimittelanwendung – ab 2006
10. Lebensmittelsicherheit – ab 2006
11. Futtermittelsicherheit – ab 2006
12. Bekämpfung von Tierseuchen – ab 2006
13. Handel mit Rindern, Schafen und Ziegen und deren Sperma, Embryonen und Eizellen – ab 2006
14. Erhaltung der landwirtschaftlichen Flächen in gutem landwirtschaftlichen und ökologischen Zustand – seit 2005
15. Dauergrünlanderhaltung – seit 2005
16. Tierhaltungsnormen inkl. Selbstevaluierung Tierschutz sowie baulicher und technischer Lösungen
17. Düngungs- und Viehbesatzauflagen

Die Reform der Gemeinsamen Agrarpolitik (GAP) der Europäischen Union (EU) umfasst drei große Gebiete:

- Im Marktordnungsbereich wurden durch die Einführung der **Einheitlichen Betriebsprämie** die Marktordnungs-Direktzahlungen großteils von der tatsächlichen Produktion entkoppelt.
- Durch Umschichtung von Geldmitteln aus dem Marktordnungsbereich im Rahmen der so genannten Modulation soll die **Entwicklung des ländlichen Raumes** gestärkt werden.
- Die Besitzer von Marktordnungs-Direktzahlungen sind verpflichtet, bestimmte Grundanforderungen an die Betriebsführung zu erfüllen und ihre Flächen in gutem landwirtschaftlichen und ökologischen Zustand zu erhalten. Die Einhaltung dieser anderweitigen Verpflichtungen wird auch als **„Cross-Compliance“** bezeichnet.

Die Cross Compliance-Bestimmungen umfassen die Grundanforderungen an die Betriebsführung und den guten landwirtschaftlichen und ökologischen Zustand (inkl. Erhaltung des Dauergrünlandes).

Die Grundanforderungen an die Betriebsführung werden zu folgenden Bereichen zusammengefasst:

- Umwelt
- Gesundheit von Mensch, Tier und Pflanzen
- Tierschutz

• **Modulation**

Mit dem nun vereinbarten System der Modulation (= Kürzung der Prämienzahlungen ab einer festgesetzten Höhe zu einem festgesetzten Prozentsatz) der Direktzahlungen werden Mittel aus der 1. in die 2. Säule umgelenkt. Dies geschieht so, dass Betriebe bis 5.000 Euro aus der Modulation ausgeklammert werden.

• Entkoppelung
Dabei wurde ein System einer differenzierten Betriebsprämie vereinbart, nach welchem die Mitgliedstaaten bis spätestens 2007 auf nationaler Ebene selbst festlegen können, ob die Zahlungen fortan gekoppelt oder nicht gekoppelt werden. Der Kompromiss sieht zahlreiche Varianten auch der Teilentkoppelung vor und überlässt es den Mitgliedstaaten, ihr eigenes Modell zu gestalten. Nach Gutdünken können jetzt die Mitgliedstaaten vollständig entkoppeln, teilweise entkoppeln oder Direktzahlungen in einheitliche Grünland- oder Akkerbauprämien überführen.

• Bedeutung für WTO-Verhandlungen
Seit Beginn der GAP-Reformdiskussion betonte die Europäische Kommission die Relevanz ihrer Vorschläge für die anstehenden WTO-Verhandlungen. Durch die Teilentkoppelungslösung sowie weitere Preisabsenkungen in einigen Marktordnungen wird der Verhandlungsspielraum deutlich größer. Die Green Box der EU wird sich durch den Entkoppelungsvorschlag weiter erhöhen. Hierbei wird es für die Europäische Kommission entscheidend sein, eine Verständigung innerhalb der WTO, vor allem mit den USA, zu erreichen.

4.5.3 Health Check

Im Zuge der Reform der Gemeinsamen Agrarpolitik (GAP) 2003 wurde vereinbart, die Gemeinsame Agrarpolitik im Jahr 2008 einer (Halbzeit) Bewertung – einem „Health Check“ – zu unterziehen.Zu den wesentlichen Änderungen zählen jene bei der Modulation, die ab dem Jahr 2009 über die Basismodulation hinaus schrittweise um insgesamt 5 % erhöht wird. Die Mittel sollen in erster Linie für die neuen Herausforderungen Klimawandel, erneuerbare Energien, Wasserwirtschaft, Artenvielfalt, aber auch für Innovation und Milchbegleitmaßnahmen verwendet werden. Eine weitere Neuerung ist die sogenannte Progression, das heißt eine zusätzliche Modulation von 4 % für Betriebe, die Direktzahlungen von mehr als 300.000 € pro Jahr beziehen. Eine Änderung erfolgt weiters mit der Erhöhung der Milchquote um 1 % pro Jahr ab dem Wirtschaftsjahr 2009/10 bis 2013.Insbesondere kann das Auslaufen der Milchquote 2015 durch ein umfangreiches Maßnahmenpaket abgefedert werden. Kern davon ist eine neue Milchkuhprämie, die schon ab 2010 zur Verfügung stehen wird.Betreffend das Interventionsregime im Getreidebereich wird auch noch ab 2010 das gegenwärtige Regime der Intervention als Sicherheitsnetz bis zu einer Menge von 3 Mio. t Weizen erhalten bleiben. Darüber hinausgehende Mengen unterliegen einem Ausschreibungsverfahren zu regionalen Preisen.Gekoppelte Direktzahlungen sind auch weiterhin möglich. Dazu zählt auch die für Österreich – besonders für die Produktion im Berggebiet wichtige Mutterkuhprämie.

4.5.4 Förderprogramm „Ländliche Entwicklung“

Im österreichischen Förderprogramm „Ländliche Entwicklung“ (LE) werden die beiden „großen“ Maßnahmen ÖPUL und Ausgleichszulage (AZ) angeboten. Darüber hinaus gehören die Investitionsförderung, die Niederlassungsprämie und die Verarbeitungs- und Vermarktungsmaßnahmen als sonstige Maßnahmen zum Förderpaket.

• Umweltprogramm ÖPUL
Österreich hat ein umfassendes Programm bestehend aus 33 Maßnahmen zur Förderung einer umweltgerechten Landwirtschaft (ÖPUL) von der EU-Kommission genehmigt bekommen. Diese 33 Maßnahmen unterteilen sich in jene, die bundesweit angeboten werden und in jene, die nur in einzelnen Bundesländern beantragt werden können.
Das Programm wird von der Europäischen Union zu 50% kofinanziert (Ausnahme: Ziel 1 Gebiet 75%).
Der nationale Anteil wird zwischen Bund und den Ländern im Verhältnis 60 : 40 finanziert.

Das ÖPUL verfolgt folgende Ziele:
- Nachhaltige landwirtschaftliche Produktionsverfahren zu fördern und gleichzeitig eine Marktentlastung durch Produktionsdrosselung herbeizuführen;
- Umweltfreundliche Extensivierung im pflanzlichen sowie tierischen Bereich zu fördern;
- Anreize zur Pflege aufgegebener land- und forstwirtschaftlicher Flächen in bestimmten Gegenden zu bieten;
- Anreize für langfristige Stilllegung von Ackerflächen aus Umweltschutzgründen zu bieten.

Nicht weniger als 70% der landwirtschaftlichen Betriebe in Österreich – mit einem Anteil von 90% der landwirtschaftlichen Nutzfläche – nehmen an diesem Umweltprogramm teil. Jährlich beantragen ca. 170.000 Landwirte das ÖPUL.

Auch die Erhaltung seltener Nutztierrassen unter Einhaltung der Bestimmungen des Generhaltungsprogrammes 2007 wird im ÖPUL gefördert mit dem Ziel, durch kontrollierte Zucht die genetischen Anlagen, die nachhaltige Nutzung und traditionelle Verwendung dieser Rassen weiterhin sicherzustellen.

• Gute landwirtschaftliche Praxis (GLP)

Die GLP ist der „gewöhnliche Standard der Bewirtschaftung", die ein verantwortungsbewusster Landwirt in der betreffenden Region anwenden würde. Der Begriff der „guten landwirtschaftlichen Praxis im üblichen Sinne" hat in der Förderlandschaft mit AZ (Ausgleichszulage für benachteiligte Gebiete) und ÖPUL zu tun, d. h.:
- Ein Betrieb, der die AZ will, muss die GLP einhalten.
- Ein Betrieb, der sich am ÖPUL beteiligt, muss Umweltverpflichtungen einhalten, die über die GLP hinausgehen.

Die Abwicklung von Maßnahmen im Rahmen der Förderung der ländlichen Entwicklung beinhalten:
- Mindestanforderungen in Bezug auf Umwelt, Hygiene und Tierschutz;
- Gute landwirtschaftliche Praxis im üblichen Sinne

Regelbereiche: • Düngung, • Pflanzenschutz, • Bodenschutz, • Tierproduktion, • Tierschutz: Mindestanforderungen für Nutztiere, • Hygiene

Für Tierhalter sind die Bestimmungen des Tierschutzes und der Hygiene bindend vorgeschrieben. Sie werden von Kontrollorganen der EU, der AMA und des Landes auf ihre Umsetzung geprüft.

Der Bogen spannt sich vom Arzneimitteleinsatz über die Milchhygieneverordnung, die Lebensmittelhygieneverordnung und die Milchgarantiemengenverordnung bis hin zur Futtermittelverordnung (Futtermittelgüte, Wirkstoffverbote). Sie geht im Speziellen auf das Tierschutz- und Tierhaltegesetz sowie die Nutztierhaltungsverordnung ein.

Zudem werden auf europäischer Ebene in EU-Verordnungen und Richtlinien Mindeststandards in der Tierhaltung vorgegeben, deren Inhalte und zeitliche Fristen von den Mitgliedstaaten umgesetzt werden müssen.

EU-Verordnungen sind direkt rechtswirksam, das heißt, sie haben den Rang eines Gesetzes!
EU-Richtlinien müssen innerhalb festgelegter Fristen in nationales Recht umgesetzt werden, um rechtswirksam zu werden.

• Förderung von Zukunftsinvestitionen

Das Programm „Ländliche Entwicklung" soll offensive und innovative Investitionen im Agrarsektor verstärkt ermöglichen. Dabei ist ein besonderes Augenmerk auf Jungübernehmer zu richten. Durch eine gezielte Förderung der Informations- und Kommunikationstechnologie in Österreich benützen mittlerweile 61% der rinderhaltenden Betriebe einen PC und 35% das Internet. Österreich liegt damit im europäischen Spitzenfeld. Der Weg der Professionalisierung der landwirtschaftlichen Betriebe muss konsequent weiterverfolgt werden.

- Die wirtschaftlichen Vorteile überbetrieblicher Kooperationen müssen gezielter genutzt werden.
- Aus- und Weiterbildungsangebote, wie etwa das „Förderungsprogramm bäuerliches Familienunternehmen (BFU)", müssen verstärkt in Anspruch genommen werden.
- Neue Märkte sind zu erschließen, der Landwirt hat die Funktion eines Dienstleisters.

Tiergesundheit

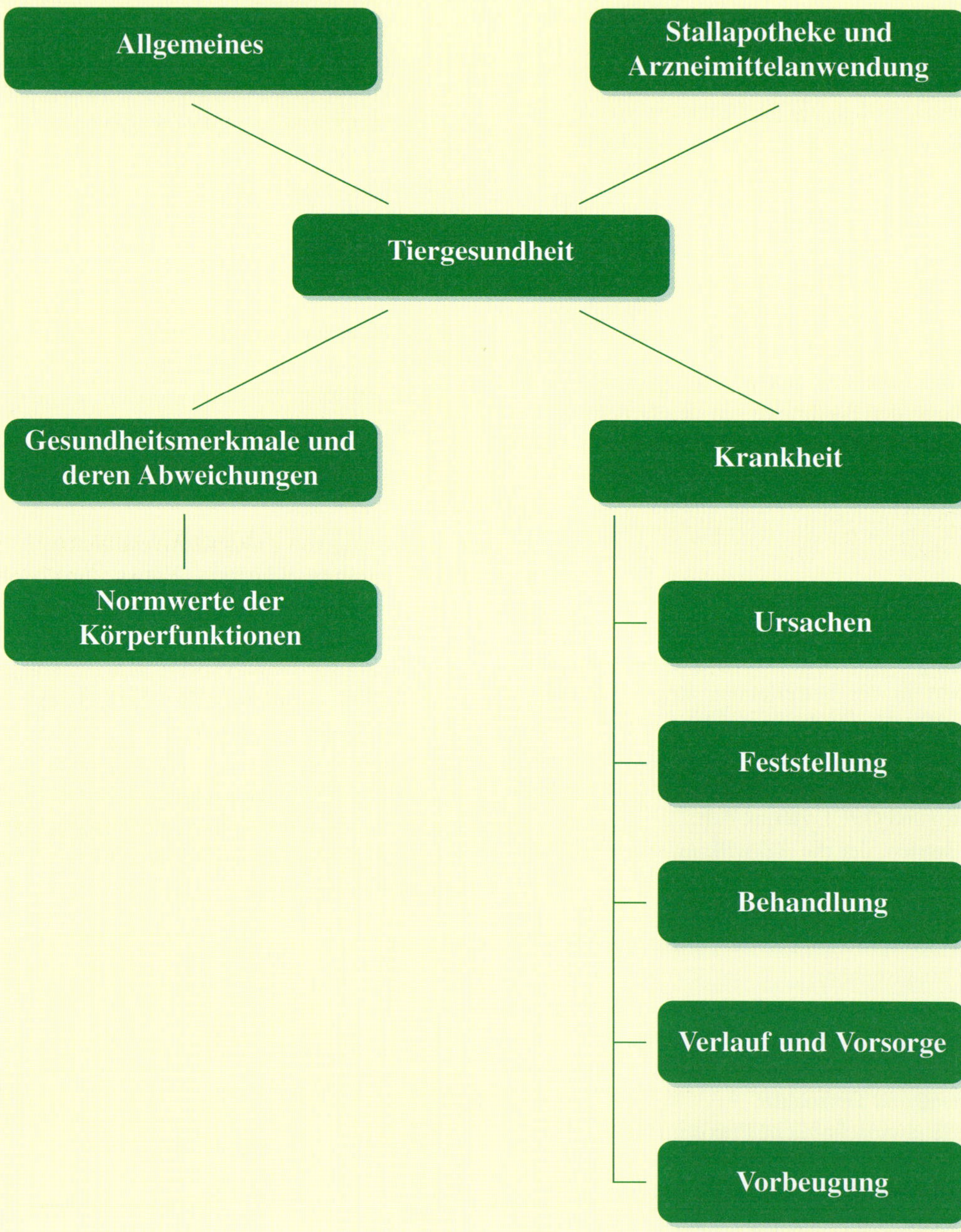

5. Tiergesundheit

5.1 Allgemeines

5.1.1 Gesundheit

Als Gesundheit bezeichnet man einen Zustand des Wohlbefindens, wenn alle Teile des Organismus ein geordnetes und auch leistungsfähiges Leben ermöglichen.
Von innen oder außen kommende schädliche Einwirkungen müssen abgewehrt werden können.

5.1.2 Krankheit

Krankheiten sind Abweichungen vom physiologischen Zustand. Als krank bezeichnet man ein Tier, wenn einzelne oder mehrere Teile des Organismus so geschädigt sind, dass ein unbeschwertes, zu hoher Leistung fähiges Leben nicht mehr möglich ist.
Das Allgemeinbefinden eines kranken Tieres ist in der Regel gestört. Eine scharfe Abgrenzung zwischen Gesundheit und Krankheit ist nicht immer möglich, eine 100%ige Sicherheit nicht garantierbar. Es hängt immer vom Zeitpunkt und der Art der Untersuchung ab.

5.1.3 Verbraucher-Informationssystem (VIS)

Alle tierhaltenden Betriebe sind im VIS registriert. Es gibt über den aktuellen Status vorherrschender, amtlich relevanter Krankheiten („Seuchenstatus") und den davon abgeleiteten Verbringungsbeschränkungen Auskunft.

5.2 Gesundheitsmerkmale und deren Abweichungen

Durch tägliche Tierbeobachtung sollen Veränderungen im Gesundheitszustand rechtzeitig erkannt werden. Vor der Beobachtung des Einzeltieres soll die Herde oder Gruppe als Ganzes betrachtet werden und die dabei feststellbaren Veränderungen und Krankheitserscheinungen nach Art und Häufigkeit registriert werden.
Nach Betreten des Stalles begutachtet man zuerst die Herde in Ruhe und anschließend die Einzeltiere beim Durchgehen durch den Stall.

Dabei achtet man auf:
- Fress- und Trinkverhalten, Ernährungszustand
- das artspezifische Verhalten, Pflegezustand (Haut- und Haarkleid, Klauen oder Gefieder)
- Verletzungen, Lahmheiten
- Ausflüsse und Husten, Atemtätigkeit
- Ausgeglichenheit der Gruppe (z. B. Absonderung)
- Stallklima

Checklisten erleichtern dabei vor allem in der Intensivhaltung die Wahrnehmung und Dokumentation von Veränderungen.
Der Zustand der Gesundheit zeigt sich durch bestimmte Merkmale. Jede Störung des gesunden, leistungsfähigen Lebens äußert sich in bestimmten Krankheitszeichen (Symptomen). Von diesen Störungen können einzelne Organe oder auch der ganze Organismus betroffen sein. Viele wichtige Krankheitszeichen lassen sich durch Sehen, Hören, Fühlen oder Riechen erfassen.

5.2.1 Körperhaltung, Stand, Gang, Blick und Aufmerksamkeit

• Gesundheitsmerkmale

Gesunde Tiere haben einen freien Blick, sind ruhig und beobachten aufmerksam ihre Umgebung.

Sie nehmen an den Vorgängen in ihrer Umgebung mit charakteristischen Bewegungen des Kopfes, der Ohren und Augen teil. Jüngere Tiere sind temperamentvoller als ältere.

Pferde tragen den Kopf hoch, das Ohrenspiel ist lebhaft, der Gang federnd. Bei Tag stehen Pferde in der Regel oder springen beim Herannahen fremder Personen auf.

Rinder tragen den Kopf hoch, halten den Rücken gerade, belasten ihre vier Füße gleichmäßig, treten auf Antrieb zur Seite und sind, wenn sie liegen und nicht zu stark ermüdet sind, verhältnismäßig leicht zum Aufstehen zu bringen. Nach dem Aufstehen strecken sie sich.

Schweine bewegen sich im Freien grunzend und schnüffelnd, meist mit gesenktem Kopf.

Geflügel lässt sich leicht fortscheuchen und nur schwer einfangen. Hühner haben einen blutroten Kamm und ebensolche Kehllappen.

• Krankheitsmerkmale

Das kranke Tier zeigt sich im Stehen und Gehen steif, träge, gekrümmt, schwankend und auch unruhig.

Liegende Tiere, namentlich Rinder, sind oft schwer zum Aufstehen zu bringen. Untypische Körperhaltungen weisen auf Verletzungen oder Lahmheiten hin.

5.2.2 Ernährungszustand

• Gesundheitsmerkmale

Gesunde Tiere befinden sich meist in einem guten Ernährungszustand.

Die Feststellung erfolgt durch Besichtigung und Betastung. Bei mangelhafter Fütterung, übermäßiger Anstrengung, hoher Milchleistung und während der Mauser des Geflügels sowie in höherem Alter des Tieres können auch gesunde Tiere mager sein. Diese natürliche Magerkeit wird hauptsächlich durch Abbau von Depotfett herbeigeführt.

Beim Rind erfolgt die Beurteilung auch nach den **BCS (Body-condition-score)-System.**

• Krankheitsmerkmale

Bei schnell verlaufenden Krankheiten mit hohem Fieber kommt es zu einem raschen Gewichtsverlust mit deutlichen Zeichen der Abmagerung.

Diese Abmagerung darf nicht mit einer konstitutionell bedingten Magerkeit bei lebhaften, leistungsfähigen Tieren verwechselt werden.

Allmählich eintretende Abmagerung deutet auf Folgendes hin:

- Ernährungsfehler
- Ansteckende, zehrende Krankheiten (bakterielle Eiterherde)
- Parasitenbefall der Lungen oder des Darmes (meist Würmer)
- Chronische Erkrankungen

Der Schwund einzelner Muskelpartien (Muskelatrophie) tritt nach Schonung oder Nichtgebrauch der betreffenden Muskeln auf.

5.2.3 Körperoberfläche

• Gesundheitsmerkmale

Die Haut gesunder Tiere ist im Allgemeinen leicht verschiebbar und lässt sich in rasch wieder verschwindenden Falten heben.

Beurteilt wird die Glätte, der Glanz, das Anliegen der Haare, ev. haarlose Stellen sowie die Klauen- und Horngebilde und die Pigmentierung; beim Geflügel das Federkleid.

Nur bei gemästeten Schweinen liegt die Haut am Körper fest an. Das Haar ist mehr oder weniger anliegend, glatt und glänzend.

Die Körperwärme ist gleichmäßig über die Körperoberfläche verteilt, nur die Spitzen der Ohren, die Unterfüße und bei den Rindern die Hornenden sind kühler. Nasenspiegel bzw. Rüsselscheibe fühlen sich stets kalt und feucht an.

• Krankheitsmerkmale

Die Haut der Tiere wird durch örtlich ablaufende Entzündungsvorgänge, Flüssigkeitsansammlungen, Parasitenbefall oder Mangelerscheinungen geschädigt.

Parasitenbefall der Haut führt oft zu Haar- oder Federnausfall.
Eine unelastische, derbe, trockene oder übermäßig feuchte Haut ist oft ein Zeichen innerer Erkrankungen.
Anhaltende Ernährungsstörungen oder lang andauernder Parasitenbefall des Darmes oder der Lungen sind oft am struppigen, glanzlosen Haar- oder Federkleid zu erkennen. Haarausfall tritt überdies nach Aufnahme bestimmter Giftstoffe auf.

5.2.4 Futteraufnahme

• Gesundheitsmerkmale
Die Fresslust gesunder Tiere ist gut.
In der Stallhaltung lässt sich beim Vorlegen des Futters, Einschalten der Futterkette, Durchfahren mit dem Futterwagen oder am täglichen Verbrauch die Fresslust beobachten.
Bei Rindern setzt bald nach der gierigen Futteraufnahme das Wiederkauen ein.
Hühner sind bei Auslauf- oder Bodenhaltung ständig auf Futtersuche.

• Krankheitsmerkmale
Gestörte Nahrungsaufnahme, Einstellen des Wiederkäuens, Pansenstillstand, Blähungen, Durchfall oder Erbrechen, Schleim- oder Blutbeimengungen im Kot zeigen Erkrankungen im Bereich der Verdauungsorgane an.
Sie können aber auch ein Zeichen von Wurmbefall oder schweren, seuchenhaft auftretenden Allgemeinerkrankungen sein.

5.2.5 Ausscheidungen

• Gesundheitsmerkmale
Der Kot ist je nach Tierart verschieden. Im Einzelnen hat er folgendes Aussehen:

• beim **Pferd**	graugrüne Ballen
• beim **Rind**	dickbreiige oder dünnbreiige Fladen von bräunlich-grüner Farbe
• bei **Kälbern**	gelblich und dickbreiig
• bei **Schweinen**	walzenförmig oder breiartig mit lehm- bis graugelber Farbe
• beim **Geflügel**	graugrüner Dickdarmkot mit weißen Harnsäurebelägen und pastenartiger, ockerfarbener Blinddarmkot (seltener) werden getrennt abgesetzt.

Der Geruch des frischen Kotes ist bei Pflanzenfressern unauffällig, bei Schweinen und Geflügel unangenehm stinkend. Farbe, Geruch und Konsistenz wechseln je nach Fütterung.
Pferdeharn enthält kohlensauren Kalk und ist daher trüb, oft lehmig.
Frischer Harn der übrigen Haustiere ist klar.
Hühner scheiden als Endprodukt des Eiweißstoffwechsels nicht den löslichen Harnstoff, sondern die weiße, gipsartige Harnsäure aus. Wasser wird beim Geflügel vorwiegend über die Lungen ausgeschieden.

• Krankheitsmerkmale
Da die verminderte Futteraufnahme zu Leistungsverlusten führt, erfordern Erkrankungen der Verdauungsorgane sofort therapeutische Maßnahmen.
Krankheiten der Harnwege zeigen sich in erschwertem, schmerzhaften oder häufigem Harnabsatz. Veränderungen der Beschaffenheit des Harns (Trübungen) sowie Fremdbeimengungen (z. B. Blut) kommen bei Infektionskrankheiten und verschiedenartigen Erkrankungen innerer Organe (z. B. Nieren, Blase) vor.

5.2.6 Atmungsorgane

• Gesundheitsmerkmale
Bei der Atmung werden vor allem Frequenz, Rhythmus und Tiefe beurteilt. Das Abhören ermöglicht bei Großtieren eine qualitative Beurteilung von Geräuschen. Gesunde Tiere atmen ruhig und ohne Anstrengung, sodass man es kaum wahrnimmt.
Bei Wiederkäuern darf die Beurteilung nur von der rechten Seite erfolgen, weil sich links der Pansen befindet.
Aufregung, Transport, große Hitze und Bewegung steigern die Zahl der Atemzüge; das Atmen ist dabei aber nicht angestrengt. Husten besteht in der Regel nicht; wenn er zufällig ausgelöst wird, ist er kräftig und laut. Hühner und Schweine zeigen auch

ohne Erkrankung der Atemwege nach großer Anstrengung oder bei Hitze auffallende Schnabel- und Maulatmung (sie können nicht schwitzen).

• Krankheitsmerkmale
Erkrankungen der Atemwege äußern sich in angestrengter Atmung, erhöhter Atmungszahl, Atemgeräuschen, dünnflüssigem oder eitrig-schleimigem, manchmal blutigem Nasenausfluss, verschiedenartigem Husten, gegebenenfalls faulig-süßlichem Geruch der Atemluft. Bei Geflügel kann Niesen mit Kopfschütteln oder durch einen klagenden Ton verbunden sein.
Atemnot führt zu pumpenden Bewegungen, Nüsternatmen, Mitwirkung der Bauchmuskulatur (Flankenrinne), Afteratmen und Bewegung des ganzen Körpers. Klimafaktoren wie erhöhte Temperaturen, Luftfeuchtigkeit und Schadgase sowie große Höhenlagen können ebenfalls zu Schweratmigkeit führen.
Die Dämpfigkeit des Pferdes ist eine Funktionsstörung mit erschwerter Atmung durch Kreislauf- und Atemkrankheiten.

5.2.7 Herztätigkeit und Blutkreislauf

• Gesundheitsmerkmale
Gesunde Tiere haben einen kräftigen, gleich- und regelmäßigen Puls (Herzschläge).
Die Pulszahl je Minute ist je nach Tierart verschieden. Kleine Tiere haben mehr Herzschläge als große, junge Tiere mehr als alte.
Bei Pferden kann es zu einem regelmäßigen Aussetzen von Pulsschlägen kommen.
Verdauung, Aufregung, hohe Lufttemperatur, Trächtigkeit usw. erhöhen die Pulszahl. Als Zeichen einer guten Blutzirkulation sind die Schleimhäute bei gesunden Tieren blassrosa. Bei Legehennen und Hähnen erkennt man die Menge und Beschaffenheit des zirkulierenden Blutes an der Farbe des Kammes.

• Krankheitsmerkmale
Als Schleimhäute werden gewöhnlich die Lidbindehaut, Nasen- und Mundschleimhaut, Scheiden- und Vorhaut sowie die Mastdarm- bzw. Kloakenschleimhaut bezeichnet, die im gesunden Zustand feucht und blassrosa erscheinen. Veränderungen betreffen vor allem die Farbe, Feuchtigkeit, Ausfluss und die Umgebung dieser Körperöffnungen (Gelbsucht, Entzündung).

5.2.8 Geschlechtsorgane

• Gesundheitsmerkmale
Bei gesunden weiblichen Säugetieren liegen die Schamlippen aneinander. Die Schleimhaut der Scham ist blassrosa.
Bei gesunden männlichen Säugetieren liegt das Glied zurückgezogen mit der Spitze hinter der Vorhautöffnung.
Nach dem Gebären besteht ein Ausfluss, der sich beim Rind innerhalb von zwei Wochen, beim Schwein und Pferd kurzzeitig in seiner Beschaffenheit von anfänglich bräunlich zu glasklar verändert.
Das Euter fühlt sich bei milchgebenden Tieren gleichmäßig elastisch, bei trockenstehenden weich und schlaff an.
Bei Hennen und Hähnen lässt sich die Entwicklung des Eierstockes bzw. der in der Leibeshöhle liegenden Hoden an der Ausbildung und Durchblutung des Kammes erkennen.

• Krankheitsmerkmale
Sterilitäten durch niedrige Fruchtbarkeitsleistungen, ungewöhnliche Steigerung oder Aufhören des Geschlechtstriebes, Scheidenausfluss, Vergrößerung von Schamlippen und Scheide, Umfangsvermehrung oder Verkleinerung der Hoden, Entzündungsprozesse im Bereich der Scham, des Gliedes und der Vorhaut sind äußere Krankheitszeichen der Geschlechtsorgane. Beim Huhn ist die Rückbildung des Eierstockes, beim Hahn die der Hoden am Schrumpfen des Kammes erkennbar.

5.2.9 Innere Körpertemperatur

• Gesundheitsmerkmale
Die Körpertemperatur hält sich bei den Haustieren auf einem bestimmten Niveau und innerhalb enger Grenzen konstant.

Sie ist morgens etwas niedriger als abends (Tagesdifferenz bis 1 °C).
In der Regel versteht man darunter die Rektaltemperatur (Messung im After mit Fieberthermometer).

• **Krankheitsmerkmale**
Als **Fieber** bezeichnet man einen krankhaften Temperaturanstieg.
Fieber wird durch Entzündungen, die meist bei übertragbaren, von Mikroorganismen verursachten Krankheiten auftreten, hervorgerufen.
Die erhöhte Körpertemperatur und die Entzündung sind natürliche Abwehrreaktionen des Körpers. Solange sich die Erhöhung der Körpertemperatur in Grenzen hält, ist sie als Heilfaktor zu betrachten.
Auch örtliche Entzündungen sind möglich (Euterentzündung).
Verstärkte Herztätigkeit, vermehrte Pulsfolge und erhöhte innere Körpertemperatur wie auch wechselnde Temperaturen der Körperoberfläche, gesteigerte Atmung, Schüttelfrost, trockener Kot, gesträubte Haare, schlechte Fresslust und allgemeine Benommenheit sind vor allem Zeichen des Fiebers. Der Kotabsatz ist verzögert, der Kot trocken, der Harn verfärbt. Rinder hören mit dem Wiederkäuen auf, bei Milchkühen geht die Milchleistung zurück. Bei Schweinen sinkt die Fresslust und sie sondern sich ab. Geflügel sträubt das Gefieder und es bleibt beim Aufscheuchen der Herde zurück, Hühner bekommen einen blauroten Kamm.

5.3 Normwerte der Körperfunktionen

5.3.1 Normwerte bei Rindern

	Zahl der Pulsschläge je Minute	Zahl der Atemzüge je Minute	Innere Körpertemperatur in °C
Kälber und Jungrinder bis 1 Jahr	72–92	20–40	38,5–39,5
Rinder über 1 Jahr	60–68	10–30	38,3–38,8
Hochträchtige Kühe	64–80	10–30	38,5–40,0

Wiederkauen
mindestens 40 bis 50 Kaubewegungen je Bissen, Wiederkauzeit 5 bis 7 Stunden.

Pansenbewegungen
Sie sind bei gesunden Rindern als ein deutliches an- und abschwellendes Rauschen zu hören, wenn man das Ohr an die linke Flanke legt. Zwei Wellen der Pansenbewegung folgen kurz hintereinander, dann kommt eine Pause.
Die Zahl der Pansenbewegungen beträgt etwa 2 in der Minute.

Feststellung der einzelnen Normwerte

- **Körpertemperatur**
  Die innere Körpertemperatur wird im Mastdarm mit einem gut gleitenden Fieberthermometer gemessen. Das Thermometer wird dabei während der Messung 3 Minuten festgehalten.

- **Pulszahl**
  Das Messen des Pulses erfolgt an der Unterkieferschlagader. Diese ist senkrecht unterhalb des Auges am Unterkieferbein zu fühlen.

Lage der Unterkieferschlagader beim Rind

- **Zahl der Atemzüge**
  Die Feststellung erfolgt durch Beobachtung der rechten Brust- und Bauchwand.

5.3.2 Normwerte bei Schweinen

<table>
<tr><th></th><th>Zahl der Pulsschläge je Minute</th><th>Zahl der Atemzüge je Minute</th><th>Innere Körpertemperatur in °C</th></tr>
<tr><td>Ferkel bis zu 2 Wochen</td><td>160–200</td><td rowspan="3">20–50</td><td rowspan="3">39-39,5</td></tr>
<tr><td>Ferkel bis zu 3 Wochen</td><td>130–160</td></tr>
<tr><td>Läufer bis zu 6 Monaten</td><td>60–100</td></tr>
<tr><td>Sauen</td><td rowspan="2">60–80</td><td rowspan="3">15–20</td><td rowspan="3">38-39</td></tr>
<tr><td>Eber</td></tr>
<tr><td>Kastrierte Schweine</td><td>55–75</td></tr>
</table>

Feststellung der einzelnen Normwerte

- **Körpertemperatur**
  wie beim Rind

- **Pulszahl**
  Den Puls des Schweines kann man an der Arterie des Schwanzansatzes (erwachsene Schweine) oder an der Innenfläche des Oberschenkels fühlen. Oft ist der Puls dort nicht fühlbar (fette Schweine). In diesem Fall kann man den Herzspitzenstoß an der linken Unterbrust kurz hinter der Schulter feststellen.

- **Feststellung der Atemzüge**
  Durch Beobachtung der Brust- und Bauchwand.

5.3.3 Normwerte weiterer Tierarten

<table>
<tr><th colspan="2">Tierart/ Tierkategorie</th><th>Zahl der Pulsschläge je Minute</th><th>Zahl der Atemzüge je Minute</th><th>Innere Körpertemperatur in °C</th></tr>
<tr><td rowspan="2">Pferde</td><td>Fohlen bis zu 1 Jahr</td><td>50–70</td><td>12–15</td><td>37,5–38,5</td></tr>
<tr><td>Pferde über 1 Jahr</td><td>30–40</td><td>10–14</td><td>37,5–38,0</td></tr>
<tr><td rowspan="2">Schafe</td><td>Lämmer</td><td>90–100</td><td>20–40</td><td>38,5–40,0</td></tr>
<tr><td>Schafe</td><td>60–80</td><td>16–30</td><td>38,5–39,5</td></tr>
<tr><td rowspan="2">Ziegen</td><td>Kitze</td><td>90–100</td><td>20–40</td><td>38,5–39,5</td></tr>
<tr><td>Ziegen</td><td>60–80</td><td>10–30</td><td>38,3–39,0</td></tr>
<tr><td colspan="2">Kaninchen</td><td>120–150</td><td>50–60</td><td>39,0–40,8</td></tr>
<tr><td colspan="2">Hühner</td><td>180–200</td><td>45–50</td><td>40,5–42,5</td></tr>
</table>

Diese Werte gelten nur im Ruhezustand, bei mittlerer Außentemperatur und in gut ventilierten Räumen.

5.4 Krankheitsursachen

„Die Krankheiten überfallen uns nicht wie aus heiterem Himmel, sondern sie sind Folgen fortgesetzter Sünden wider der Natur. Erst wenn diese sich häufen, brechen Krankheiten scheinbar plötzlich hervor.“
Hippokrates (geb. um 460 v. Chr.)

Die Kenntnis der möglichen Krankheitsursachen ist für eine wirksame Krankheitsvorbeugung notwendig. Ein wesentlicher Teil der Krankheitsvorbeugung besteht im Abstellen von vermeidbaren Krankheitsursachen.
Die Krankheitsursachen kann man in folgende zwei Gruppen einteilen:

5.4.1 Nicht übertragbare, unbelebte Krankheitsursachen

a) Fütterungs- und Ernährungsstörungen, Allergien

Fehler der Fütterung wie auch eine unzweckmäßige oder mangelhafte Zusammensetzung des Futters führen zu Gesundheitsstörungen.
Die fütterungsbedingten Krankheitsfaktoren können in folgende Bereiche gegliedert werden:

- Hygienisch schlechtes, verdorbenes oder mit Giftstoffen, Bakterien und Pilzen behaftetes Futter. Solches Futter führt schnell zur Erkrankung des gesamten Tierbestandes.
- Futter mit ungenügendem Nähr- und Wirkstoffgehalt
- Aufnahme von Fremdkörpern mit dem Futter (Rind)
- Schädliche Pflanzeninhaltsstoffe (Giftpflanzen)
- Fehlerhafte Rationsgestaltung

b) Haltungsfolgen, Stress

Eine wesentliche Rolle für die Gesundheit der Tiere spielen Stallklimafaktoren und -elemente.
Auch fehlerhafte Aufstallungen bewirken Erkrankungen (Verletzungen).
Zu den haltungsbedingten Gesundheitsstörungen gehören auch die Folgen von Stress. Sie werden durch Umweltreize (Stressoren), z. B. Schrecken, Angst, Aufregung, Lärm, Hitze und Kälte, verursacht. Der nachteilige Einfluss von Stressoren ist von der Stärke, Dauer und Tageszeit der Einwirkung abhängig. Die Abhärtung des Tieres vermindert die schädigende Wirkung der Stressoren.

c) Vergiftungen

Dabei spannt sich der Bogen von falsch dosierten und verabreichten Futter- und Arzneimitteln bis zu fremden Beimengungen wie Giftstoffen und Chemikalien. Stoffwechselbedingt entstehende Vergiftungen bei Krankheiten sind ebenfalls von Bedeutung.
➡ Siehe Kapitel 8.4.6, Futtermittel
Band 1, Seite 172

d) Erbfehler

Darunter versteht man Missbildungen und Störungen normaler Vorgänge, die ererbt worden sind. Sie sind nicht immer letal (todbringend). Letale Erbfehler sind z. B. die Afterlosigkeit, die Spinnengliedrigkeit und das Weavers-Gen (vorkommend beim Braunvieh). Zu nicht letalen Erbfehlern zählen als Beispiele angeführt, Gaumenspalten und verschiedene Sehnen- bzw. Unterkieferverkürzungen. Erbfehler können dominant auftreten, dann werden sie sofort erkannt. Rezessive Erbfehler können über Markergene im Genom geklärt und durch Ausschalten von Trägertieren aus der Zucht entfernt werden (z. B. durchgeführt bei der Spinnengliedrigkeit).

e) Geschwulstbildungen (Tumoren, Krebs)

Dazu gehören örtlich begrenzt unkontrolliert wachsende, gutartige oder bösartige Geschwulstbildungen. Letztere führen durch die Zerstörung lebenswichtiger Organe meist zum Tod des Tieres.

f) Verletzungen

Man unterscheidet innere und äußere Verletzungen.

5.4.2 Übertragbare, belebte Krankheitsursachen

Übertragbare Krankheiten werden durch Mikroorganismen (Bakterien, Viren) oder Parasiten verursacht. Diese dringen in den Organismus ein und vermindern seine Leistungsfähigkeit.

a) Allgemeines und Begriffe

Das Aufeinandertreffen von Mikroorganismen oder Parasiten und dem tierischen Organismus (Wirt) kann verschiedene Folgen haben:

- **Infizierung (Befall)**
  = Eindringen der Mikroorganismen in den Wirt, ohne sich in diesem zu vermehren.
- **Infektion (Ansteckung)**
  = Eindringen der Mikroorganismen und Vermehrung im Wirt. Dies muss jedoch noch nicht zu sichtbaren Krankheitszeichen führen (subklinische Erkrankung).
- **Infektionskrankheit**
  = Infektion des Wirtstieres, die eine sichtbare Krankheit hervorgerufen hat. Das Tier wird als klinisch krank bezeichnet.
- **Invasionskrankheit**
  = Krankheitsausbruch durch Befall mit krankmachenden mehrzelligen Parasiten.

Weitere Begriffe:

- **Inkubationszeit**
  = Zeit zwischen Ansteckung und dem Ausbruch der Krankheit. Sie wird auch Entwicklungs- oder Befallszeit genannt.
- **Immunität**
  = Unempfindlichkeit gegen Erreger ansteckender Krankheiten und gegen bestimmte Gifte. Die Immunität kann angeboren sein (Resistenzzüchtung) oder vom Tier erworben werden durch:

- Überstehen einer Infektionskrankheit - Infektion ohne Krankheitsausbruch - Impfung	**Antikörperbildung erfolgt in allen drei Fällen**

- **Entzündung**
  Als Entzündung eines Organes bezeichnet man dessen vermehrte Rötung, Temperierung, Schwellung, Schmerzempfindung und Funktionsstörung.
- **Pathogenität**
  = Fähigkeit der Krankheitserreger, im Organismus bestimmter Tiere eine Krankheit auszulösen.
- **Virulenz**
  = Stärke der krankmachenden Kraft des Erregerstammes.
- **Zoonosen**
  = Tierkrankheiten, die vom Tier auf den Menschen übertragbar sind. Sie werden auch als Berufskrankheiten bezeichnet und sind meist anzeigepflichtig.

Wichtige Zoonosen:

• Toxoplasmose	• Tollwut
• Hautpilzerkrankungen	• Tuberkulose
• Trichinose	• Botulismus
• Leptospirose	• Starrkrampf (Tetanus)
• BSE (?)	• Aujezkysche Krankheit (Pseudowut)
• Milzbrand	• Brucellose (Bang'sche Krankheit)
• Rinderpocken	• Hundebandwurm
• Rotlauf	• Glatzflechte (Trichophytie)
• Borreliose	• Listeriose
• Paratyphuserkrankungen	• Psittakose (Papageienkrankheit)
• Salmonellose	
• Schweinebandwurm	

b) Arten von Krankheitserregern

Man unterscheidet sechs große Gruppen von Krankheitserregern:

- **Parasiten**
  = ein- oder mehrzellige parasitierende Eindringlinge aus dem Tierreich; Endoparasiten (Innenparasiten) oder auf der Körperoberfläche lebende Außenparasiten (Ektoparasiten).
- **Pilze**
  = zumeist mehrzellige, chlorophyllfreie Schmarotzer.
- **Bakterien**
  = einzellige Mikroorganismen mit Zellwand und eigenem Enzymsystem. Sie wurden auch Spaltpilze genannt, weil sie sich durch Querteilung

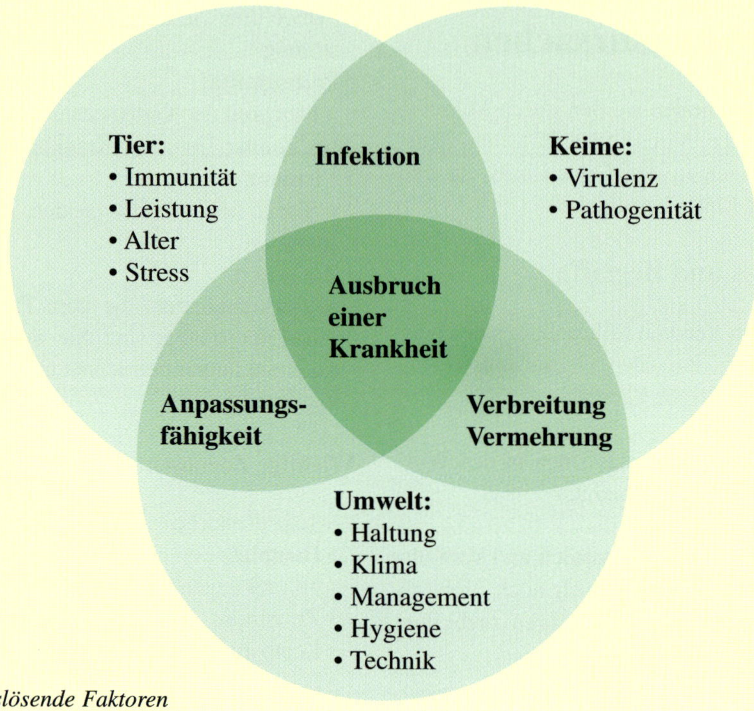

Krankheitsauslösende Faktoren

vermehren. Sporenbildende Bakterien werden Bazillen genannt.

- **Mykoplasmen**
  = kleine Mikroorganismen ohne starre Zellwand, ähnlich wie die Einzeller aus dem Tierreich.
- **Viren**
  = kleinste Mikroorganismen ohne eigenes Enzymsystem mit nur einer Nukleinsäure als Erbträger. Sie vermehren sich nur in lebenden Zellen.
- **Prionen**
  = spezielle Eiweißbestandteile von Nervenzellen, die krankmachend verändert und infektiös sein können.

c) Faktorenkrankheiten

Tier, Umwelt und Erreger beeinflussen sich gegenseitig beim Entstehen dieser Krankheiten. Wenn negative Umwelteinflüsse die Abwehrkräfte des Tieres vermindern, kann eine Faktorenkrankheit entstehen. Beispiele sind: Grippe, Mastitis, Durchfall.

5.5 Krankheitsfeststellung (Diagnose)

Auf Grund der verschiedenen Krankheitserscheinungen (Symptome) oder diverser Hilfsmethoden und -geräte (z. B. Laboruntersuchungen) können Art, Sitz, Grad und Ursache einer Krankheit festgestellt werden.

Eine richtige Diagnose erfordert eine besondere Ausbildung und Erfahrung. Sie ist also eine Kunst, die nur vom Tierarzt ausgeübt werden kann.

Die Diagnose ist die Grundlage für jede weitere Behandlung (z. B. Arzneimittelanwendung).

5.6 Krankheitsverlauf und Krankheitsvorhersage

5.6.1 Krankheitsverlauf

- **klinisch**
  = das Tier zeigt deutliche Krankheitserscheinungen;

- **subklinisch**
  = das Tier erscheint äußerlich und oberflächlich gesund, Normwerte und Körperfunktionen sind aber (bereits) verändert.

Jede Krankheit nimmt einen ganz bestimmten Verlauf. Man unterscheidet zwei Verlaufsformen:

- **akut**
  = kurzzeitig, d. h., die Krankheit dauert nur wenige Tage, ja oft nur wenige Stunden;

- **chronisch**
  = länger andauernd, d. h., die Krankheit dauert Monate oder sogar Jahre und verläuft ohne wesentliche Höhepunkte.

5.6.2 Krankheitsvorhersage (Prognose)

Diese Vorhersage kann sein:

- **günstig, gut**
  d. h., es ist Genesung des Tieres zu erwarten;

- **zweifelhaft, fraglich**
  d. h., der Ausgang der Krankheit lässt sich nicht mit Bestimmtheit voraussagen;

- **ungünstig, schlecht**
  d. h., es ist entweder nur eine unvollständige Genesung oder gar der Tod des Tieres zu erwarten.

5.7 Krankheitsbehandlung (Therapie)

5.7.1 Der Begriff Heilung

Unter Heilung einer Krankheit versteht man das Beseitigen der Krankheitsursache und das Wiederherstellen der Gesundheit.
Manchmal reichen die natürlichen Abwehrkräfte aus, um eine Selbstheilung herbeizuführen. Häufig ist eine gezielte Behandlung für die Heilung erforderlich.

5.7.2 Therapiemaßnahmen (Behandlungsmöglichkeiten)

a) Diäten

Beispiele: Futterentzug, Kürzung der Futterration, ausschließlich Heufütterung, spezielle Futtermittel (Diätfuttermittel)

b) Physikalische Mittel

Beispiele: Wärme, Massage

c) Chirurgische Eingriffe

Beispiele: Öffnung von Abszessen, Fremdkörperoperationen, Kaiserschnitt

d) Arzneimittel (Medikamente)

Anwendungsformen: Eingeben, Eingießen, Aufbringen auf die Haut, Einspritzen usw.

e) Impfungen

zur Vorbeugung und Behandlung

5.8 Krankheitsvorbeugung (Prophylaxe)

5.8.1 Zweck der Prophylaxe

Wenn ein Tier leistungsfähig sein soll, müssen sämtliche Faktoren, die die Leistungsfähigkeit beeinträchtigen können, ausgeschaltet werden. Dazu gehört auch, dass Krankheiten und sonstige Störungen der Lebensvorgänge nicht nur erkannt und geheilt, sondern von vornherein verhindert werden.

5.8.2 Praktische Maßnahmen zur Gesunderhaltung

Alle Maßnahmen, die den Krankheiten vorbeugen und damit die Gesundheit erhalten, werden unter dem Begriff Hygiene zusammengefasst.
Wir unterscheiden folgende Gruppe von Hygienemaßnahmen:

• Zuchthygiene • Haltungshygiene • Fütterungshygiene • Lebensmittelhygiene	Siehe Kapitel:	• Züchtung • Haltung • Fütterung • Milch, Fleisch

Seuchenhygiene:
gegen Krankheitserreger gerichtete Hygiene.
Ziel ist das Fernhalten bzw. die Reduzierung von Krankheitserregern oder die Abschirmung eines Tierbestandes nach außen (Quarantäne, Seuchenteppich).

a) Allgemeine Hygienemaßnahmen

- „Rein-Raus"-Methode bei Masttieren
- Quarantäne für Zukauftiere, gegebenenfalls Impfung in der Quarantäne
- Stalleigene Kleidung, Kleider- und Schuhwechsel (siehe rechts „Hygieneschleuse")
- Händedesinfektion im Stallvorraum (siehe rechts „Hygieneschleuse")
- Desinfektionsmatte vor dem Stalleingang (siehe unten „Hygieneschleuse")
- Schnelle Entfernung toter Tiere (Kadaververwertung)
- Bekämpfung der Erregerüberträger (Ratten, Mäuse, Vögel, Insekten) und Fernhalten der Haustiere (Hunde, Katzen)
- Futtersilopflege (Pilzdesinfektion, Insektenbekämpfung)
- Desinfektion der Stallumgebung und der Zufahrtswege
- Einzäunung und Zufahrtsbeschränkung

• Hygieneschleuse
Bauliche Maßnahmen sollen ein Stall- und Hofgelände hygienisch kontrollierbar machen. Dabei ist das Wichtigste, dass der Stall ausschließlich über die Hygieneschleuse betreten wird und dass eine klare „Schwarz-Weiß-Trennung" durch eine Tür vorhanden ist (vgl. untenstehende Skizze). Dies hat den Vorteil, dass eine größtmögliche hygienische Trennung erreicht wird und ferner die Straßenbekleidung frei von Stallgeruch bleibt.
Im so genannten Schwarzbereich, den man von außen als Erstes betritt, gehört ein Kleiderschrank, in dem Straßenkleidung und Schuhzeug untergebracht ist.
In die Nähe des Übergangs zum Weißbereich gehört ein Handwaschbecken mit kaltem und warmem Wasser. Dort sollte auch eine Möglichkeit zum Duschen vorhanden sein. Im Weißbereich wird die stalleigene Kleidung angezogen.

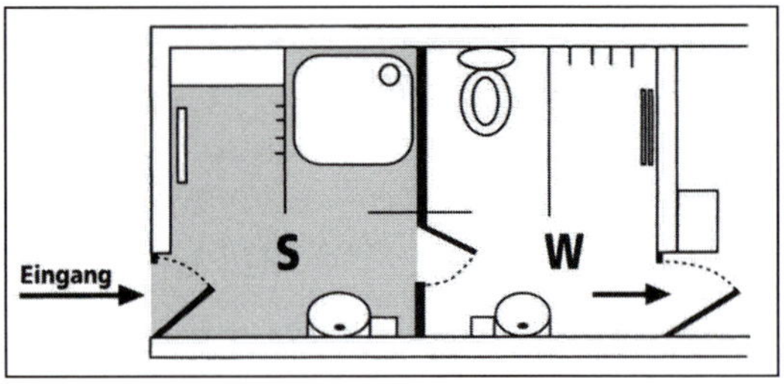

Hygieneschleuse

• Auffang-/Quarantänestall
Durch das Größerwerden und die Spezialisierung der Tierbestände steigen auch der Tierverkehr und das Risiko der Krankheitseinschleppung durch Zukauf. Zugekaufte Tiere sollten deshalb vorerst getrennt von der übrigen Herde aufgestallt und auf die neuen Bedingungen umgestellt werden.

Dies verlangt auch getrennten Transport und gesonderte Betreuung, bis der entsprechende Gesundheitszustand sichergestellt ist.

b) Stallreinigung und -desinfektion

• Reinigung

Die Reinigung muss gezielt und genau erfolgen. Dabei wird grober Schmutz zugängig gemacht und entfernt (Grobreinigung). Alle Hilfsmittel vom Besen bis zum Hochdruckreiniger sind dafür verwendbar und zusätzliche chemische Reinigungsmittel (z. B. Seife) sinnvoll. Die Reinigung allein entzieht den Schadkeimen zwar den Nährboden und ihre schützende Umgebung, tötet sie aber noch nicht ab. Sie ist Voraussetzung für eine erfolgreiche Desinfektion.

• Desinfektion

Desinfektion ist die gezielte Bekämpfung von Krankheitserregern und Verhinderung der Krankheitsübertragung durch

- Abtötung bzw. Reduzierung von Krankheitserregern
- Verhinderung der Einschleppung von Tierseuchen
- Verhinderung der Stallmüdigkeit

Stallmüdigkeit verursacht Leistungsrückgang und Verschlechterung der Futterverwertung durch Ansammlung von stallspezifischen Krankheitserregern (Keimdruck).

• Eine ordnungsgemäße Stallreinigung und -desinfektion läuft in mehreren Schritten ab:

- Gründliche Reinigung und anschließende Trocknung des Stalles und der Stallgeräte (Einsatz eines Hochdruckreinigers)
- Einsatz eines geeigneten Desinfektionsmittels (je nach Art der abzutötenden Krankheitserreger)
- Einhalten der richtigen Konzentration des Desinfektionsmittels, der richtigen Einwirkungszeit und der richtigen Temperatur
- Berücksichtigen der entsprechenden Vorsichtsmaßnahmen (Atemschutz, Schutz der Augen, Hände usw. vor Verätzungen)

• Eine Reinigung und Desinfektion sollte jedenfalls durchgeführt werden:

- ein- bis zweimal jährlich
- vor jeder Neubelegung von Kälberboxen und Abferkelboxen
- nach jedem Umtrieb im Mastschweine- und Geflügelstall

c) Steigerung der Abwehrkraft

Solche Maßnahmen bewähren sich vor allem bei allgemeinen Infektionskrankheiten. Häufig führt bei diesen Krankheiten erst das Zusammenspiel mehrerer Faktoren (Faktorenkrankheit) zum Krankheitsausbruch.

Sie lassen sich daher oft durch Steigerung der allgemeinen Abwehrkraft verhüten.

Möglichkeiten zur Steigerung der allgemeinen Abwehrkraft:

- Erhöhung der natürlichen Widerstandskraft durch Zuchtauslese (Resistenzzüchtung)
- Aufnahme von Abwehrstoffen mit der Biestmilch (Gammaglobuline = Antikörper)
- Aufbau der allgemeinen Infektionsabwehr durch geeignete Keimbesiedlung des Darmes in früher Jugend
- Vitamin A zur Steigerung der Infektionsabwehr der Schleimhäute
- Vitamin B zur Antikörperproduktion
- Vitamin C zur Vermeidung ausgeprägter Stresssituationen bzw. Gewöhnung an Stress durch wiederholte Einwirkung schwacher Stressoren.

d) Grundsätze der Impfung

• Allgemeines

Der von Parasiten, Bakterien oder Viren befallene Körper bildet gegen diese oder ihre Stoffwechselprodukte eine Immunität aus. Je nach deren Grad ist er für bestimmte Zeit gegen Neuinfektion durch dieselben Erreger teilweise oder vollständig geschützt. Die Zunahme der Tierzahl und der Tiertransporte begünstigt die Übertragung von Infektionserregern. Durch rasche Passage von Wirtstier zu Wirtstier steigern sich oftmals deren krankmachende Eigenschaften. Aufgabe ist es, dem entgegenzuwirken: Gegen Parasiten und Bakterien geschieht dies in der Regel medikamentell am befallenen Tier, weil diese Erreger als eigenständige Lebewesen einen eigenen Stoffwechsel besitzen, in den mittels Medikamenten gezielt eingegriffen werden kann.

Viren muss der Körper selbst bekämpfen.

Bakterientoxine dagegen sind Stoffwechselprodukte ohne Eigenleben. Sie sind nur auf der Basis von Schutzimpfungen gegen die Bakterien zu verhindern. Das Immunsystem ist ein Apparat, mit dessen Hilfe der Wirtsorganismus sich gegen die Umwelt verteidigt. Er bewerkstelligt dies mit verschiedenen Arten von Immunzellen (weißen Blutkörperchen) und mittels löslicher, aus geschulten Immunzellen abgegebener Abwehrstoffe (Antikörper).

• Prinzip

Schutzimpfungen bezwecken, dem Wirtsorganismus zu ersparen, eine Immunität durch Infektionen mit all ihren Gefahren zu erwerben. Vielmehr soll er durch unschädliche Präparate bestimmter Erreger zum Aufbau und zur Erhaltung eines spezifischen Immunitätszustandes ohne Erkrankung angeregt werden.

Schutzimpfungen wirken rein vorbeugend, müssen somit vor dem Erregerbefall des Wirtsorganismus durchgeführt werden.

Es ist klar, dass eine brauchbare, belastbare Immunität gegen bestimmte Virusarten nur mittels abgeschwächter Lebendimpfstoffe erzeugt werden kann. Gegen andere Virusarten impft man zwekkmäßigerweise mit inaktivierten („toten") Impfstoffen. Dank ihrer Konzentrierung genügen heute Impfstoffmengen in der Menge eines Fingerhutes für ein 600 kg schweres Pferd.

• Anwendung

Amtliche Impfungen werden von der Behörde bei Seuchengefahr oder im Seuchenfall angeordnet. Impfungen gegen nicht anzeigepflichtige Krankheiten sind – falls möglich, d. h. falls es einen zugelassenen Impfstoff gibt, – erlaubt. Sie sind grundsätzlich nicht verpflichtend – außer auf Wunsch von Zucht- oder Erzeugergemeinschaften oder im Rahmen von Tiergesundheitsprogrammen. Die Beurteilung der Notwendigkeit obliegt ansonsten dem Tierbesitzer, wobei ein ausreichender Impfschutz nur erreicht werden kann, wenn ein laufendes Impfprogramm gegen eine bestimmte Krankheit durchgeführt wird und eine entsprechende Verbesserung der Hygiene, Umwelt und Haltung der Tiere erfolgt sowie der Kontakt zu infizierten Tieren ausgeschlossen ist.

Achtung vor Präparaten aus dem Ausland (auch EU!!). Nicht überall darf gegen die gleichen Krankheiten geimpft werden!
(z. B. Aujeszky, IBR)

• Arten von Schutzimpfungen sind:

- Einspritzung (Injektion) von Schutzserum anderer Tiere = passive Immunisierung (nur kurz dauernde Wirkung), z. B. nach Ausbruch eines Rotlaufes
- Impfung mit abgeschwächten lebenden (aktiven) oder abgetöteten (inaktivierten) Krankheitserregern = aktive Immunisierung (anhaltende Wirkung), z. B. Mycoplasmen, Parvo-Rotlauf-Influenzaimpfungen

e) Tiergesundheitsdienst

Ein Tiergesundheitsdienst ist eine auf Dauer angelegte Einrichtung, in der Tierärzte und tierhaltende Landwirte vertreten sind, mit dem Ziel der Beratung der Tierhalter und Betreuung von Tierbeständen zur Minimierung des Einsatzes von Tierarzneimitteln und haltungsbedingter Beeinträchtigungen. Die Zusammenarbeit hat mit dem Ziel zu erfolgen, durch systematische, prophylaktische und therapeutische Maßnahmen die Gesundheit der für die Lebensmittelerzeugung bestimmten Tiere zu erhalten.
Krankheiten im intensiven Nutztierbestand werden in vielen Fällen durch mehrere Faktoren beeinflusst. Umwelteinflüsse, Fütterung, Haltung und Management rufen bei unsachgemäßer Handhabung Stress hervor, der zu einer Immundepression führen kann. Als Folge treten hauptsächlich Erkrankungen der Atemwege, Durchfälle, Gelenksentzündungen auf.
Ein Krankheitssyndrom darf nie isoliert betrachtet werden. Mögliche und auslösende Ursachen müssen genau erhoben und die Zusammenhänge erkannt werden. Ziel ist es, den Bestand gesund zu erhalten.

• Ziele der Bestandsbetreuung

- Verlustarme Produktion
- Erhalt der Tiergesundheit
- Tier- und Konsumentenschutz

f) Gesundheitsmonitoring

Die Diagnosen bei Rindern aus Milchkontrollbetrieben werden vom Tierarzt am Arzneimittelabgabebeleg codiert und stehen für Gesundheitsreports und die Zucht auf Tiergesundheit zur Verfügung.

5.9 Stallapotheke und Arzneimittelanwendung

In jedem Vieh haltenden Betrieb soll eine entsprechend eingerichtete Stallapotheke vorhanden sein, die für Tätigkeiten im Rahmen der üblichen Tierhaltung und Tierpflege bestimmt ist. Am besten eignet sich dafür ein Wandschrank in Verbindung mit einem kleinen Kühlschrank.

5.9.1 Inhalt der Stallapotheke

Grundausstattung:

Äußere Anwendung	Innere Anwendung	Geburtshilfe
Jodtinktur (Desinfektion von Wunden)	Blähmittel	Geburtsstricke
Desinfektionsspray	Schlämmkreide zum Beheben leichter Verdauungsstörungen beim Rind	Zughölzer
		Gleitmittel
		Plastikhandschuhe
Wasserstoffsuperoxyd (Wundreinigung)	Tierkohle	eventuell Augenhaken
Wundpulver, Penicillinpuder (Nabelversorgung)		
Antibiotikasalbe		
Holzteer (für die Klauenbetreuung)		
Essigsaure Tonerde (für Umschläge)		
Verbandszeug (Mullbinden, Leukoplast etc.)		

5.9.2 Wann darf ein Tierhalter im Rahmen des Tiergesundheitsdienstes rezeptpflichtige Tierarzneimittel besitzen und anwenden?

Arzneimittel sind Stoffe, die zur Anwendung am oder im menschlichen oder tierischen Körper bestimmt sind.

Tierhalter haben bei Arzneimittelanwendung im Rahmen des Tiergesundheitsdienstes folgende Grundsätze zu beachten:

- Rezeptpflichtige Arzneimittel dürfen ausschließlich über den Tierarzt bezogen werden oder nach dessen Rezeptur aus der Apotheke.
- Sie müssen die ihnen vom Tierarzt überlassenen Tierarzneimittel nach Anweisung des Tierarztes getrennt von Lebens- und Futtermitteln sowie erforderlichenfalls ausreichend gekühlt unter Verschluss lagern.
- Sie dürfen die ihnen vom Tierarzt überlassenen Tierarzneimittel nur gemäß den Anleitungen des Tierarztes beim Tier anwenden und haben diese Anwendung schriftlich zu dokumentieren. Diese Aufzeichnungen sind vom Tierhalter mindestens fünf Jahre lang aufzubewahren und den behördlichen Kontrollorganen auf Verlangen zur Einsicht vorzulegen.

- Sie haben allfällige abgelaufene Tierarzneimittel, Tierarzneimittelreste sowie von zur Instillation und Injektion bestimmten Tierarzneimitteln auch die Leergebinde dem behandelnden Tierarzt nachweislich zurückzugeben.

- Sie haben sich bei den Weiterbildungsveranstaltungen die nötigen Kenntnisse, Fähigkeiten und praktischen Erfahrungen anzueignen.

- Besonders hervorzuheben ist, dass die Einbindung des Tierhalters in die Behandlung seiner Tiere nur nach vorhergehender Diagnose und Erstbehandlung durch den Tierarzt erfolgen darf.

- Wartezeit ist der Zeitraum zwischen der letzten Anwendung von Arzneimitteln an Tieren und dem Zeitpunkt, bis zu dem diese Tiere wieder zur Gewinnung von Lebensmitteln (Fleisch, Milch, Eier, Honig) verwendet werden dürfen.

- Tierarzneimittel im Sinne des Tierarzneimittelkontrollgesetzes (Regelt seit Okt. 2002 den Arzneimitteleinsatz bei Nutztieren) sind Arzneimittel, die zur Anwendung an solchen Tieren bestimmt sind, die zur Gewinnung von Lebensmitteln oder anderen zur Anwendung am oder im Menschen dienenden Produkten vorgesehen sind.

- Tierhalter im Rahmen eines ständigen Betreuungsverhältnisses dürfen in Hilfeleistungen, welche über die für die übliche Tierhaltung und Tierpflege notwendigen Tätigkeiten hinausgehen, sowie in die Anwendung von Arzneimitteln bei landwirtschaftlichen Nutztieren eingebunden werden, wenn dies unter
- genauer **Anleitung,**
- **Aufsicht** und
- schriftlicher **Dokumentation** (= Datum, Diagnose, genaue Bezeichnung des Tieres, Art und Chargen Nr., Dosierung, Wartezeit, Unterschrift des Behandelnden) von Art, Menge und Anwendungsweise erfolgt.

Datum am/von - bis	Identität der/s Tiere/s	Arzneimittel-bezeichnung	Menge/Dosierung pro Tier und Tag	Unterschrift des Anwenders
○ Sonstige Bemerkungen		○ Rückgabebestätigung (Menge und Bezeichnung des TAM, Unterschrift des Tierarztes) usw.		

- Fütterungsarzneimittel dürfen in landwirtschaftlichen Betrieben für die eigene Tierproduktion unter Anleitung des Tierarztes im Rahmen eines Tiergesundheitsdienstes aus zugelassenen Fütterungsarzneimittel-Vormischungen hergestellt werden. Die Registrierung bei der zuständigen Bezirkshauptmannschaft und der Nachweis der ausreichenden Befähigung in Mischtechnik ist zu erbringen. Neben der Pflicht, einen Ausbildungskurs zu besuchen und eine gültige Kursbestätigung vorzulegen, kann eine Herstellung von Fütterungsarzneimitteln nur dann erfolgen, wenn der betreuende Tierarzt und der Tierhalter Mitglieder im Tiergesundheitsdienst nach der TGD-Verordnung sind. Außerdem muss eine geeignete Mischanlage verwendet werden (Zertifikat über Mischgenauigkeit).

- Die Organe der Kontrollbehörde sind befugt, überall, wo Tierarzneimittel in Verkehr gebracht, angewendet oder aufbewahrt werden können, Nachschau zu halten, Proben zu nehmen und in die Aufzeichnungen, die nach arzneimittel- oder veterinärrechtlichen Bestimmungen zu führen sind, Einsicht zu nehmen.

- In Österreich zugelassene oder rechtmäßig importierte Tierarzneimittel zur oralen Verabreichung (Eingeben) oder äußerlichen Anwendung (Einreiben, Aufschütteln) dürfen dem Tierhalten auch dann überlassen werden, wenn dieser nicht Mitglied in einem TGD ist und auch kein Betreuungsverhältnis mit einem Tierarzt besteht.
Grundvoraussetzung für die Abgabe von Medikamenten ist aber immer eine vorhergehende Untersuchung und Diagnosestellung durch den Tierarzt.

- Tierarzneimittel zur Injektion (Verabreichung mit Spritze und Nadel) oder Instillation (Einbringen in Körperhöhlen, z. B. in das Euter) dürfen nur dann abgegeben werden, wenn der Tierbesitzer Mitglied eines Tiergesundheitsdienstes ist.

- Weitere Voraussetzung ist, dass die abzugebenden Tierarzneimittel auch in der Positivliste angeführt sind und nur in der dort angeführten Art der Anwendung (i.m. = intramuskulär = in die Muskulatur, s.c. = subcutan = unter die Haut) appliziert werden.
  Eine **intravenöse Verabreichung** oder die Applikation von Tierarzneimitteln als **Infusion** durch den Tierhalter ist **nicht erlaubt.**

- Der Tierarzt darf den Tierhaltern Arzneimittel zur weiteren Behandlung von Akutfällen sowie Impfstoffe nur in einer für den Therapieerfolg erforderlichen Menge überlassen, die dem Monatsbedarf der zu behandelnden Tiere entspricht.

- Tierarzneimittel, welche als Wirkstoffe ausschließlich Vitamine, Mengen- oder Spurenelemente enthalten sowie reine Eiseninjektionspräparate gelten jedenfalls als „Managementpräparate" und dürfen vom Tierarzt den Tierhaltern höchstens in jener Menge überlassen werden, die dem Bedarf von zwei Monaten der zu behandelnden Tiere entspricht.

- Tierhalter, welche an Programmen teilnehmen, sind jedenfalls vom Tiergesundheitsdienst zu registrieren und der zuständigen Bezirksverwaltungsbehörde bekannt zu geben. Der Tiergesundheitsdienst sowie die beteiligten Tierärzte und Tierhalter werden regelmäßig behördlich kontrolliert.

5.9.3 Anwendungsformen

Die Verabreichung von **therapeutisch** oder **diagnostisch wirksamen Stoffen** in den Organismus kann im Prinzip erfolgen über:
- den Verdauungstrakt (enteral),
- unter Umgehung des Verdauungstraktes (parenteral) oder
- an verschiedenen Organen (Haut, Auge, Ohr usw.) lokal.

Die wichtigsten **parenteralen** Verabreichungen sind:
- intramuskuläre Verabreichung (in den Muskel)
- subkutane Verabreichung (unter die Haut)

Dem **Tierarzt** vorbehalten:
- intravenöse Verabreichung (in die Vene)
- intraperitoneal (in die Bauchhöhle)
- extradural (in den Wirbelkanal, „Kreuzstich")

Instillation
Verabreichung von Arzneimittel in Körperhöhlen (ins Euter: = intramammär, in die Gebärmutter: = intrauterin, in die Scheide: = intravaginal).

Verabreichungsformen von Arzneimitteln

	Vorteile	Nachteile
enterale Verabreichung	- billig - keine sterilen Stoffe notwendig	- Unsicherheit der tatsächlichen Aufnahme - erhöhte Umweltkontaminationen
parenterale Verabreichung	- vorgesehene Menge gelangt vollständig in den Körper - wird nicht durch Magen-Darm-Trakt oder Leber verändert - rascher Wirkungseintritt	- Arzneimittel muss steril und körperfreundlich verabreicht werden (Körpertemperatur, pH-neutral, blutisoton) - Manipulation am Tier (Stress, Verletzungsgefahr) - Gewebsschädigungen
lokale Verabreichung	- zugängliche Organe (Haut) direkt behandeln - einfache Anwendung - geringer Arzneimitteleinsatz	- nicht alle Organe können damit erreicht werden - nur für bestimmte Indikationen anwendbar

- Wirtschaftliche Bedeutung
- Begriff Fleisch
- Zusammensetzung des Fleisches

Fleischwirtschaft

Fleischqualität

- Einflussfaktoren des Produzenten
  - Einflüsse auf den Schlachtwert
  - Äußerliche Beurteilung des Schlachtkörpers
  - Gewährleistung beim Verkauf
- Einfluss des Schlachtbetriebes und Vermarkters
  - Tiertransport
  - Schlachtung
  - Zurichtnormen u. Schlachtversuche
  - Qualitätsklassen u. Klassifizierung
  - Zerteilung der Schlachtkörper
  - Kühlung der Schlachtkörper
  - Fleischreifung
  - Innere Fleischqualität
- Sicherung der Fleischqualität
  - Amtliche Veterinärkontrollen
  - AMA-Herkunfts- und Gütezeichen
  - Übersicht über die Kontrollen

6. Fleischwirtschaft

6.1 Wirtschaftliche Bedeutung der Fleischerzeugung in Österreich

Entwicklung der untersuchten gewerblichen Schlachtungen in Stück

	Jahre					
	1996	**1997**	**1998**	**1999**	**2000**	**2001**
Stiere	330.053	302.175	286.123	296.645	288.277	284.431
Ochsen	15.103	16.129	15.723	15.987	16.341	21.348
Kalbinnen	86.434	90.925	84.046	81.785	85.901	97.160
Kühe	188.071	177.757	164.327	167.076	176.242	198.266
Kälber	129.470	137.889	128.132	106.869	99.388	115.370
Schweine	4.806.661	4.868.679	5.136.316	5.297.006	5.145.846	5.028.898
Schafe	54.866	67.462	75.160	77.833	81.747	89.564
Ziegen	3.738	4.377	4.263	4.537	4.135	4.716

6.2 Begriff Fleisch

Fleisch nennen wir Muskeln, Fett und Bindegewebe; zu den verzehrbaren Teilen der Schlachttiere zählen auch die Innereien. Vom Nährwert betrachtet ist das Fleisch eines der wertvollsten Nahrungsmittel.

6.3 Die Zusammensetzung des Fleisches

Mageres Fleisch besteht aus 75% Wasser, 21% Eiweiß, 2% Fett sowie aus Kohlenhydraten, Mineralstoffen und Vitaminen. Fettes Fleisch enthält weniger Wasser und Eiweiß. Wasser ist der wichtigste anorganische Bestandteil des lebenden Körpers bei Mensch und Tier. Die Zusammensetzung unterliegt Schwankungen je nach Tierart, Alter und Fleischteil.

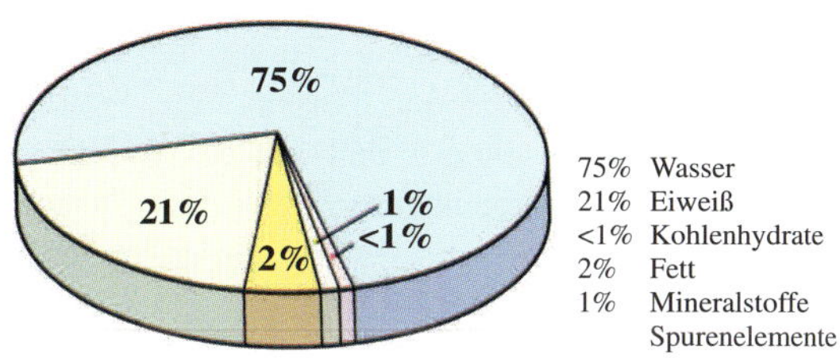

6.3.1 Eiweiß (Protein)

Muskelfleisch enthält 16 bis 22% Protein, das biologisch sehr hochwertig ist. Muskeln, Blut und Organe bestehen, vom Wasser abgesehen, weitgehend aus Eiweiß. Es gibt mehr als 20 verschiedene Aminosäuren (Eiweißbausteine), von diesen kann der menschliche und der tierische Organismus nur zwölf selbst zusammenbauen. Acht Aminosäuren müssen mit der Nahrung aufgenommen werden, weil sie unser Körper nicht aus Bausteinen selbst aufbauen kann. Diese acht Aminosäuren sind unentbehrlich fürs Leben. Sie heißen deshalb essenzielle Aminosäuren.
Das tierische Protein ist dem menschlichen Protein von seiner Zusammensetzung her am ähnlichsten.

Albumin
Im Fleischsaft vorkommend, wasserlöslich, gerinnt bei +70 °C, verklebt die Fleischporen und verhindert den Austritt von Fleischsaft.

Myoglobin
Der rote Muskelfarbstoff wird durch Hitze zerstört, das Fleisch wird grau.

Kollagen
Als Leimstoff in Knorpeln und Bindegewebe, bewirkt durch langes Kochen die Gelierung der abgekühlten Flüssigkeit. Da Kollageneiweiß für den menschlichen Organismus weniger wertvoll ist, ist Fleisch mit einem geringeren Kollagengehalt hochwertiger.

6.3.2 Fett

Fleisch enthält 2 bis 25% Fett. Dem Wunsch des ernährungsbewussten Konsumenten folgend, wurde in den letzten Jahren das Fleisch züchtungsbedingt fettärmer. In Österreich werden über Fleisch und Fleischwaren geschätzte 14 g Fett pro Tag aufgenommen. Der Großteil der Fleisch- bzw. Fettkalorien steckt nicht selten in den versteckten Fetten von Verarbeitungsprodukten (z. B. Wurst). Fleisch mit hohem Fettgehalt ist schwerer verdaulich, enthält aber mehr Geschmacksstoffe.

6.3.3 Kohlenhydrate

Der Gehalt an Kohlenhydraten beträgt: 1% in Herz, Hirn, Niere und Schweinsleber, 4 bis 6% in Kalbs- und Rindsleber.

6.3.4 Vitamine

Außerdem liefert uns Fleisch vor allem wasserlösliche Vitamine der B-Gruppe. Im Allgemeinen werden die B-Vitamine hauptsächlich über Fleisch aufgenommen. Die Vitamine A, B1, B2 und E werden durch langes Erhitzen zerstört.

6.3.5 Mineralstoffe

Auch bei der Versorgung mit Mineralstoffen spielt Fleisch eine bedeutende Rolle:
Eisen ist als Baustein des roten Blutfarbstoffs Hämoglobin wichtig. **Kalium** ist bedeutend für die Regulierung des Wasserhaushaltes, für die Muskelkontraktion sowie für die Aktivierung von Fermentsystemen (Enzyme). **Zink** ist ein wesentlicher Bestandteil von über 200 Fermenten. **Kupfer** ist an vielen Fermentfunktionen und beim Abbau von freien Radikalen beteiligt.

6.4 Fleischqualität

Schlachtwert und andere Wertbegriffe am Beispiel eines Maststieres
(nach Augustini, Temisan, Lüdden und Pflaum)

Mastendgewicht 650 kg

Verluste durch Transport, Wartezeit und Nüchterung 4%

↓

Schlachthofgewicht 624 kg = Gewicht unmittelbar vor Schlachtung

Ausschlachtung oder Schlachtausbeute = Anteil des Zweihälftengewichts (warm) am Schlachthofgewicht
374 (kg) : 624 (kg) x 100 (%) = 60%

Abfälle (z. B. Magen- u. Darminhalt, Hörner, Klauen)
Konfiskate (Augen, Ohrmuscheln, Geschlechtsteile)

↓

Schlachtwert

Schlachtertrag oder Ausschlachtungswert

Schlachtkörpergewicht warm od. Zweihälftengewicht warm od. Schlachtgewicht 374 kg
–2%

Schlachtkörpergewicht kalt od. Zweihälftengewicht kalt 366 kg
–1%

Schlachtkörpergewicht nach Ablagerung (Reifung) 352 kg

verkaufsfertiges Fleisch (Knochen und Fett teilweise entfernt) 246 kg
-30%

verwertbarer Schlachttierabgang, z. B. Haut, Kopf, Füße, Blut, Mägen und Därme entleert, Leber, Herz, Lunge, Zunge (5. Viertel)

Schlachtkörperqualität

Anteile der einzelnen Teilstücke am Schlachtkörper

Anteile der einzelnen Gewebe (Fleisch, Fett, Knochen, Sehnen)

chemische Zusammensetzung des Schlachtkörpers (Eiweiß, Fett usw.)

Ausprägung d. Muskulatur
↓
Fleischigkeitsklasse / Fettansatz
↓
Fettgewebeklasse

↓

Handelsklasse Handelswert/Marktwert

Fleischbeschaffenheit (einschließlich Fett)

ernährungsphysiologische u. hygienische Eigenschaften Gesundheitswert

sensorische Eigenschaften: Fleischfarbe, Fettfarbe, Fetteinlagerung im Bindegewebe (intermusk. Fett, Marmorierung)

Genusswert: Geschmack des Fleisches, Geschmack des Fettes, Intramusk. Fett, Feinfaserigkeit (Zartheit)

technologische Eigenschaften: Wasserbindevermögen, Wassergehalt, Fettkonsistenz, (Festigkeit)

Eignungswert

Fleischqualität = subjektive Wertschätzung des Fleisches durch den Verbraucher

6.4.1 Einflussfaktoren des Produzenten

a) Einflüsse auf den Schlachtwert

Die möglichst genaue Beurteilung des späteren Schlachtwertes ist für die Preisfestlegung wichtig.

• Alter der Tiere bei der Schlachtung
Das Alter des Tieres kann man aus dem Gesamteindruck des Tieres schätzen (Körperproportionen).

Rind
Bei Rindern geben die Hornentwicklung sowie die Verknöcherungsstadien an den Dornfortsätzen der Wirbelsäule Anhaltspunkte für die Altersschätzung. Die Altersbestimmung auf Grund der Entwicklung und Abnützung der Zähne (Zahnalterbestimmung) ist jedoch die verlässlichste Methode.

Schwein
Beim Schwein geben die Zähne, der Knochenbau, das Haarkleid und die Kopfgröße Anhaltspunkte für die Altersbestimmung.

Der Bindegewebsgehalt im Muskelgewebe nimmt mit zunehmendem Alter der Tiere deutlich zu und vernetzt sich auch zunehmend. Dies beeinflusst ganz entscheidend und ungünstig die Zartheit des Fleisches. Junge Tiere erreichen aber nur dann das gewünschte Schlachtgewicht, wenn eine entsprechend hohe Mastintensität gewählt wurde.

• Geschlecht
Es hat einen großen Einfluss auf die Fleischfaser, den Bindegewebsgehalt und die Fetteinlagerung.

Rind
Bei vergleichbarer Fütterung und gleichem Ausmästgrad haben Kalbinnen und Mastochsen eine feinere Fleischfaser, weniger Bindegewebe und eine bessere Fetteinlagerung im Muskelgewebe und damit eine deutlich höhere Fleischqualität als Maststiere.
Männliche Tiere sind grobknochig und muskulös mit gedrungenem Körperbau. Sie haben einen kurzen, breiten Kopf, eine starke Vorderhand, gedrungene Röhrenknochen und eine dicke Haut. Weibliche Tiere sind feiner im Knochenbau und in der Haut. Sie haben einen länglich-schmalen Kopf und einen Körperbau mit einer breiteren Hinterhand.
Kastrierte Tiere zeigen eine Mittelform zwischen dem männlichen und dem weiblichen Typus.

Schwein
Männliche Tiere sind korpulenter, muskulöser, haben einen starken Knochenbau und einen stärkeren Kopf. Mit Eintritt in die Geschlechtsreife (ca. 85 kg) tritt bei der Schlachtung der männlichen Tiere ein typischer Ebergeruch aufgrund der Aktivität der Geschlechtsdrüsen auf. Dies ist beim Konsumenten unerwünscht. Daher werden die männlichen Tiere für die Aufmast kastriert.
Das Fleisch der Kastraten ist etwas grobfasriger und die Tiere verfetten mit zunehmendem Alter rascher als weibliche Tiere.

• Genetik
Rind
Fleischfaser: Kleinrahmige Rassen haben feinere, großrahmige Rassen gröbere Fleischfasern.
Bindegewebsgehalt: Fleischrassen haben einen verminderten Bindegewebsgehalt.
Fetteinlagerung: Um die richtige Fettabdeckung am Schlachtkörper und genügend Fetteinlagerung im Muskelgewebe zu erreichen, sind das rassenspezifische Mastendgewicht und die dafür nötige Fütterungsintensität entscheidend.

Schwein
Für das Mastendprodukt werden Gebrauchskreuzungen verwendet.

• Ausmästgrad
Im Verlauf der Wachstumsperiode verändern sich der Körperbau und die Gestalt des Tieres, aber auch die Zusammensetzung des Schlachtkörpers. Der Fleischansatz erfolgt hauptsächlich in der Jugend.
Mit steigendem Mastendgewicht steigt der Anteil an Fleisch und Fett, während der Knochenanteil zurückgeht. Mit zunehmendem Alter kommt es zu vermehrtem Fettansatz.

Rind
Hochwertige Masttiere sind für den Frischfleischverkauf vorgesehen und müssen daher einen optimalen Ausmästgrad mit ausreichender Fettabdeckung am Schlachtkörper haben. Davon hängt in hohem Maße die Schmackhaftigkeit des Rindfleisches ab. Zu schwacher und zu starker Ausmästgrad sind daher zu vermeiden.
Ein wichtiger Maßstab ist die tägliche Zunahme pro Masttag (Bruttozunahme). Seit der Totvermarktung spielt die Nettozunahme eine große Rolle (Fleischhälftengewicht). Spezialisierte Fleischrassen und deren Gebrauchskreuzungen haben zwar eine geringere Bruttozunahme, aber eine hohe Nettozunahme wegen geringerer Schlachtabfälle.

Schwein
Die Fleischbeschaffenheit beim Schwein korreliert positiv mit Zucht- und Mastleistung. Negativ hingegen mit dem Fleisch-Fett-Verhältnis. D. h. wird auf Fleischmenge gezüchtet, wirkt sich dies meist negativ auf die Fleischbeschaffenheit aus. Hingegen führt eine Steigerung der Zucht- und Mastleistung nicht gleichzeitig zu einer Verschlechterung der Fleischbeschaffenheit.

• **Mastendgewichte**
Rind
Jungmaststiere erreichen die Schlachtreife je nach Rasse mit 500 bis 700 kg Lebendmasse.

Schwein
Mastschweine mit 110 bis 120 kg Lebendmasse

	Lebendgewicht (kg)	Schlachtgewicht (kg)
Stier	640–750	340–410
Ochs	620–720	340–390
Kalbin	500–580	280–320

Ergebnisse der Fleischleistungsprüfung 2008 in Österreich

Geschlecht	Wiegungen	Anzahl Ø Geburtsgew.		Ø 200-T-Gewicht			Ø 365-T-Gewicht		
		n	kg	n	kg	Tgz	n	kg	Tgz
Männlich	21.012	8.180	41,2	7.132	264,7	1.118,3	3.583	395,6	974,0
Weiblich	26.049	7.579	39,0	7.092	242,1	1.014,7	5.750	351,1	855,7

• **Wachstumskapazität und Wachstumsintensität**
Je größer die Wachstumskapazität (das Wachstumsvermögen) eines Masttieres ist, desto höher kann das Schlachtgewicht sein, ohne dass dies übermäßigen Fettansatz am Schlachtkörper bewirkt. Sie ist ein Merkmal mit einem hohen Erblichkeitsgrad.
Tiere mit hoher Wachstumskapazität (rahmige Tiere) können auf höheres Mastendgewicht gemästet werden.
Die **Wachstumsintensität** (Wachstumsgeschwindigkeit) ist von der Wachstumskapazität weitgehend unabhängig. Sie soll ebenfalls so groß wie möglich sein.

b) Äußerliche Beurteilung des Schlachtkörpers am Beispiel von Rind und Schwein:

Durch Betrachten und Abgreifen des Tieres lassen sich jene Eigenschaften feststellen, die für die Beurteilung des Schlachtwertes wohl am wichtigsten sind, nämlich:
- Körperbeschaffenheit
- Mastzustand
- Fleisch- und Fettmenge und Festigkeit
- Knochenanteil

Erwünscht sind folgende Eigenschaften:
Reines, feines, glattes und glänzendes Haar sowie eine elastische, glattgespannte Haut. Der Rumpf des Tieres soll lang, breit, tief und gut gerundet, aber nicht bauchig sein.

Volle, womöglich überladene Schultern und Schenkel sollen in feingliedrige, zartknochige Füße übergehen. Die Teile mit hochwertigem Fleisch sollen besonders gut entwickelt sein. Rücken, Lende und Kreuz sollen breit und so angefleischt sein, dass der ganze Rumpf oben flach oder sogar „gespalten“ wirkt. Als „gespalten" bezeichnen wir ihn, wenn die Muskelpartien seitlich die Dornfortsätze der Wirbelsäule überragen, sodass in der Längsrichtung eine Furche über den ganzen Rücken verläuft (Doppellenden).

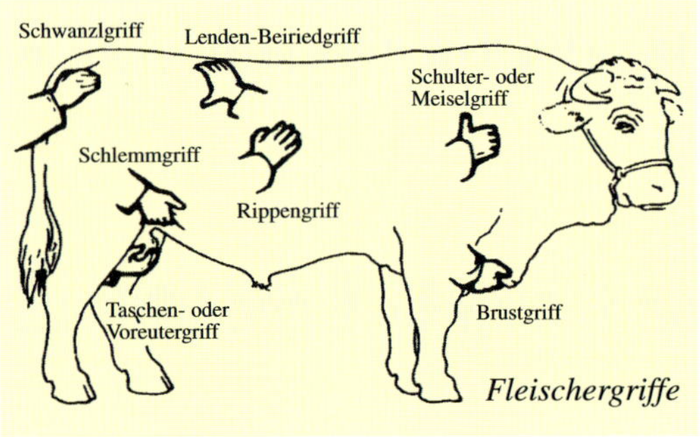

Fleischergriffe

Je länger das Kreuz und je breiter das Becken ist, desto besser sind auch die Schenkel ausgebildet; diese sollten auch an der Innenseite gut bemuskelt sein. Brust, Schulter sowie Wadschinken sollten ebenfalls gut ausgebildet sein.
Unerwünscht ist eine starke Verfettung sowie eine starke Entwicklung minderwertiger Teile, wie Kopf, Füße und Bauch. Grobe Haare und grobe Haut, schwerer Kopf, dicker Schwanz, derbe Fußknochen und -gelenke sprechen für hohen Knochenanteil.

c) Gewährleistung beim Schlachttierverkauf

Für Vertragsabschlüsse beim Viehverkauf gelten sowohl die grundsätzlichen Gewährleistungsbestimmungen des ABGB wie auch die besonderen Bestimmungen des Handelsgesetzbuches über Mängel bei beiderseitigen Handelsgeschäften (gemäß HGB).
Die gesetzliche Gewährleistung gilt dann, wenn beim Kauf nichts anderes vereinbart wurde.
Die vertragliche Gewährleistung muss beim Verkauf ausgemacht werden (womöglich schriftlich). Sie kann über oder unter dem Ausmaß der gesetzlichen Gewährleistung gehalten sein.
Auf Märkten können auch die Vertreter der verschiedenen Interessensgruppen (der Verkäufer und Käufer) für die auf dem Markt getätigten Verkäufe besondere Gewährleistungsbestimmungen vereinbaren (Marktusancen).

6.4.2 Einfluss des Schlachtbetriebes und des Vermarkters

a) Transport zur Schlachtung

Jeder Transport strengt die Tiere an. Durch die ungewohnte Umgebung empfindet das Tier Furcht und Misstrauen, es kann Widerstand leisten oder sogar angreifen.

Im Einzelfall reagiert jedes Tier anders, sein Verhalten ist unberechenbar!

Richtiges Verhalten gegenüber dem Schlachttier: Ruhig, sicher, geduldig und im rechten Augenblick energisch, damit kein Mensch (Beteiligter oder Unbeteiligter) Schaden erleidet. Unentschlossenheit, ängstliches und nervöses Benehmen macht die Tiere scheu oder angriffslustig. Die menschliche Stimme lenkt die Tiere gut. Wenn man sich einem Tier nähert, vor allem wenn man von hinten an das Tier herantritt, sollte man immer zu ihm sprechen (ansprechen). Es erschrickt dann nicht so leicht.

Die zur Schlachtung vorgesehenen Tiere müssen stressfrei verladen und zum Schlachtbetrieb transportiert werden.
Die Schlachtung soll bei kürzeren Transportstrecken sofort nach dem Transport erfolgen. Ist dies nicht möglich, so sollen zwischen der Entladung und Schlachtung die Tiere in der angestammten Gruppe zusammenbleiben, um ermattende Rangkämpfe und Verletzungen zu vermeiden. Daher nur ausgeruhte Tiere unter Einhaltung der Hygienebestimmungen schlachten.

Viehverkehrsschein / Lieferschein ①

(Gemäß VO (EG) 853/2004, Anhang II, Abschnitt III / gilt gleichzeitig als TRANSPORTBESCHEINIGUNG gemäß § 3a TierTranspGSt und SCHLACHTPRÄMIENERKLÄRUNG)

Verbleibt beim Landwirt

K 1845392

DVR 0824275

LANDWIRT

LFBIS-Nr.: ☐☐☐☐☐☐☐
(= Betriebsnummer gemäß Mehrfachantrag Flächen)

Vorname ____ Nachname ____

Straße ____ Haus-Nr. ____

PLZ ____ Ort ____

Telefon-Nr ____ Telefax ____

Angaben zur Vermarktung: *(Zutreffendes ankreuzen)*

☐ *AMA-Gütesiegel* ② Kontrollstelle: ____

☐ *BIO* ③ ____

☐
Pauschalierter Betrieb im Sinne des UStG (12% MWSt)
(falls dies nicht zutrifft, ist dieser Satz zu streichen)

Betreuungstierarzt (Name und Anschrift): ____

Verladeort/-land: ____
Transportbeginn: ____
Letzte Fütterung/Tränkung: ____

ZWISCHENHÄNDLER

AMA-Klienten-Nr.: ☐☐☐☐☐☐☐☐
(= Kundennummer der AMA für NICHT-Landwirtschaftsbetriebe)

____

Anschrift (Stampiglie)

KÄUFER *(z.B. Schlachtbetrieb, Landwirt)*

____

Anschrift (Stampiglie, AMA-Klienten-Nr.)

Kennzeichen KFZ: ____
Entladeort/-land: ____
Voraussichtliche Transportdauer in h: ____
Letzte Fütterung/Tränkung: ____
(Datum/Uhrzeit)

Lfd. Nr.	Vollständige Ohrmarken-Nr.	Schlachtung	Kategorie Stier, Ochs Kuh, Kalbin Kalb w/m	Geburts-datum	Land der Geburt	Länder der Aufzucht Mast	Einstell-datum (Zukaufsdatum)	Rasse (Kreuzung)	Nähere Angaben z.B. BIO, offene Wartezeit ⑤
Bsp.	*AT 399 291 411*	☒	*Kuh*	*15.06.1998*	*AT* ④	*AT* ④	*3.12.2001*	*Fleckvieh (FV)*	
1		☐							
2		☐							
3		☐							
4		☐							
5		☐							
6		☐							
7		☐							
8		☐							

Auflage 2007 / Version 1

Jeder Unterfertigende bestätigt mit seiner Unterschrift, dass er berechtigt ist, die ihn betreffenden Angaben zu machen, diese der Wahrheit entsprechen sowie die rückseitig angeführten Erklärungen und Bedingungen – insbesondere die Datenschutzerklärung – zustimmend zur Kenntnis genommen wurden und die Erfüllung der obliegenden Pflichten gewährleistet wird. Es wurden bei der letzten Lieferung vom amtlichen Tierarzt des Schlachthofs keine zum Schutz der öffentlichen Gesundheit relevanten Abweichungen zurückgemeldet.

Lieferdatum und Unterschrift **Landwirt**	Datum und Unterschrift **Zwischenhändler / Transporteur**	Datum und Unterschrift **Käufer**

① Als Auftriebsschein verwendbar. Bei Auftrieben im Rahmen von Versteigerungen bzw. Viehmärkten ist nur ein Tier pro Viehverkehrsschein anzugeben.
② Beim AMA-Gütesiegel muss vor der 1. Lieferung ein gültiger Erzeugervertrag mit der AMA Marketing GesmbH. zur Lieferung von Mastrindern und/oder Mastkälbern abgeschlossen worden sein.
③ Anerkannter BIO-Betrieb mit gültigem Kontrollvertrag.
④ AT ist eine internationale Abkürzung für Österreich. Es sind alle EU- und Nicht-EU-Staaten der Aufzucht, Mast etc. anzugeben.
⑤ Bei Tieren mit offener Wartezeit ist gemäß Abgabebeleg das Ende der Wartezeit sowie der Name des Arzneimittels anzugeben. (Schlachttiere nur nach abgelaufener Wartezeit)

b) Schlachtung

Tierart	Alter	Kategorien		Verwendung
		männlich	weiblich	
Rind	jung	Stier (Bulle), Einsteller, Stierkalb, Ochs, Fresser, Heubeißer, Beef, Jungrind	Kalbin (Färse), Kuhkalb	Mast- und Bankvieh, Frischfleisch, Wurstvieh, Verarbeitungsfleisch
	alt	Altstier	Kuh	
Schaf	jung	(Mast-)Lamm	Schaf	Frisch- und Bankfleisch, Wurst- und Verarbeitung
	alt	Widder, Hammel		
Ziege	jung	(Mast-)Kitz, Zicklein	Geiß	Frischfleisch, Verarbeitungsfleisch
	alt	Bock		
Pferd	jung	Fohlen	Stute	Frischfleisch, Mast- und Bankvieh, Verarbeitungsfleisch
	alt	Hengst, Wallach		
Schwein	jung	Schweinzer, Frischling, Spanferkel	Kastrat, Läufer	Frischfleisch, Schweinefleisch, Verarbeitung, Fett (Speck)- u. Wurstfleisch
	alt	Eber (Saubär), Altschneider	Sau, Zucht	

• **Schlachtvorgang**

Maßnahmen vor der Schlachtung

Vor der Schlachtung soll das Tier aushungern und ruhen. Die Ruhe vor der Schlachtung verbessert das Ausbluten und damit die Fleischqualität. Durch das Hungern wird der Gefahr der Verschmutzung des Schlachtkörpers beim Ausweiden vorgesorgt.
Starke Beunruhigung vor dem Schlachten kann das Auftreten von PSE-Fleisch (Weißfleischigkeit) bewirken.

Die Betäubung

Vor dem Töten ist die Betäubung durchzuführen. Das Betäuben erleichtert die Arbeit und dient auch der Unfallverhütung. Außerdem schreibt das Tierschutzgesetz die Betäubung bei der Schlachtung warmblütiger Tiere vor.

Das Stechen

Bei uns ist das Töten der Schlachttiere durch Entbluten, das so genannte Stechen, im Fleischuntersuchungsgesetz vorgeschrieben. Dabei werden die großen Schlagadern geöffnet, damit ein schnelles Entbluten erfolgen kann. Gut ausgeblutetes Fleisch ist haltbar. Fleisch von Notschlachtungen ist oft nicht richtig ausgeblutet, wodurch die Qualität vermindert wird.
Die Betäubung und die Tötung (Stechen) sind kurz hintereinander auszuführen.

c) Zurichtnormen und Schlachtverluste

Eine objektive Gewichtsermittlung und Preisfestlegung setzt die Kenntnis der geltenden Zurichtungsnormen für Schlachtkörper voraus.

Vom Lebendgewicht bis zum Kaltgewicht (in kg) – welche Verluste entstehen?

	Jungstier	Mastschwein
Lebendgewicht ab Hof – Nüchterungs- und Substanzverluste durch Transport (Transportverluste)	750 20–30	115 2
= Lebendgewicht vor der Schlachtung – Schlachtverluste durch Schlachtvorgang: Ausweidung und Zuputz laut Zurichtungsnormen	720–730 300	113 22
= Warmgewicht (Zweihälftengewicht) – 2% Kühlverluste	420	91
= Kaltgewicht	412	89

Durchschnittliche Schlachtausbeute in Österreich 1995

Tierart/Tierkategorie	Schlachtgewicht in % des Lebendgewichtes
Ochsen	54,5
Stiere	56,0
Kühe	49,0
Kalbinnen	53,5
Rinder insgesamt	53,9
Kälber	60,0
Schweine (gewerblich)	80,7
Schweine (Hausschlachtungen)	78,0
Pferde (einschließlich Fohlen)	56,9
Schafe	47,0
Ziegen	43,2

Vor der Gewichtsermittlung sind vom Tierkörper nach der derzeitig gültigen Zurichtungsnorm zu trennen:

• **Beim Rind**

- Die Haut, jedoch so, dass kein Fleisch oder Fett an ihr bleibt
- Der Kopf zwischen Hinterhauptbein und dem ersten Halswirbel senkrecht zur Wirbelsäule ohne jedes Halsfleisch
- Die Gliedmaßen: Vorderfüße am Vorderfußwurzelgelenk (Karpalgelenk), Hinterfüße vor dem Sprunggelenk abgesetzt und abgesägt
- Die Organe der Brust- und Bauchhöhle
- Der Schwanz zwischen Kreuzbein und dem Schwanzwirbel
- Das Zwerchfell
- Das Rückenmark
- Der Ziemer und die Hoden
- Das Euter bei Kühen und das Fetteuter bei Kalbinnen
- Das Nierenfett mit Niere
- Der Fettzuputz der Becken-, Brust- und Bauchhöhle
- Das Hoden-(Sack-)fett (Taschenfett), ohne Leistenfett und ohne Teile der Bauchdecke
- Das Oberschalenkranzfett (Ortschwanzel)
- Die Halsarterie und das anhaftende Fettgewebe

Schlachthälfte Rind (Foto: AMA)

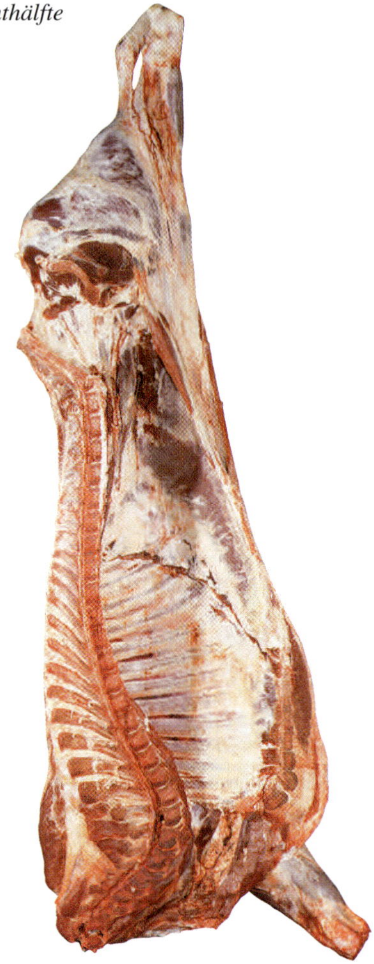

Am Schlachtkörper verbleibt das gesamte Oberflächenfett inkl. Brustkernfett.

Die Verwiegung ist die Feststellung des Zweihälftenwarmgewichtes von Schlachtkörpern nach obigen Zurichtungsnormen. Sie hat bei Rindern innerhalb von 30 Minuten nach dem Ausweiden des Schlachtkörpers zu erfolgen.

Bei verspäteter Verwiegung kann ein Gewichtsausgleich verlangt werden. Das Gewicht für die Preis- und Mengennotierung ist das Kaltschlachtgewicht.

- **Beim Schwein**
  - Die Zunge, die Borsten und die Klauen
  - Die Geschlechtsorgane, bei Zuchtsauen das nicht resorbierte Gesäuge
  - Das Zwerchfell
  - Der Filz (Flomen)
  - Die Nieren und sonstige Organe der Brust- und Bauchhöhle
  - Die Augen und die Ohrenausschnitte
  - Die im Vorderfußwurzelgelenk (Karpalgelenk) abgetrennten Vorderfüße und die im Sprunggelenk (Tarsalgelenk) abgetrennten Hinterfüße bei Zuchtsauen und Altschneidern

Ansonsten darf vor der Verwiegung, Einstufung und Kennzeichnung keinerlei Fett-, Muskel- oder sonstiges Gewebe entfernt werden, ausgenommen Hirn und Rückenmark.

Die Verwiegung ist durch den Verfügungsberechtigten oder dessen Beauftragten möglichst bald nach der Schlachtung, spätestens aber 45 Minuten nach dem Ausweiden des Schweines durchzuführen (Warmschlachtgewicht).

Schlachthälfte Schwein (Fotos: AMA)

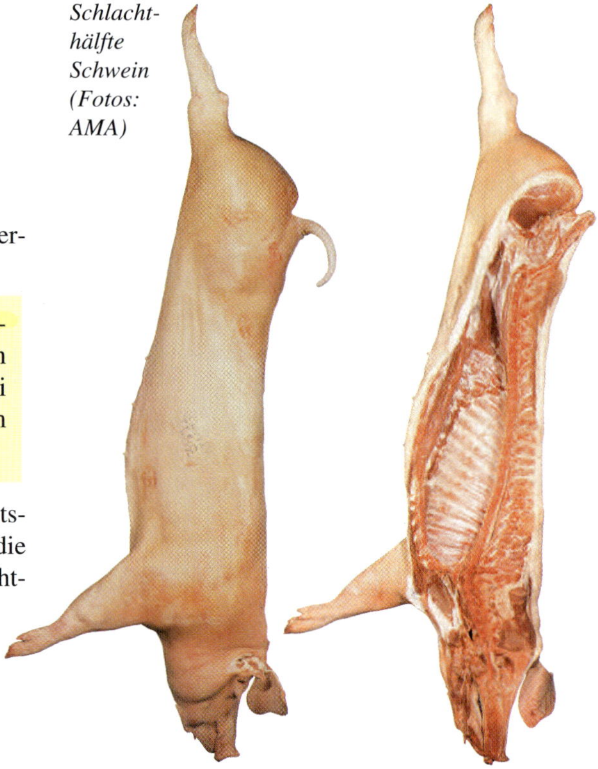

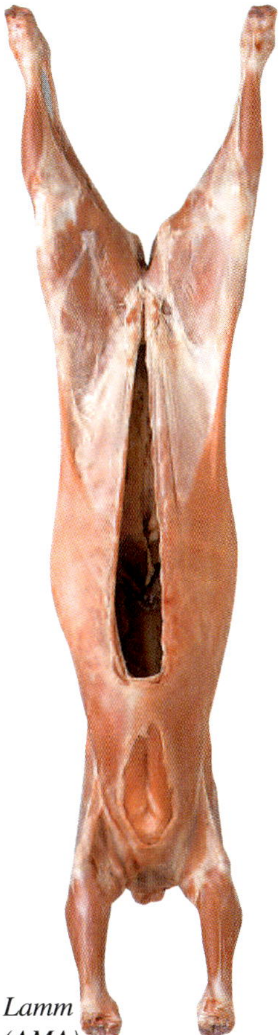

Lamm (AMA)

• Zurichtung von Kälbern und Schafen

Die Zurichtung von Kälbern und Schafen ist nicht gesetzlich geregelt. Üblicherweise werden vor der Verwiegung folgende Teile vom Tierkörper getrennt:

- Die Haut, jedoch so, dass kein Fleisch oder Fett an ihr verbleibt
- Der Kopf zwischen Hinterhauptbein und dem 1. Halswirbel, senkrecht zur Wirbelsäule, ohne jedes Halsfleisch
- Die Gliedmaßen: Vorderfüße im Karpalgelenk, Hinterfüße vor dem Sprunggelenk abgesetzt oder abgesägt
- Organe der Brust- und Bauchhöhle

Nicht entfernt werden dürfen: Nieren, Nierenfettgewebe, Schwanz

Die Verwiegung ist die Feststellung des Zweihälftenwarmgewichtes von Schlachtkörpern nach obigen Zurichtungsnormen. Sie hat innerhalb von 30 Minuten nach dem Ausweiden des Schlachtkörpers zu erfolgen.

• Spezielle Schnittführung zur sicheren Identifikation beim Rind

Durch diese spezielle Schnittführung bleibt eine teils bindegewebige, teils muskuläre Verbindung zwischen Ohr (inkl. Ohrmarke) und Schlachtkörper erhalten. Dadurch kann eine 100-prozentig sichere Identifizierung der Rinder- und Kälberschlachtkörper durch den Verantwortlichen der Kennzeichnung bzw. Etikettierung erfolgen.

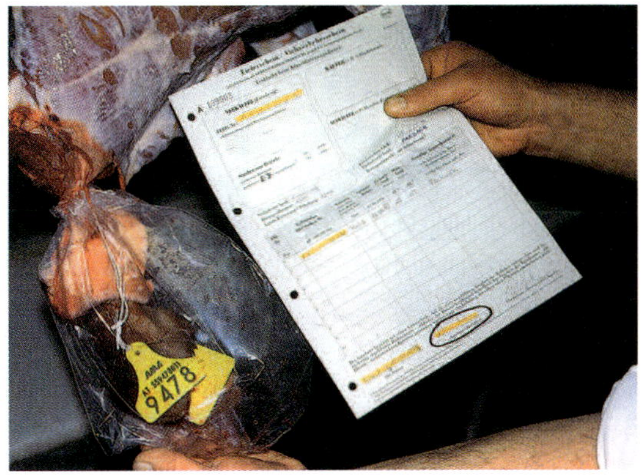

• Untaugliche Teile (schwarze TKV-Tonne)

- Ohrenausschnitte, Afterausschnitte, innere und äußere Geschlechtsteile, Föten und Eihäute von allen Tieren, bei Schweinen auch der Nabelbeutel und bei allen Einhufern der Dickdarm sowie bei über 2 Jahren alten Einhufern die Leber und die Nieren
- Augen und Mandeln von allen Tieren außer von Rindern, Schafen und Ziegen über 12 Monaten
- Weiters alle vom Fleischuntersuchungsorgan für untauglich erklärten Tierkörper oder Tierkörperteile

Spezifische Risikomaterialien (SRM)

Rinder		Schafe, Ziege	
Kalb	**ab 12 Monate**	**Lamm, Kitz**	**ab 12 Monate**
der gesamte Darm vom Labmagenausgang bis zum After einschließlich Gekröse		Milz	
	der knöcherne Schädel, einschließlich Gehirn und Augen aber ohne Unterkiefer		der knöcherne Schädel, einschließl. Gehirn und Augen
	das Rückenmark		die Mandeln
	die Mandeln		das Rückenmark
	die Wirbelsäule mit den Spinalganglien, ausgen. die Schwanzwirbel (Länder der TSE = Risikokategorie 3 auch Ö. gemäß Vo 999/2001 EG: Wirbelsäule ist kein SRM		

Der Hirnstab darf nach der Betäubung nicht mehr verwendet werden.
Körper oder Körperteile von Rindern, Schafen oder Ziegen, die verendet sind oder getötet, aber nicht geschlachtet wurden, wenn sie die oben genannten Gewebe enthalten.

Alle „SRM“ sind sofort nach der Entnahme einzufärben und in die speziell gekennzeichnete **rote Tonne** mit gelbem Deckel einzubringen.

d) Qualitätsklassengesetz und Klassifizierung

Österreich hat bereits EU-konforme Regelungen für Klassifizierung von Rinderschlachtkörpern und Schweinehälften eingeführt.
Bei der Vermarktung von Schlachttieren sind eine Reihe von Rechtsgrundlagen zu beachten:

SCHEUCHER - FLEISCH Ges.m.b.H. A-8091 Ungerdorf
AT - ST 5 EWG
geschlachtet in ÖSTERREICH (AT)
Schlacht-Nr.: 2217
Stier A E2
Gewicht (warm): 406,40
Ohr-Nr.: AT214826845
Schlachtdatum: 06.08.2002
Kl.Nr.: 8
geboren in: AT aufgezogen in: AT
Max Mustermann
AT63393526
A 0000 DORF

• **Welche Schlachtkörper sind zu klassifizieren:**
- **Rinder:** Ganze oder längs geteilte Körper von geschlachteten und nach den fleischuntersuchungsrechtlichen Vorschriften als tauglich beurteilten Rindern.

- **Schweine:** Schweine mit einem Zweihälftengewicht von mindestens 70 kg. Als Schweinehälften gelten auch jene Hälften, bei denen nach der Gewichtsfeststellung Kopf und Vorderfüße entfernt wurden.

- **Zeitpunkt der Klassifizierung:** Sämtliche gewerblich geschlachtete Rinder und Schweine sind vom Verfügungsberechtigten oder dessen Beauftragten unmittelbar nach der Schlachtung zu klassifizieren.

- **Klassifizierung durch Klassifizierungsdienste:** Schlachtbetriebe, die mehr als 30 Rinder oder mehr als 80 Schweine wöchentlich im Jahreswochendurchschnitt schlachten, haben die Klassifizierung ausschließlich durch Angehörige der durch die „Agrarmarkt Austria“ (AMA) zugelassenen Klassifizierungsdienste vornehmen zu lassen.
- Gewichtsfeststellung: Die Feststellung des Warmgewichtes hat spätestens 45 Minuten nach dem Stechen (Schwein) bzw. 30 Minuten nach dem Ausweiden (Rind) zu erfolgen.

- **Protokollerstellung:** Unverzüglich nach der Ermittlung der Qualität und des Gewichtes ist für jeden einzelnen Schlachtkörper vom Verfügungsberechtigten oder dessen Beauftragten ein Protokoll zu erstellen.

• Qualitätsklassenverordnung für Schweinehälften

Die Bestimmungen dieser Verordnung gelten für Schweinehälften mit einem Zweihälftengewicht von mindestens 70 kg, die in frischem, gekühltem oder gefrorenem Zustand in Verkehr gesetzt werden.

Qualitätsklassen für Schweinehälften sind:

Klasse S	Klasse O
Klasse E	Klasse P
Klasse U	Klasse Z
Klasse R	

Einstufung der Schweinehälften in die Klassen S, E, U, R, O und P

Die Einstufung in die Qualitätsklassen ist vom Verfügungsberechtigten oder dessen Beauftragten unmittelbar nach der Schlachtung durch Ermittlung des Muskelfleischanteils in Prozent (MFA) vorzunehmen.

$$MFA = 49{,}123 - 0{,}55983 \times a + 0{,}22096 \times b$$

- Messstellen

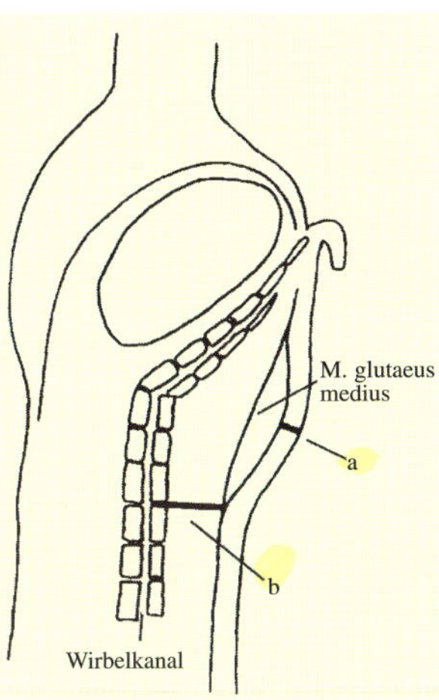

Schema Messstellen

Speckmaß (a) und Fleischmaß (b) im Bereich des „Musculus glutaeus medius"

Speckmaß a
Speckdicke in Millimetern an der dünnsten Stelle des Specks (einschließlich Schwarte), senkrecht gemessen über dem Muskel „musculus glutaeus medius".

Fleischmaß b
Stärke des Lendenmuskels in Millimetern, senkrecht zum Wirbelkanal gemessen vom vorderen (cranialen) Ende des Muskels „musculus glutaeus medius" zur oberen (dorsalen) Kante des Wirbelkanals (Rückenmark).

- Qualitätsklassenabstufung

Klasse	Muskelfleischanteil in %
S	60 und mehr
E	55 und mehr, jedoch weniger als 60
U	50 und mehr, jedoch weniger als 55
R	45 und mehr, jedoch weniger als 50
O	40 und mehr, jedoch weniger als 45
P	weniger als 40

- Einstufung in die Klasse Z

Schweinehälften von Schweinen mit einem Zweihälftengewicht über 130 kg sowie von Altschneidern und Sauen dürfen nur als „Klasse Z" gekennzeichnet werden.

- Schlachtprotokoll
Unverzüglich nach der Ermittlung des Muskelfleischanteils ist für jeden einzelnen Schlachtkörper ein Protokoll zu erstellen.

Dieses hat mindestens zu enthalten:
- Die fortlaufende Schlachtnummer
- Angaben zur Identifizierung des Lieferanten
- Den Muskelfleischanteil
- Das Gewicht
- Den Schlachttag
- Namen oder das Kennzeichen des Klassifizierers

- Kennzeichnungsvorschriften für Schlachthälften
Die einzelnen Schweinehälften müssen deutlich

sichtbar mit unverwischbarer und kochechter Farbe wie folgt gekennzeichnet sein:

- Herkunft gemäß den fleischbeschaurechtlichen Vorschriften, bei ausländischer Ware auch das Herkunftsland
- Qualitätsklasse
- Fortlaufende Schlachtnummer

- **Qualitätsklassenverordnung für Rinderschlachtkörper**

Die Bestimmungen dieser Verordnung gelten für ganze Schlachtkörper und für Schlachthälften, die in frischem, gekühltem oder gefrorenem Zustand in Verkehr gesetzt werden.

- Einstufung

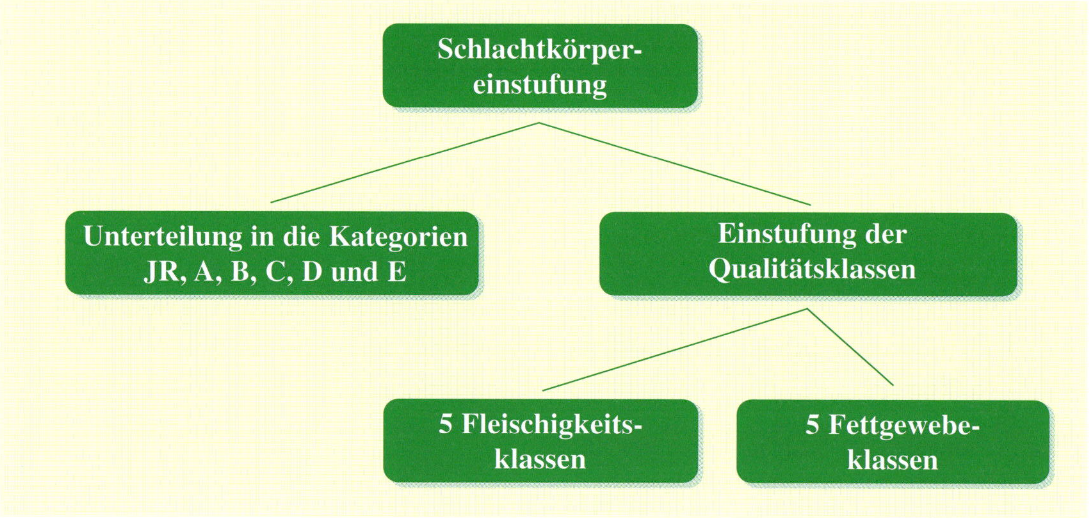

- Kategorien

Kategorie	Bezeichnung	Beschreibung
Jungrind	JR	Schlachtkörper von nicht ausgewachsenen männlichen oder weiblichen Tieren mit einem Zweihälftengewicht von mehr als 150 kg
Jungstier	A	Schlachtkörper von ausgewachsenen jungen männlichen, nicht kastrierten Tieren, bei denen die knorpeligen Enden der Dornfortsätze der vier vorderen Brustwirbel nicht mehr als Anzeichen einer Verknöcherung und die Dornfortsätze des fünften bis neunten Brustwirbels noch keine wesentliche Verknöcherung aufweisen
Stier	B	Schlachtkörper von anderen ausgewachsenen männlichen, nicht kastrierten Tieren
Ochs	C	Schlachtkörper von ausgewachsenen männlichen kastrierten Tieren
Kuh	D	Schlachtkörper von ausgewachsenen weiblichen Tieren, die bereits gekalbt haben
Kalbin	E	Schlachtkörper von anderen ausgewachsenen weiblichen Tieren

- Fleischigkeitsklassen

Die Einstufung erfolgt nach der Entwicklung der Profile der Schlachtkörper und der Ausbildung ihrer wesentlichen Teile (subjektiv).

Fleischigkeitsklasse	Beschreibung	ergänzende Bestimmungen	
E vorzüglich	alle Profile bis superkonvex: außergewöhnliche Muskelfülle	**Knöpfel:** stark ausgeprägt **Rücken:** breit und sehr gewölbt bis in Schulterhöhe **Schulter:** stark ausgeprägt	Oberschale tritt stark über die Beckenfuge hinaus, Hüfte stark ausgeprägt
U sehr gut	Profile insgesamt konvex: sehr gute Muskelfülle	**Knöpfel:** ausgeprägt **Rücken:** breit und gewölbt bis in Schulterhöhe **Schulter:** ausgeprägt	Oberschale tritt über die Beckenfuge hinaus, Hüfte ausgeprägt
R gut	Profile insgesamt gradlinig: gute Muskelfülle	**Knöpfel:** gut entwickelt **Rücken:** noch gewölbt, aber weniger breit in Schulterhöhe **Schulter:** ziemlich gut entwickelt	Oberschale und Hüfte sind leicht ausgeprägt
O mittel	Profile geradlinig bis konkav: durchschnittliche Muskelfülle	**Knöpfel:** mittelmäßig entwickelt **Rücken:** mittelmäßig entwickelt **Schulter:** mittelmäßig bis fast flach	Hüfte geradlinig
P gering	alle Profile konkav bis sehr konkav: geringe Muskelfülle	**Knöpfel:** schwach entwickelt **Rücken:** schmal mit hervortretenden Knochen **Schulter:** flach m. hervortretenden Knochen	

Fleischigkeitsklassen beim Rind

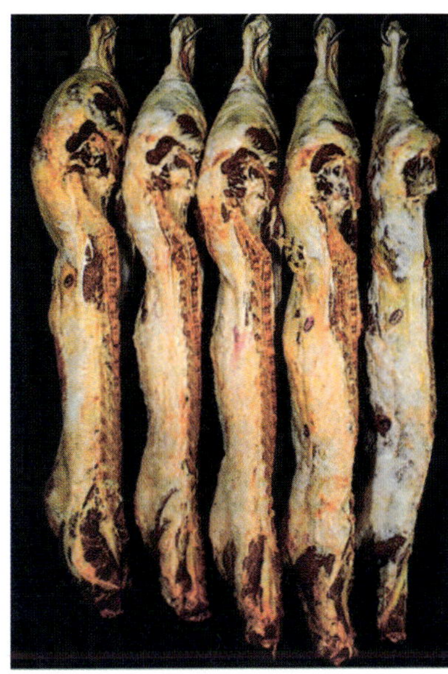

Fleischigkeitsklassen E bis P

- Fettgewebeklasse

Die Einstufung erfolgt nach der Dicke der Fettschicht auf der Außenseite des Schlachtkörpers und auf der Innenseite der Brusthöhle (subjektiv).

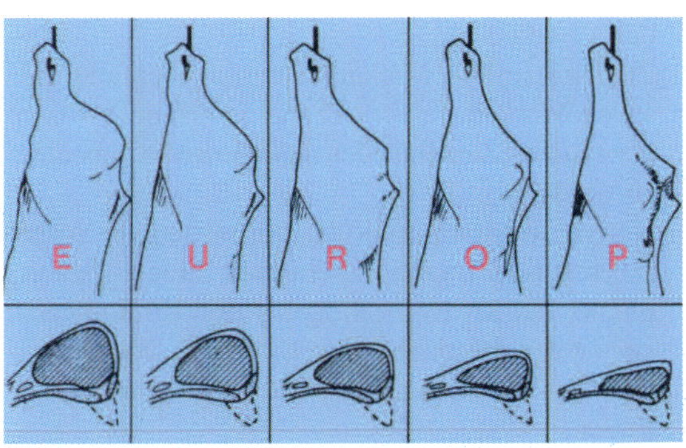

Profile der Keule und Schnitt durch den Rückenmuskel

Fettgewebeklasse	Beschreibung	ergänzende Bestimmungen
1 sehr gering	keine bis sehr geringe Fettabdeckung	kein Fettansatz in der Brusthöhle
2 gering	leichte Fettabdeckung; Muskulatur fast überall sichtbar	in der Brusthöhle ist die Muskulatur zwischen den Rippen deutlich sichtbar
3 mittel	Muskulatur mit Ausnahme von Keule und Schulter fast überall mit Fett abgedeckt; leichte Fettansätze in der Brusthöhle	in der Brusthöhle ist die Muskulatur zwischen den Rippen noch sichtbar
4 stark	Muskulatur mit Fett abgedeckt, an Knöpfel und Schulter jedoch noch teilweise sichtbar; einige deutliche Fettansätze in der Brusthöhle	Fettstränge des Knöpfels hervortretend; in der Brusthöhle kann die Muskulatur zwischen den Rippen von Fett durchzogen sein
5 sehr stark	Schlachtkörper ganz mit Fett abgedeckt; starke Fettansätze in der Brusthöhle	Das Knöpfel ist fast vollständig mit einer dicken Fettschicht überzogen, sodass die Fettstränge nicht mehr sichtbar sind; in der Brusthöhle ist die Muskulatur zwischen den Rippen von Fett durchzogen

- Gewichtsfeststellung

Die Feststellung des Warmgewichtes hat spätestens 30 Minuten nach dem Ausweiden zu erfolgen. Sie ist durch Messung des Zweihälftengewichtes vorzunehmen. Schlachtbetriebe, welche im Jahresdurchschnitt mehr als 30 Rinder oder 80 Schweine wöchentlich schlachten, sind verpflichtet, sich für die Verwiegung und Klassifizierung eines Klassifizierungsunternehmens zu bedienen. Die Agrar Markt Austria (AMA) beauftragt in den einzelnen Bundesländern Klassifizierungsdienste mit der Verwiegung und Klassifizierung von Rindern und Schweinen.

- Schlachtprotokoll

Unverzüglich nach der Verwiegung und Klassifizierung ist für jeden einzelnen Schlachtkörper ein Protokoll zu erstellen.

Dieses hat mindestens zu enthalten:

- Die fortlaufende Schlachtnummer
- Angaben zur Identifizierung des Lieferanten
- Die Feuchtigkeits- und Fettgewebeklasse
- Die Kategorie (nach Punkt b)
- Das Gewicht
- Den Schlachttag
- Namen und das Kennzeichen des Klassifizierers
- Die Ohrmarkennummer des Tieres

e) Kühlung der Schlachtkörper

Richtige und langsame Abkühlung des Schlachtkörpers verhindert die für die Fleischqualität so ungünstige Muskelfaserverkürzung und Tropfsaftverluste. Innerhalb der ersten 12 Stunden darf die Kerntemperatur im Schlachtkörper nicht unter 10 bis 12 °C absinken.

Schockkühlung verursacht extrem starke Muskelfaserverkürzung und muss unter allen Umständen vermieden werden. Die Schlachtkörper müssen daher einige Stunden in einem Vorkühlraum hängen, bevor sie in den eigentlichen Kühlraum gebracht werden. Bei nur einem Kühlraum ist das Kühlaggregat erst einzuschalten, nachdem die Schlachtkörperhälften in den Kühlraum eingebracht werden.

Zu langsame Abkühlung bewirkt ebenfalls eine starke Muskelfaserverkürzung und ist auch wegen der raschen Zunahme des Keimbesatzes unbedingt zu vermeiden.

Unter Einhaltung der Kühlkette werden die vorgeschriebenen Lagertemperaturen eines Lebensmittels von der Herstellung bis zum Konsumenten verstanden. Besonders wichtig für die Dokumentation der Kühlkette sind ständige Temperaturkontrollen.

Kühle Lagerung meint Lagerung bei Temperaturen unter 15 °C.
Gekühlte Lagerung meint Lagerung bei Temperaturen von 0 °C bis 2 °C. 4 °C dürfen nicht überschritten werden.
Tiefgekühlte Lagerung meint Lagerung bei Temperaturen von mindestens –18 °C. Aufgetautes tiefgekühltes Fleisch darf nicht wieder tiefgekühlt werden.

f) Zerteilung der Schlachtkörper, Teilstücke und deren Lage

Schwein

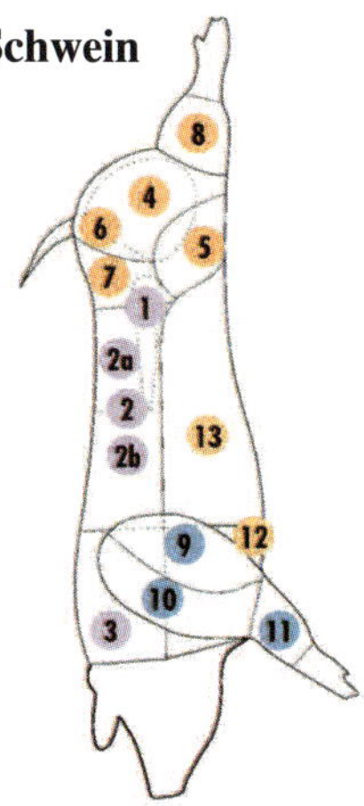

KARREE	1	Filet
	2	Karree a) kurz b) lang
	3	Schopfbraten
SCHLÖGEL	4	Kaiserteil (Schale)
	5	Nuß
	6	Fricandeau
	7	Schlußbraten
	8	Hintere Stelze
SCHULTER	9	Dicke Schulter
	10	Dünne Schulter
	11	Vordere Stelze
BAUCH	12	Brust
	13	Bauchfleisch

Rind

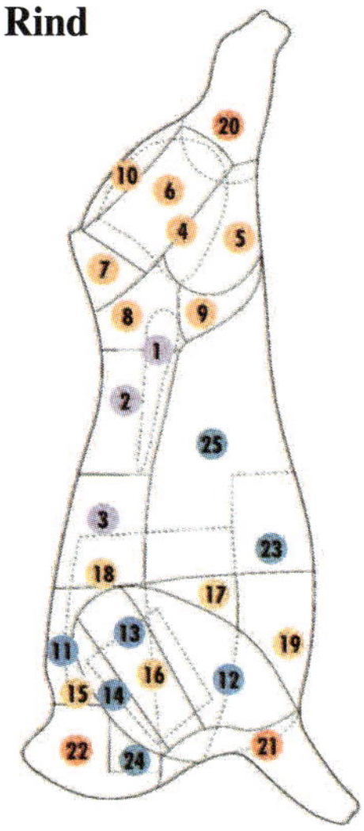

ENGLISCHER	1	Lungenbraten
	2	Beiried
	3	Rostbraten
GUSTOSTÜCKE vom Knöpfel	4	Schale
	5	Nuß
	6	Tafelstück
	7	Tafelspitz
	8	Hüferscherzel
	9	Hüferschwanzel
	10	Weißes Scherzel
GUSTOSTÜCKE vom Vorderviertel	11	Hinteres Ausgelöstes
	12	Dicke Schulter
	13	Schulterscherzel
	14	Mageres Meisel
HINTERES	15	Kruspelspitz
	16	Kavalierspitz
	17	Dicker Spitz
	18	Rieddeckel
	19	Brustkern
GULASCH-FLEISCH	20	Hinterer Wadschinken und Wadelstutzen
	21	Vorderer Wadschinken und Bugscherzel
	22	Hals
VORDERES	23	Mittleres und Dünnes Kögerl
	24	Fettes Meisel
	25	Platte

Kalb

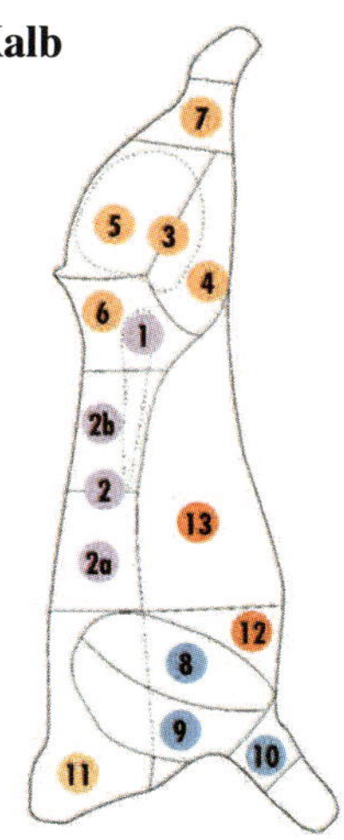

RÜCKEN	1	Filet
	2	Karree
SCHLÖGEL	3	Kaiserteil (Schale)
	4	Nuß
	5	Fricandeau
	6	Schlußbraten
	7	Hintere Stelze
SCHULTER	8	Dicke Schulter
	9	Dünne Schulter
	10	Vordere Stelze
HALS	11	Hals
BRUST	12	Brust
	13	Wammerl

Lamm

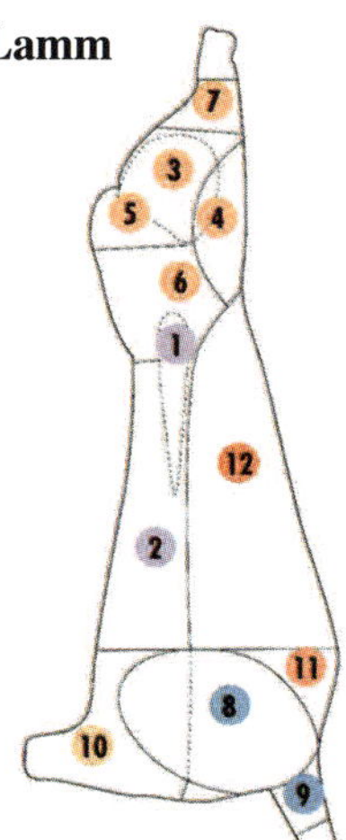

RÜCKEN	1	Filet
	2	Rücken
SCHLÖGEL		Schlögel
	3	Schale
	4	Nuß
	5	Fricandeau
	6	Schlußbraten
	7	Hintere Stelze
SCHULTER	8	Schulter
	9	Vordere Stelze
HALS	10	Hals
BRUST	11	Brust
	12	Bauchfleisch

g) Fleischreifung

• Begriff Fleischreifung

Während das Fleisch ablagert, wird es saftiger, zarter und aromatischer. Diese Veränderung des Fleisches wird als Fleischreifung bezeichnet.

• Chemische Vorgänge bei der Fleischreifung

Unmittelbar nach der Schlachtung ist das Fleisch weich. Die Muskelfasern sind aufgequollen und ihr Wasserbindungsvermögen ist noch intakt. Die Gliedmaßen sind noch gut bewegbar. Durch den Abbau von Glykogen (tierische Stärke) zu Milchsäure erfolgt eine Säuerung des Fleisches.

Mit zunehmender Säuerung verringert sich die Quellbarkeit und Löslichkeit des Muskeleiweißes und der Schlachtkörper geht in die Totenstarre über. In diesem Zustand ist das Fleisch trocken, zäh und schwer verdaulich. Die Zeitspanne bis zum Eintritt der Totenstarre (bei Rindern ca. 24 bis 30 und bei Schweinen ca. 12 bis 18 Stunden) hängt u. a. von der Kühltemperatur ab.

Auch die Behandlung der Tiere vor der Schlachtung beeinflusst den Zeitpunkt des Eintrittes der Totenstarre. Starke Ermüdung, Erhitzung oder Erregung der Tiere kurz vor der Schlachtung vermindert die Glykogenreserven und bewirkt eine ungenügende Säuerung (zu hoher End-pH-Wert) und damit einen raschen Eintritt der Totenstarre.

Mit der Lösung der Totenstarre, ca. 2 bis 3 Tage nach der Schlachtung, beginnt die eigentliche Reifung. Die gebildete Milchsäure bewirkt zusammen mit fleischeigenen Enzymen einen teilweisen Eiweißabbau sowie die Auflockerung bzw. Erweichung des Bindegewebes, und das Fleisch wird saftiger, zarter und aromatischer. Im Verlauf der Reifung steigt der pH-Wert auf ca.5,5 bis 6,2 an.

Die Reifungsdauer hängt von der Tierart, dem Alter der Tiere und vom jeweiligen Teilstück ab. Je älter das Tier war, umso länger muss das Fleisch reifen.

• Reifungsverfahren

Reifung durch Abhängen

Das Fleisch wird im Kühlraum unter folgenden Bedingungen gelagert:

- Temperatur: 0 bis 3 °C
- Relative Luftfeuchtigkeit: 85%
- Schwache Luftbewegung
- Dunkelheit (schützt vor Oxydation)

Das Abhängen bedeutet einen Gewichtsverlust, da ein Teil des im Fleisch enthaltenen Wassers verdunstet. In den ersten 24 Stunden rechnet man mit einem Gewichtsverlust von ca. 2%, für jeden weiteren Tag mit einem Gewichtsverlust von 0,5%.

Durchschnittliche Reifezeiten von Fleisch verschiedener Tierarten

Tierart	Reifedauer in Tagen
Geflügelfleisch	1
Kalbfleisch	3 bis 5
Schweinfleisch	4 bis 6
Lammfleisch	3 bis 5

Rindfleisch-Teilstück	Reifedauer in Tagen
Rindfleisch z. Kochen	4 bis 6
Rindfleisch z. Dünsten	7 bis 10
Rindfleisch zum (Kurz-) Braten	10 bis 14

Reifung durch Abhängen von Schlachthälften ist nur bis maximal 7 Tage möglich, wegen des Verderbes der Knochen.

Reifung in der Vakuumverpackung

Die so genannte Vakuumverpackung eignet sich für Fleischteilstücke bzw. bei der längeren Reifezeit von Rindfleisch. Man benötigt dazu ein Vakuumverpackungsgerät. Meist wird ein Vakuum von 85 bis 90% gezogen.

Die Vakuumreifung verlängert die Haltbarkeit und vermindert die Gewichtsverluste bei 2- bis 3-wöchiger Lagerung bzw. Reifung um durchschnittlich 1,5% gegenüber dem Abhängen.

• Fleischfehler

Kältestarre

(Tau-Rigor, cold shortening)

Durch sehr rasches Abkühlen des Fleisches nach der Schlachtung unter +10 °C kommt es zu einem Zusammenziehen der Muskelfasern, bevor die Fleischstarre eingetreten ist.

Das Fleisch bleibt dauernd zäh und hat nur wenig Geschmack.

Dem Auftreten der Kältestarre kann vorgebeugt werden durch die Durchführung der Schnellkühlung erst nach dem Eintritt der Totenstarre oder durch Behandlung der Schlachtkörper mit Stromstößen (Elektrostimulierung).

Empfehlung für die Kühlung von Rindfleisch (nach Kögel 1991)

Zeit nach der Schlachtung	Kühltemperatur °C	Kerntemperatur °C	Oberflächentemperatur °C
bis 10 Std	10	15–20	>10
10–24 Std.	6	>8	>6
über 24 Std.	3	3	3

DFD-Fleisch
Der Name kommt von den Anfangsbuchstaben der englischen Wörter **dark** (dunkel), **firm** (fest), **dry** (trocken).

Das DFD-Fleisch hat eine auffallend dunkelrote Farbe, eine festleimige Konsistenz und eine trockene Anschnittfläche. Der pH-Wert ist hoch (6,3 bis 6,8).
Dieser Qualitätsfehler tritt häufig auf, wenn die Schlachttiere vor der Schlachtung größeren Stressbelastungen (grober Umgang, länger dauernde Beunruhigung) ausgesetzt sind.

PSE-Fleisch
(Weißfleischigkeit, Fischfleischigkeit)
Der Name leitet sich von den englischen Wörtern **pale** (bleich), **soft** (weich) und **exudativ** (wässrig) ab, die das Aussehen und den Berührungseindruck des Fleisches bezeichnen.
Dieser Fehler entsteht durch einen mangelhaften Bau der Muskelzellen (genetisch bedingt), der bei Schweinen mit hohem Fleischanteil stärker verbreitet ist.
Durch eine schlechte Sauerstoffversorgung der Muskelzellen wird das Glykogen nur bis zur Milchsäure abgebaut. Wegen mangelhafter Durchblutung kann die entstandene Milchsäure aber nicht abtransportiert werden. Dies führt zu einer raschen Übersäuerung der Muskeln in den letzten Lebensstunden.
Die dabei entstehende Wärme steigert die Körpertemperatur bis zu 43 °C. Man spricht beim noch lebenden Tier vom Zustand der „Malignen Hyperthermie“ (frei übersetzt = bösartige Erhitzung mit der Folge der Muskeldegeneration = Bananenkrankheit).

Die angehäuften Milchsäuremengen senken den pH-Wert innerhalb von 45 Minuten nach der Schlachtung auf abnormale Werte wie z. B. 5,3.
Die Diagnose von PSE-Fleisch erfolgt durch die Messung des pH-Wertes 45 bis 60 Minuten nach der Schlachtung sowie eine Messung des Wassergehaltes der Muskulatur.

h) Innere Fleischqualität

Die innere Qualität von Fleisch ist mit dem Auge nur teilweise zu erkennen. Für den Verbraucher sind beim Fleischeinkauf Farbe, Struktur und Marmorierung die entscheidenden Kriterien. Andere wichtige Qualitätsmerkmale wie Safthaltevermögen, Zartheit, Geschmack und Inhaltsstoffe, auch Rückstandsarmut, Herkunft und Art der Haltung sind am zugeschnittenen Fleischstück nicht zu erkennen.
Die **Fleischfarbe** ist in erster Linie von der Fleischart und dem Alter des Schlachttieres abhängig. Generell gilt, bei jungen Tieren ist die Fleischfarbe heller, bei älteren dunkler.

Unerwünscht ist zu helle oder zu dunkle Farbe bei Kalbfleisch. Zu helle Farbe zeigt Eisenarmut an. Zu dunkle Farbe lässt Fleisch von älteren Tieren vermuten.
Bei Schaffleisch deutet zu dunkle Farbe auf Fleisch von älteren Tieren hin. Bei Schweinefleisch ist zu

dunkle Farbe ein Hinweis auf DFD-Fleisch. Blasses, wässrig aussehendes Schweinefleisch ist Anzeichen für PSE-Fleisch.
Die **Struktur** des Fleisches wird maßgeblich von der Dicke der Muskelfasern bestimmt. Hier spielt das Alter des Tieres und sein Geschlecht eine entscheidende Rolle. Das Fleisch von jungen Tieren (Kalb, Milchlamm, Ziegenlamm) ist feinfaserig, Jungstierfleisch ist gröber strukturiert als Kalbinnen- und Ochsenfleisch, Kuhfleisch ist grobfaseriger.
Die **Marmorierung** ist ein wichtiges Qualitätsmerkmal. Dünne Fettadern, die den Muskel durchziehen, beeinflussen maßgeblich die Genussqualität des Fleisches. Gut marmoriertes Fleisch ist zarter und saftiger als sehr mageres. Außerdem ist Fett Träger von Aroma- und Geschmacksstoffen.
Die Marmorierung (intramuskuläres Fett) ist abhängig vom Ausmästungsgrad des Tieres, aber auch vom Alter. Das Fleisch von jungen Tieren (Kalb, Lamm, Schwein) zeigt selten eine Marmorierung. Kalbin- und Ochsenfleisch ist öfter von dünnen Fettadern durchzogen als Jungstierfleisch.

Ein gutes **Safthaltevermögen** des Fleisches ist am trockenen Anschnitt zu erkennen. Fleisch mit hohem Saftaustritt weist keine gute Qualität auf.
Die **Zartheit** des Fleisches hängt, besonders beim Rind, in hohem Maße von der Reifedauer ab (siehe Tab.).

Ebenso beeinflusst der Bindegewebsgehalt die Zartheit des Fleisches, sehnenarme Muskeln sind zarter als sehnenreiche. Dies zeigt sich schon im Unterschied zwischen Fleisch aus der Keule und der Schulter.

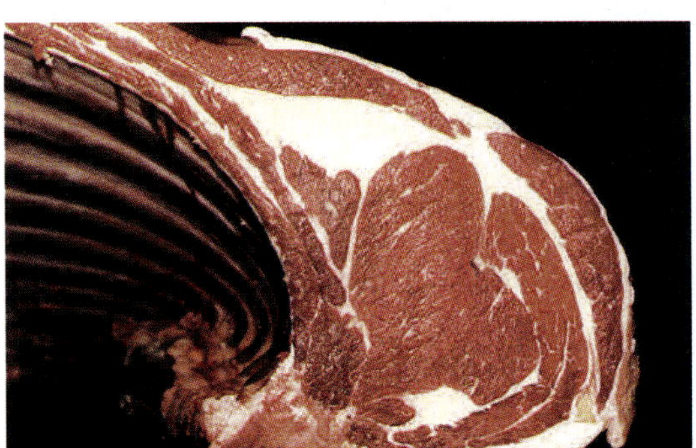

Fettgewebe und Fett im Fleisch

Auch mit genetischen Tests lassen sich heute der Anteil an intramuskulärem Fett oder die Zartheit des Fleisches bestimmen.

6.4.3 Sicherung der Fleischqualität

Der Gesundheits- und Verbraucherschutz ist ein sehr wichtiges Thema in der tierischen Veredelungswirtschaft.
Das moderne Qualitätsmanagement ist eine Prozesskette vom landwirtschaftlichen Erzeuger bis hin zum verkaufsfähigen Lebensmittel im Handel („from stable to table"), in der die Tiergesundheit, die Hygienekontrollen sowie die Lebensmittelüberwachung eine zentrale Rolle spielen.
Die Fleischqualität muss primär in Zusammenhang mit den äußeren Produktionsbedingungen wie Tierrasse, Fütterung, Haltung, Tiertransport, Schlachtprozess, Kühlung, Zerlegung und Reifung gesehen werden.
Fleisch verändert sich nach dem Schlachten im Gegensatz zu vielen anderen Lebensmitteln noch wesentlich in physikalischer und chemischer Hinsicht. Mit dem Ausbluten des Tieres wird die Sauerstoff- und Nährstoffzufuhr für die Muskelzellen unterbunden. Der Stoffwechsel dieser Muskelzellen geht innerhalb weniger Minuten vom aeroben (mit Sauerstoff) in den anaeroben (ohne Sauerstoff) Zustand über.

Markenfleischprogramme befriedigen zusätzliche Bedürfnisse oder Erwartungen im Umfeld der Produktion, die nicht immer direkt am Endprodukt allein messbar sind.

Um diese Kriterien sicherzustellen und – zumindest teilweise – messbar zu machen, werden **Qualitätskontrollen** auf verschiedenen Ebenen durchgeführt:

a) Amtliche Veterinärkontrollen

Während die amtliche Lebensmittelkontrolle und auch die Schlachttier- und Fleischuntersuchung noch heute primär als „Endkontrolle" zu sehen sind, wird durch mehrere neue Verordnungen die

Kontrolle zunehmend zu einem Instrument der Prüfung, Steuerung und Überwachung des gesamten Ablaufes. Bisher waren die Kontrollen durch die Fleischuntersuchungstierärzte auf Schlacht-, Zerlegungs- und Verarbeitungsbetriebe, Kühlhäuser und Brütereien beschränkt. Heute sind die Kontrollen sowohl auf Geflügelelterntierbetriebe und auf Betriebe ausgeweitet, in denen Tiere zur Fleischgewinnung gehalten werden, als auch auf Fleischabteilungen von Filialen der Handelsketten und von Direktvermarktern.
Somit ergibt sich also eine begleitende, steuernde Kontrolle des Lebensmittels Fleisch von der Entstehung in den Tierhaltungsbetrieben bis zur Übergabe an den Verbraucher. Die Häufigkeit dieser Kontrollen richtet sich nach den Mengen des be- oder verarbeiteten Fleisches, also nach der Größe der Betriebe.

- In gewerblichen Betrieben muss sämtliches Schlacht- und Stechvieh vor und nach der Schlachtung einer amtlichen Schlachttier- und Fleischuntersuchung unterzogen werden. Schweine unterliegen zusätzlich der Untersuchung auf Trichinen (Parasiten im Fleisch), die auch für den Menschen gefährlich sein können (Zoonose).
- Landwirte müssen bei Hausschlachtungen für den Eigenverbrauch nur Schlachtvieh der Beschau unterziehen. Bei Verkauf von Teilstücken und Fleischwaren sowie bei der Verköstigung von Personen ist jedoch in jedem Fall (auch für Stechvieh) eine Beschau notwendig (z. B. Buschenschank).
- Notschlachtungen müssen stets der Schlachttier- und Fleischuntersuchung sowie bakteriologischen Zusatzuntersuchungen im Labor unterzogen werden.

• Rückstandskontrollen

Die Lebensmittel tierischer Herkunft müssen gesundheitlich einwandfrei, daher auch frei von bedenklichen Rückständen sein. Der Landwirt bestätigt dies bereits mit dem Ausfüllen des Liefer- bzw. Viehverkehrsscheines. Umfassende Rückstandskontrollen, die sich aus verschiedenen Teilbereichen zusammensetzen, werden laufend an aktuelle Erfordernisse angepasst und gewährleisten diese Unbedenklichkeit (z. B. Stichprobenplan).

Das Auftreten von gesundheitlich bedenklichen Rückständen in Lebensmitteln tierischer Herkunft kann durch eine Vielzahl von Ursachen bedingt sein. Diese lassen sich in vermeidbare Ursachen, wie den Einsatz von Arzneimitteln, Futterzusatzstoffen, technischen Hilfs- und Konservierungsstoffen sowie von verbotenen Substanzen, und in bedingt vermeidbare Ursachen, wie unbeabsichtigte Verunreinigungen, einteilen.

➡ siehe Kap. 10, Rechtliche Grundlagen
Band 1, Seite 209

Amtliche Veterinärkontrollen:

1. Ergebnisse der Schlachttier- und Fleischuntersuchung:

Das Ergebnis der Untersuchung und Beurteilung des Fleisches nach der Schlachtung bezüglich der Verwendbarkeit des Fleisches als Lebensmittel ist vom zuständigen Fleischuntersuchungsorgan in jedem Fall je nach dem Ergebnis der Untersuchung durch einen der Ausdrücke „tauglich“, „tauglich nach Brauchbarmachung“ oder „untauglich“ zusammenzufassen und dem über das Fleisch Verfügungsberechtigten bekannt zu geben.
Das Fleisch darf jedoch nur dann als tauglich oder tauglich nach Brauchbarmachung erklärt werden, wenn die Untersuchung ein sicheres Urteil ermöglicht.
Fleisch, das nach lebensmittelrechtlichen Vorschriften nicht als Lebensmittel in Verkehr gebracht werden darf, ist als untauglich zu beurteilen und entsprechend zu kennzeichnen.
Fleisch, das als tauglich nach Brauchbarmachung beurteilt wurde, darf als Lebensmittel nur dann in Verkehr gebracht werden, wenn es einem zulässigen Verfahren unterworfen wurde.
Die Kennzeichnung des Fleisches ist mit Stempel und Farbe vorzunehmen. Fleisch, das noch nicht endgültig beurteilt oder gekennzeichnet werden kann, ist vorläufig durch Anbringen von Zetteln mit der Aufschrift „Beanstandet“ zu kennzeichnen.
Untersuchungskennzeichen sind öffentliche Beglaubigungszeichen.

2. Stempelabdruck zur Tauglichkeitskennzeichnung am Schlachtkörper für EU-weites Inverkehrbringen und für den regionalen Markt.

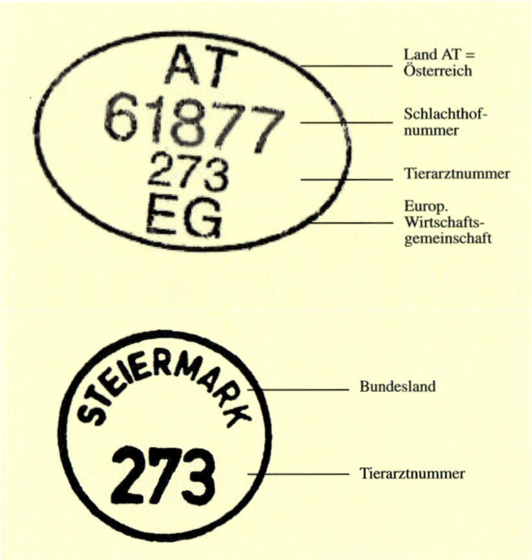

b) AMA-Überwachungssystem für das Herkunfts- und Gütezeichen

Übergeordnete Überwachung durch internationales Kontrollunternehmen

1. Kontrolle	**2. Kontrolle**	**3. Kontrolle**	**4. Kontrolle**	
beim BAUERN	beim SCHLACHTHOF	bei der VERARBEITUNG	beim FLEISCH-VERKAUF	KONSUMENT
durch die Agrarmarkt Austria: ab der Geburt des Tieres	durch den Klassifizierungs-dienst der Länder: Prüfung und Kennzeichnung	durch externe Kontrollunter-nehmen: ständige Überwachung der Fleischzerlegung	durch den Verein für Konsu-menteninformation: direkte Überprü-fung im Geschäft	
VERTRÄGE MIT DER GÜTEZEICHENVERGABESTELLE				

c) Übersicht über die Kontrollen vom Bauernhof bis ins Verkaufsgeschäft

Kontrollen vom Bauernhof bis ins Verkaufsgeschäft			gesetzlich vorgeschrieben	zusätzliche Kontrollen	
	was wird kontrolliert	wer kontrolliert		Herkunfts- & Qualitätsprogramme	Biofleisch
BAUERNHOF	Tierkennzeichnung	AMA / Amtstierärzte	✔		
BAUERNHOF	Rückstände von Arzneimitteln	Amtstierärzte / amtl. Tierärzte	✔		
BAUERNHOF	Einhaltung von Tierschutzbestimmungen	Amtstierärzte / amtl. Tierärzte	✔		
BAUERNHOF	Einsatz unerlaubter Futtermittel	Amtstierärzte / amtl. Tierärzte	✔		
BAUERNHOF	Gesundheitszustand von Tieren bei Export und Import	Amtstierärzte / amtl. Tierärzte	✔		
BAUERNHOF	Anforderungen bei Bio	Biokontrollstellen			✔
BAUERNHOF	Verbot von Leistungsförderern bei AMA-Gütesiegel	beauftragte Kontrollstellen		✔	
SCHLACHTBETRIEB	Betriebsevaluierung, Hygiene	Amtstierärzte	✔		
SCHLACHTBETRIEB	Schlachttier- und Fleischuntersuchung	Amtstierärzte / Fleischuntersuchungstierärzte	✔		
SCHLACHTBETRIEB	Qualitätsklassen	Klassifizierungsdienste	✔		
SCHLACHTBETRIEB	Schlachtkörperidentifizierung und -kennzeichnung	Klassifizierungsdienste	✔	✔	✔
SCHLACHTBETRIEB	Angaben der fakultativen Rindfleischkennzeichnung	Ziviltechniker* / ABG* etc.		✔	✔
SCHLACHTBETRIEB	Betriebsabnahme bei AMA-Gütesiegel	Joanneum Research*		✔	
ZERLEGEBETRIEB	Betriebsevaluierung, Hygiene	Amtstierärzte	✔		
ZERLEGEBETRIEB	Angaben der obligatorischen Rindfleischkennzeichnung	Amtstierärzte / Fleischuntersuchungstierärzte	✔		
ZERLEGEBETRIEB	Angaben der fakultativen Rindfleischkennzeichnung	Ziviltechniker* / ABG* etc.		✔	✔
ZERLEGEBETRIEB	Zerlegung, Verpackung und Kennzeichnung bei AMA-Gütesiegel	beauftragte Kontrollstellen Ziviltechniker*		✔ ✔	
GESCHÄFT	Hygiene, Lebensmittelgesetz	Lebensmittelaufsicht	✔		
GESCHÄFT	Angaben der obligatorischen Rindfleischkennzeichnung	Lebensmittelaufsicht	✔		
GESCHÄFT	Angaben der faktultativen Rindfleischkennzeichnung	Ziviltechniker* / ABG*etc.		✔	✔
GESCHÄFT	Hygiene und Kennzeichnung bei AMA-Gütesiegel	Ziviltechniker*, VKI*		✔	

* beauftragte Kontrollstellen

Milchwirtschaft

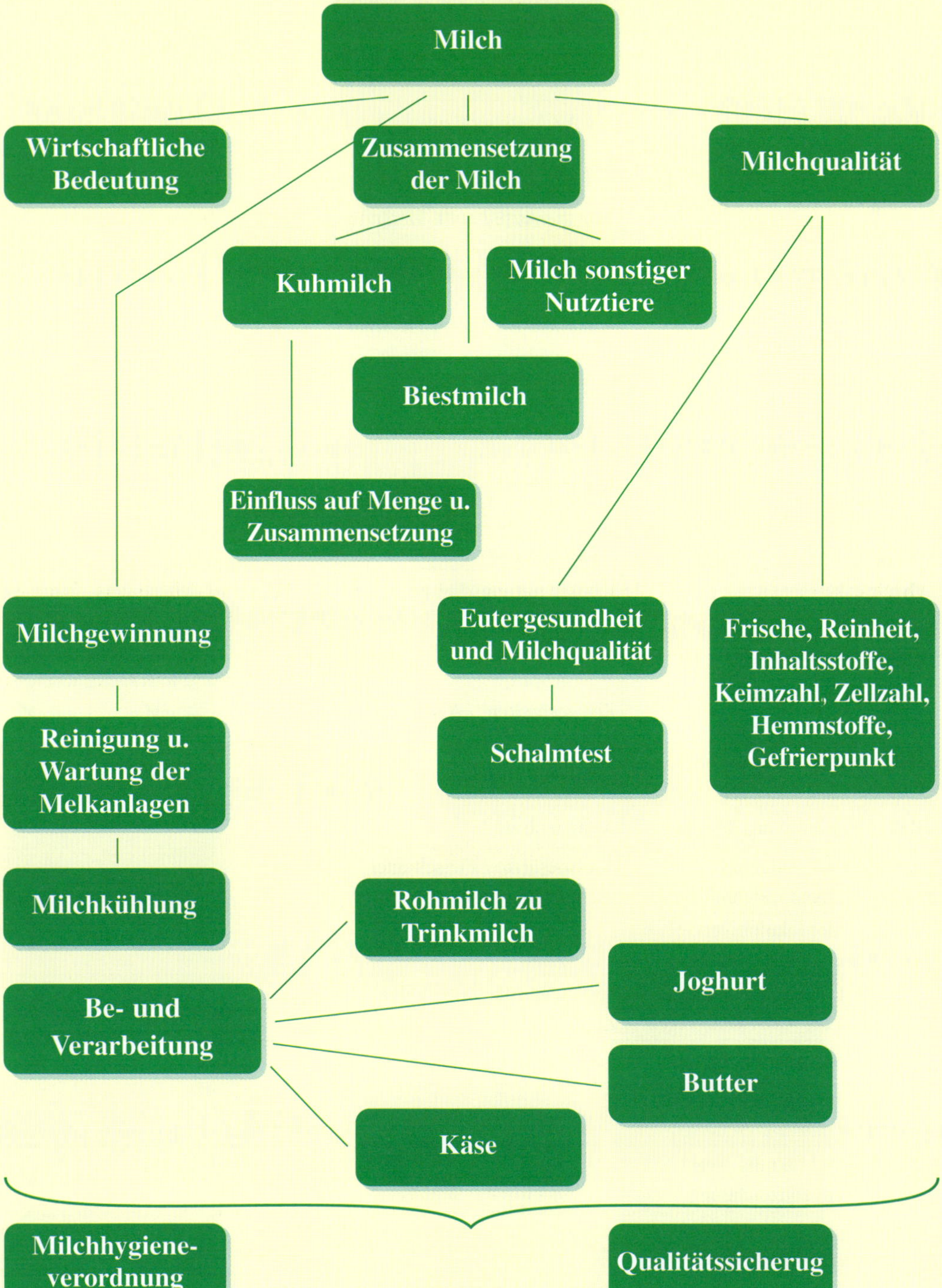

7. Milchwirtschaft

Milch ist die einzige ausgewogene Nahrung, die uns Menschen vom großen Chemiker da oben zugewiesen ist!
Edison

7.1 Wirtschaftliche Bedeutung der Milcherzeugung

Die Milcherzeugung ist im Rahmen der Rinderhaltung der bedeutendste Produktionszweig der tierischen Produktion und trägt wesentlich zur Erhaltung der österreichischen Kulturlandschaft bei.

In Österreich werden insgesamt ca. 3,1 Mill. Tonnen Milch erzeugt, davon ca. 2,6 Mill. Tonnen an Molkereien und Käsereien geliefert und dort veredelt.

7.2 Begriff der Milch

Unter Milch im landläufigen Sinne (und lebensmittelrechtlich) versteht man Kuhmilch.

Die Milch anderer weiblicher Säugetiere oder Mischungen der Milch verschiedener Tierarten müssen im Handel besonders gekennzeichnet sein (Ziegenmilch, Schafmilch, Stutenmilch bzw. Mischmilch von Schaf und Kuh).

Im rechtlichen Sinne ist Milch das durch regelmäßiges, vollständiges Ausmelken des Euters gewonnene und gründlich durchmischte Gemelk von Kühen, dem nichts zugefügt und nichts entnommen wurde.

7.3 Zusammensetzung der Milch

7.3.1 Kuhmilch (Rohmilch) – durchschnittliche Werte

87% Wasser	**4,0% Milchfett**
	3,5% Milcheiweiß (davon 2,8% Kasein)
	4,8% Milchzucker
13% Trockenmasse	**0,7% Mineralstoffe, Vitamine und Wirkstoffe**

a) Milchfett

Dieses besteht aus Triglyzeriden, an deren Aufbau vielfältige Fettsäuren beteiligt sind. Es ist eines der hochwertigsten, vollkommensten Nahrungsfette.
Das Milchfett ist in Form kleiner Kügelchen, die von einer Cholesterin- und Lezithinhülle umgeben sind, in der Milch schwebend enthalten. Da Fett leichter als Wasser ist, rahmt die Milch bei längerem Stehenlassen auf. Milchfett nimmt leicht Fremdgeruch und Fremdgeschmack an. Die fettlöslichen Vitamine sind im Milchfett enthalten.
Wenn im Melkzeug bzw. im Trutester (Gerät zur Milchleistungskontrolle) eine sehr intensive Wirbelbildung entsteht, kann es in der Milch zur Bildung freier Fettsäuren kommen, die das Ergebnis der Milchfettbestimmung verfälschen können.

b) Milcheiweiß

Es ist biologisch von höchster Wertigkeit und damit für die Ernährung der wichtigste Bestandteil der Milch. Milcheiweiß setzt sich aus ca. 80 bis 85% Kasein und zu 15 bis 20% aus Albumin und Globulin zusammen.
Das **Kasein** ist der Grundstoff für die Käseherstellung. Es liegt in gequollenem Zustand in der Milch vor und verursacht deren Zähflüssigkeit und weiße Färbung. Kasein kann durch Lab (Ferment des Magens) oder durch Säuren zur Gerinnung gebracht werden.
Eine spezielle Form des Kaseins ist das Cappa-Kasein-B. Dieses begünstigt die Verwertung des Käsestoffs bei der Käseherstellung. Cappa-Kasein-B ist genetisch bedingt z. B. bei Fleck- und Braunvieh häufig vorhanden. Bei der HF-Rasse ist es seltener. Es stellt ein wichtiges Kriterium bei der Auswahl der Stiere (Cappa-Kasein-B-Vererber) dar.
Das **Albumin** ist in der Milch gelöst und gerinnt mit Säure erst über 70 °C, mit Lab überhaupt nicht.
Das **Globulin** ist nur in Spuren vorhanden. Die Biestmilch allerdings enthält bis zu 8% Globulin (Immunstoffträger).

c) Milchzucker (Laktose)

Dieser ist in der Milch in gelöster Form vorhanden und wirkt allgemein verdauungsfördernd. Milchsäurebakterien vergären Milchzucker unter bestimmten Voraussetzungen zu Milchsäure. Bei der Käseherstellung bleibt der Milchzucker in der Molke.

d) Mineralstoffe

Milch enthält fast alle lebenswichtigen Mineralsalze in bedarfsgerechtem Verhältnis und in ausreichender Menge. Dies betrifft vor allem Ca, P und Mg. In geringeren Mengen sind Cu, J, Fe, S, Mn, Al, Zn, Bor, Strontium und Silizium vorhanden.

e) Vitamine

Alle fettlöslichen Vitamine und Vitamin B sind normalerweise reichlich vorhanden. Die Fütterung beeinflusst den Vitamingehalt der Milch. Dies betrifft besonders das Beta-Carotin (jahreszeitabhängig).

f) Wirkstoffe

Neben den Vitaminen sind noch vielerlei Wirkstoffe in der Milch enthalten.

Fettfreie Trockenmasse
Darunter versteht man die Prozentsumme der Milchinhaltsstoffe Eiweiß, Laktose und Mineralstoffe.
Die ffr. TM stellt für manche Be- und Verarbeitungsbetriebe ein Kriterium für die Bezahlung der Rohmilch dar.

7.4 Biestmilch (Kolostralmilch oder Kolostrum)

→ Siehe Kap. 11.2.6, Aufzuchtkälber
Band 2, Seite 68

Darunter versteht man die Milch der ersten 7 Tage nach dem Abkalben.

Die **Zusammensetzung** der Kolostralmilch ist auf die Bedürfnisse des Kalbes abgestimmt und wird durch folgende Eigenschaften charakterisiert:
- Sie ist gelblich, dickflüssig und klebrig.
- Sie enthält Nährstoffe in besonders leicht verdaulicher Form.
- Das Erstgemelk enthält 17 bis 18% Eiweiß, davon über die Hälfte Globuline, insbesondere Gamma-Globuline (Immunstoffe).

Die Biestmilch darf die ersten sieben Tage nach der Abkalbung nicht an die Molkerei geliefert werden!

7.4.1 Einflüsse auf Menge und Zusammensetzung der Milch

Ganz allgemein ist die Leistungsbereitschaft eines Tieres sowie der Anteil der wertbestimmenden Inhaltsstoffe der Milch (Fett, Eiweiß, Mineralstoffe, Vitamine) von Erbanlagen und Umwelteinflüssen abhängig.
Nur unter optimalen Umwelteinflüssen kann ein Tier sein ererbtes Leistungspotenzial ausschöpfen.

Im Speziellen können folgende Einflussfaktoren erkannt werden:

- Fütterung: → Siehe Kap. 11.2.5, Milchvieh, Band 2, Seite 57

- Gesundheit: Mängel in der Gesundheit und gestörtes Wohlbefinden, wie Verdauungsstörungen, Klauenerkrankungen, Fundamentschwächen, Schwergeburten etc., bewirken fast immer Leistungseinbußen.

- Brunst: Brünstige Kühe halten oft einen Teil der Milch beim Melken zurück. Häufig ist dabei ein negativer Einfluss auf den Gehalt an Inhaltsstoffen feststellbar.

- Hohe Leistung: Häufig ist bei sehr hohen Leistungen vornehmlich bei Erstlingskühen ein geringerer Gehalt an Milchinhaltsstoffen feststellbar.

- Laktationsverlauf: Mit absinkender Milchmenge im Laktationsverlauf steigt in der Regel der Gehalt an Milchinhaltsstoffen.

- Dauer der Trockenperiode: Eine zu kurze Trokkenperiode (unter 6 Wochen) wirkt auf die Milchleistung in der nächsten Laktation eindeutig negativ. Verlängerte Trockenperioden (über 8 Wochen) bewirken keinen positiven Einfluss.

- Melkarbeit: Sehr großen Einfluss auf Milchmenge und Inhaltsstoffe der Milch hat die Melkarbeit. Schlampiges Melken wirkt sich negativ auf die Milchqualität aus. Schlechtes Ausmelken ergibt deutliche Einbußen beim Milchfettgehalt. Die am Ende einer Melkung gewonnene Milch weist einen Fettgehalt von bis zu 16% auf.

- Melkzeiten: Bei gleichem Abstand zwischen Morgen- und Abendmelken bleiben Milchmenge und Milchinhaltsstoffe bei jeder Melkung ziemlich gleich. Wird der Melkabstand größer, ist bei der nächsten Melkung mehr Milch mit geringerem Gehalt an Inhaltsstoffen zu erwarten. Bei verkürztem Abstand verhält es sich umgekehrt.

- Beunruhigung: Jede Form der Beunruhigung der Tiere hat nachteiligen Einfluss auf Milchmenge und Milchinhaltsstoffe bei der nächsten Melkung.

- Witterung: Es ist bekannt, dass sowohl feuchtkaltes als auch extrem heißes Wetter das Wohlbefinden der Tiere, den Futterverzehr und damit die Milchproduktion negativ beeinflusst. Heiße Witterung wirkt sich besonders negativ auf die Milchfettbildung aus.

7.4.2 Milch sonstiger Nutztiere

Ziegenmilch ist der Zusammensetzung nach der Kuhmilch am ähnlichsten. Sie wird sowohl als Trinkmilch verwendet, als auch zu Butter und Käse verarbeitet. Bei einseitiger Ernährung können Anämien (Blutarmut) auftreten, da sie weniger Eisen, Kupfer und Folsäure enthält.

Schafmilch ist reicher an Fett, Eiweiß und Trockenmasse als Kuh- und Ziegenmilch. Fett und Eiweiß sind für den menschlichen Organismus besonders gut verträglich. Frische Schafmilch wird für Kinder, die Kuhmilch nicht vertragen, bereits von vielen Ärzten empfohlen.

Stutenmilch hat einen relativ hohen Gehalt an Milchzucker und schmeckt daher süßlich.

Zusammensetzung der Milch (Angabe in %)

Trockenmasse	Ziege	Schaf	Stute	Kuhmilch
Trockenmasse, davon:	12,0	17,0	9,5	13,0
Milchfett	3,5	6,7	1,0	4,0
Milcheiweiß (davon Kasein)	3,0 (2,3)	5,0 (4,2)	2,0 (1,3)	3,5 (2,8)
Milchzucker	4,7	4,4	6,1	4,8
Mineralstoffe, Vitamine	0,8	0,9	0,4	0,7

7.5 Milchqualität

Gute Rohmilchqualität ist Voraussetzung für die Herstellung qualitativ hochwertiger Rohmilchprodukte.

Auswirkungen bester Milchqualität:
- Höchster Auszahlungspreis
- Möglichkeit der Verarbeitung zu hochwertigen Milchprodukten
- Zufriedene Milchkunden bei der Direktvermarktung

Auswirkungen schlechter Milchqualität:
- Niederer Auszahlungspreis durch Verlust von Qualitätszuschlägen
- Lieferverbot bei wiederholtem Überschreiten der Grenzwerte und damit im Zusammenhang stehende finanzielle Einbußen
- Probleme bei der Herstellung von Milchprodukten und verminderte Qualität
- Absatzrückgang bei der Direktvermarktung durch unzufriedene Kunden

7.5.1 Kriterien der Rohmilchqualität und Milchuntersuchungen

Alle Laboruntersuchungen erfolgen in molkereiunabhängigen Gebietslaboratorien.
Milch ist das am besten untersuchte Lebensmittel!

Kriterien	Kontrollen
Frische	
Milch ist ein sehr leicht verderbliches Produkt. Sie muss nach einwandfreier Gewinnung rasch der Behandlung oder Verarbeitung zugeführt werden. Bei nicht fachgerechter Behandlung oder Lagerung verändert sich Rohmilch rasch. Die Milchsäurebakterien vermehren sich, verwandeln Milchzucker in Milchsäure und der pH-Wert sinkt; die Milch wird ansauer (stichig) und schließlich sauer. Aber auch vielerlei andere Keime wie Schimmelpilze, Schleimbildner etc. können die Milch verändern.	Die Verarbeitungsbetriebe übernehmen nur frische Milch vom Landwirt. Es ist daher notwendig, die Rohmilch auf mindestens 6 °C bei zweitägiger Abholung und auf mindestens 8 °C bei täglicher Sammlung zu kühlen. Bei der Beförderung gekühlter Milch darf eine Temperatur von maximal 10 °C erreicht werden. Der pH-Wert frischer Rohmilch ist: 6,6 bis 6,8 (unter 6,6 = ansauer; unter 6,5 = sauer)
Reinheit (Sauberkeit)	
Milch muss möglichst sauber gewonnen und sofort nach dem Melken gefiltert werden. Bei Rohrmelkanlagen muss der Filter nach jedem Melken entfernt und vor jedem Melken ein neuer Filter eingesetzt werden.	
Inhaltsstoffe	
Fettgehalt Er ist fütterungs- und rassebedingt. Der durchschnittliche Fettgehalt lag 2007 bei 4,18% (Zucht-Data – Rinderdatenverbund, Österreich) und bei 4,06 % in der EU. *Eiweißgehalt* Der durchschnittliche Eiweißgehalt lag 2007 bei 3,41%.	Der **Fettgehalt** wird mindestens **3-mal im Monat** festgestellt. Grundlage für die Bewertung bildet das auf Hundertstelprozent gerundete arithmetische Mittel der Untersuchungsergebnisse. Der **Eiweißgehalt** wird mindestens **3-mal im Monat** festgestellt. Grundlage für die Bewertung bildet das auf Hundertstelprozent gerundete arithmetische Mittel der Untersuchungsergebnisse. (Bei fehlenden Proben gilt das arithmetische Mittel der vorhandenen Ergebnisse bzw. das Ergebnis einer einzigen Probe als Auszahlungsgrundlage. Liegt überhaupt kein Ergebnis vor, ist die Auszahlung auf der Basis des Durchschnitts des Abnehmers der letzten Monate vorzunehmen.)

Kriterien	Keimzahl (KZ)	Kontrollen

Die Keimzahl ist ein Maß für die Sauberkeit und Sorgfalt beim Melken, Kühlen und Reinigen der milchberührenden Oberflächen (Hygiene).
Die Milch in einem gesunden Euter ist keimfrei. Bei der Passage des Strichkanals kann die Milch mit bis zu 1.000 Keimen je ml belastet werden. Durch mangelhafte Reinigung der Zitzen ist ein Ansteigen bis auf 10.000 Keime je ml Milch möglich. Jede Kontamination mit Schmutz, Staub, Milch- und Kotresten auf dem Weg der Milch vom Euter bis zum Kühlgefäß infiziert sie mit Keimen der verschiedensten Arten. Eine besonders gefährliche Infektionsquelle sind alte, abgebrauchte Gummiteile der Melkeinrichtungen.

Keimzahluntersuchungen werden **mindestens 2-mal im Monat** durchgeführt.
Grundlage für die Bewertung (zur Errechnung des Auszahlungspreises) bildet das arithmetische Mittel aus den Keimzahlwerten des Abrechnungsmonats.
Liegt dieser Wert (gemäß Milchhygienerecht) über dem festgelegten Grenzwert der Bewertungsstufe 1, so ist das geometrische Mittel des Abrechnungsmonats und des vorangegangenen Monats (vierte Wurzel aus dem Produkt der vier Untersuchungswerte) als Bewertung für die Bewertungsstufe 1 dann heranzuziehen, wenn das Ergebnis noch die Bewertungsstufe 1 ergibt.

Bewertungsstufen Keimzahl:

Stufe S (S-Klasse)	bis	50.000 pro ml
Stufe 1	bis	100.000 pro ml
Stufe 2	über	100.000 pro ml

Zellzahl [Somatische Zellen] (ZZ)

Die Zellzahl ist ein Maß für die Eutergesundheit.
Die ZZ der Milch eines gesunden Euters liegt zwischen 20.000 und 125.000 je ml.
Dieser Wert ist normal und bedingt durch abgestoßene Zellen aus dem Eutergewebe, welche in die Milch gelangen. Gegen Ende der Laktation erfolgt ein vermehrter Abbau von Drüsengewebe, was einen höheren Zellgehalt bewirkt.
Die Milch euterkranker Kühe enthält einen erhöhten Zellgehalt (vermehrt weiße Blutkörperchen und oft auch krankheitserregende Mikroorganismen). Solche Milch kann auch eine veränderte Zusammensetzung aufweisen.
Bei Schwierigkeiten mit der Eutergesundheit sollte der Tierarzt zu Rate gezogen werden. Zur Feststellung des Zellgehaltes in der Milch bietet der **Schalmtest** (siehe Seite 128) eine gut brauchbare Kontrollmöglichkeit.
Milch mit erhöhtem Zellgehalt darf nicht an die Molkerei geliefert werden.

Zellzahluntersuchungen werden mindestens **2-mal im Monat** durchgeführt.
Grundlage für die Bewertung bildet das arithmetische Mittel im Abrechnungsmonat.
Liegt dieser Wert über dem festgelegten Grenzwert der Bewertungsstufe 1, so ist das geometrische Mittel des Abrechnungsmonats und des vorangegangenen Monats (vierte Wurzel aus dem Produkt der vier Untersuchungswerte) als Bewertung für die Bewertungsstufe 1 dann heranzuziehen, wenn das Ergebnis noch die Bewertungsstufe 1 ergibt.

Bewertungsstufen Zellzahl:

Stufe S (S-Klasse)	bis	250.000 pro ml
Stufe 1	bis	400.000 pro ml
Stufe 2	über	400.000 pro ml

Zur Beurteilung des Zellgehaltes der Einzelkuh kann das Ergebnis der Zellzahluntersuchung im **Monatsbericht der Landeskontrollverbände** herangezogen werden.

Hemmstoffe

Hemmstoffhaltige Milch stammt zum Großteil von mit Antibiotika und Tierarzneimitteln behandelten Kühen und führt zu Störungen besonders bei der

Hemmstoffproben werden **mindestens 1-mal im Monat** durchgeführt.
Liegt ein hemmstoffpositives Ergebnis vor, wird

Herstellung von Sauermilchprodukten und Käse. Daher sind behandelte Kühe zu kennzeichnen und als Letzte zu melken. Ihr Gemelk darf nicht an die Molkerei geliefert werden. Wartefristen bei Medikamenteneinsatz müssen unbedingt eingehalten werden! 15 kg Hemmstoffmilch können 370.000 kg Milch verderben! Schäden können auch durch leichtfertigen Umgang mit Chemikalien (Parasitenbekämpfung, Reinigung, Desinfektion) und bei Verfütterung von verdorbenem Futter und Verwendung einer kontaminierten Einstreu (z. B.: Sägespäne von chemisch behandeltem Holz) entstehen.

die angelieferte Milch des ganzen Monats als hemmstoffhaltig eingestuft. Der Milcherzeuger ist so lange von der Lieferung auszuschließen, bis er den Nachweis der Hemmstofffreiheit seiner Milch erbringt. Für den Nachweis der Hemmstofffreiheit müssen die Proben von dazu befugten Personen gezogen und von einem autorisierten Labor – Milchprüfring, Bundesanstalt für Milchwirtschaft in Rotholz (Tirol), staatliche Lebensmitteluntersuchungsanstalten in den Landeshauptstädten, Qualitätslabor der AMA in Wien – untersucht werden. Der Abschlag entspricht der Summe der im Liefervertrag vereinbarten höchsten Abzüge bei KZ und ZZ. Außerdem können die Milchabnehmer Schadenersatzleistungen von den Milcherzeugern fordern.

Gefrierpunkt

Die Gefrierpunktfeststellung dient zum Nachweis über das Freisein von Fremdwasser.

Der **Gefrierpunkt** wird **mindestens 1-mal im Monat** kontrolliert. Der Grenzwert von -0,515 °C darf nicht überschritten werden.
Abweichungstoleranz: 0,004 °C
Daher besteht bereits ab einem Wert von -0,510 °C Verdacht auf Fremdwasser in der Anlieferungsmilch. Verwässerte Milch darf nicht übernommen werden.

Geruchs- und Geschmacksfehler

Unerwünschte Geruchs- und Geschmacksstoffe in der Rohmilch gehen zumeist auf Fütterungsfehler, mangelhafte Stallhygiene oder schlechte Lagerung zurück.

• S-Klasse

Für die Einstufung in diese Bewertungsstufe dürfen die Grenzwerte von 50.000 Keime/ml Milch bei der Keimzahl und 250.000 Zellen/ml Milch bei der Zellzahl nicht überschritten werden.
Wenn die Milch im Untersuchungsmonat auch nur vorübergehend nicht verkehrsfähig ist, eine hemmstoffpositive Probe vorliegt oder Fremdwasserzusatz festgestellt wird, kann eine Einstufung in die Bewertungsstufe S oder 1 nicht erfolgen.

• Qualitätsabzüge

Für die Monatslieferung der Milch eines Milcherzeugers, die in einem Qualitätskriterium nicht mindestens der Bewertungsstufe 1 entspricht, sind Qualitätsabschläge vorzunehmen. Die Höhe der Qualitätsabschläge ist im Milchgeldanlageblatt des zuständigen Abnehmers bekannt gemacht.
Milch mit positivem Hemmstoffnachweis sowie mit Fremdwasserzusatz ist nicht verkehrsfähig und darf nicht übernommen werden. In diesem Fall werden für die ganze Monatslieferung Abschläge berechnet.

7.5.2 Maßnahmen für Eutergesundheit und Qualitätsmilch-erzeugung

- Selektion auf eutergesunde Kühe
- Durchführen des Schalmtests bei allen Kühen einmal monatlich, um beginnende Erkrankungen festzustellen.

Praktische Durchführung des Schalmtests

Vor dem Melken aus jedem Viertel die ersten Milchstrahlen in die entsprechenden Schalen der Schalmtestplatte melken. Vollmelken ist wichtig, weil dadurch bessere Durchschnittswerte der Milch erzielt werden.

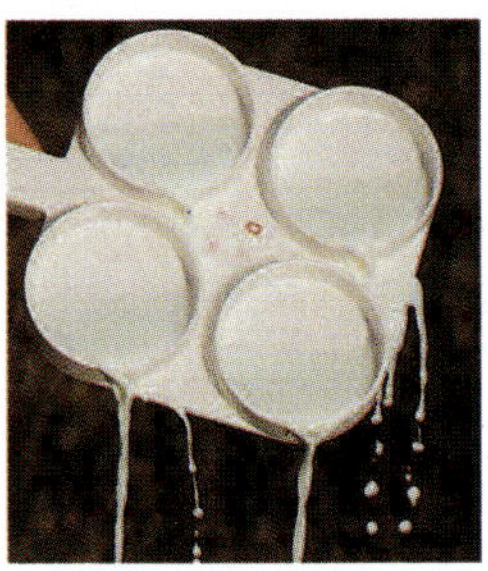

Kippen der Testschalen, um überschüssige Milch bis auf ca. 2 ml je Schale abzugießen. Vorsicht beim Abgießen, dass die Milch in den Schalen nicht vermischt wird.

Versetzen der verbleibenden Milchmengen mit ca. derselben Menge des Schalmtest-Indikators.

Schwenken der Schale, um gute Durchmischung zu erreichen, und Ablesen der Reaktion.

Beurteilung

Negativ (-):	Unverändert flüssig; Zellgehalt **normal**
Schwach positiv (+):	Gemisch wird schlierig; Zellgehalt **erhöht**
Positiv (++):	Gemisch schleimig und bewegt sich nur langsam; Zellgehalt **deutlich erhöht**
Stark positiv (+++):	Zähschleimig bis gallertig; Zellgehalt ist **stark erhöht**

Bei positiver Reaktion bestens ausmelken und den Test nach einigen Tagen wiederholen. Sollte sich wieder eine positive Reaktion zeigen, dann ist eine **bakteriologische Untersuchung** zu empfehlen.
➡ Siehe Kap. 11.4.2, Mastitis
Band 2, Seite 153

Maßnahmen

- Alle euterkranken Kühe gezielt zum Zeitpunkt des Trockenstellens vom Tierarzt über den Eutergesundheitsdienst behandeln lassen.
- Vermeiden von Schadstoffen im Futter. Mit Schadstoffen behaftetes Futter darf an kein Tier verfüttert werden.
- Größte Sauberkeit bei allen Geräten und Einrichtungen, die mit der Milch in Berührung kommen. Ganz besonders zu achten ist auf alle Gummiteile und alle Bestandteile, auf welchen durch nicht glatte Oberflächen Schmutz und Milchreste etc. leicht haften bleiben.
- Sauberkeit bei den Kühen ganz allgemein und speziell am Euter zum Zeitpunkt der Milchgewinnung. Ein Abscheren der oft längeren Euterbehaarung trägt viel zur leichteren Sauberhaltung bei.
- Sauberes, staubfreies, immer frisch durchlüftetes Milieu während der Milchgewinnung im Stall.
- Vermeiden von Staub- u. Schmutzeinwirkung beim Transport der Milch von der Kuh bis zur Lieferung.
- Rascheste Abkühlung und andauernde Kühlhaltung der Milch bis zur Lieferung (Übernahme) auf die erforderliche Kühltemperatur.

7.6 Milchgewinnung

7.6.1 Voraussetzungen für eine hygienische Milchgewinnung

a) Anforderungen an das Melkpersonal

- Gesundheit
Freisein von übertragbaren Infektionskrankheiten bzw. Krankheitskeimausscheidungen. Eventuell vorhandene Wunden an Händen oder Unterarmen müssen mit einem wasserfesten Schutzverband abgedeckt sein.

Reinigung der Hände

- Körperhygiene
Vor dem Melken sind die Hände und Unterarme gründlich zu reinigen. Fingernägel müssen kurz geschnitten und sauber sein. Auf eine zweckdienliche, immer saubere Kleidung ist zu achten. Auch eine Kopfbedeckung soll getragen werden.

- Melkkenntnisse und gewissenhafte Melkarbeit
Wichtige Grundsätze zur hygienischen Milchgewinnung sind: Melkzeiten und Melkregeln einhalten, ruhiger Umgang mit den Kühen und Hygienevorschriften beachten.

b) Anforderungen an die Kühe

- Gesundheit
Von kranken Kühen oder bei Verdacht auf Krankheit darf die Milch nicht an die Molkerei geliefert werden.

- Zweckmäßige Euterformen und entsprechende Melkbarkeit.

- Sauberkeit
Auf regelmäßige Viehpflege sowie auf Sauberkeit des Euters ist zu achten.

c) Anforderungen an die Milchkammer

- Sie soll keine direkte Verbindung zum Stall haben (Luftschleuse) und nicht in der Nähe von Silos und Düngerstätten platziert sein.

- Sie soll für den Abtransport der Milch günstig angeordnet sein (Zufahrtmöglichkeit für Lastkraftwagen).

- Durch ausreichende Dimensionierung und zwekkmäßige Anordnung der Einrichtung muss ein geregelter Arbeitsablauf gewährleistet sein. Die Mindestgröße liegt bei 8 m^2.

- Sie muss frostsicher, gut belüftet und ausreichend beleuchtet sein.

- Elektroanschlüsse sowie Anschlüsse für Kalt- und Warmwasser müssen der Einrichtung entsprechend angeordnet sein.

- Wände und Boden müssen einen leicht abwaschbaren, säurefesten Belag (Fliesen, Anstrich) aufweisen.

- Der Wasserabfluss im Boden muss geruchsicher ausgeführt sein.

- Zum Reinigen der milchführenden Oberflächen muss ausreichend Wasser verwendet werden. Die Ausrüstungsoberflächen, die mit Milch in Berührung kommen (z.B. Melkgeschirr, Milchtank) müssen leicht zu reinigen sein. Zur Vermeidung von Verunreinigungen ist erforderlichenfalls Trinkwasser oder sauberes Wasser zu verwenden. Für Milcherzeuger mit Direktvermarktung gelten diesbezüglich spezielle Anforderungen laut Hygienebestimmungen für Direktvermarkter.
(Quelle: Janko, Mathias: Das neue Milchhygienerecht)

d) Anforderungen an die Melkanlage

- Melkanlagen, die vor dem 01.12.2003 in Betrieb genommen wurden, müssen der ÖNORM 5260 entsprechen. Für Melkanlagen die nach dem 01.12.2003 erstmontiert (= Neuanlagen) wurden, gilt die ÖNORM/ISO 5707.

- Die einwandfreie Funktion der Melkanlage soll mit Hilfe der technischen Richtwerte überprüft werden (1-mal jährlich). Besonders wichtig hierbei ist die Kontrolle des Vakuums, des Pulsators und der Zitzengummis.

- Alle Gummiteile sind regelmäßig nach Firmeninformation bzw. Betriebsanleitung zu erneuern.

7.6.2 Grundregeln für die Milchgewinnung

Hygienekasten

- Alle Vorschriften der Hygiene beachten
- Melkzeiten einhalten
- Zügig melken
- Immer gründlich ausmelken
- Beobachten der Tiere und der ermolkenen Milch auf Gesundheit und Fehler
- Melkreihenfolge einhalten!
  · Nur eutergesunde Kühe in gewohnter Reihenfolge melken
  · Danach Kühe mit Eutergesundheitsstörungen
  · Zum Schluss die behandelten Kühe melken, deren Milch auf keinen Fall geliefert werden darf (Wartezeit einhalten! – Behandlungstag = Tag 0). Wichtig: Kennzeichnung euterkranker und behandelter Tiere (Fesselband).
- Neumelkende Kühe während der Biestmilchperiode zuletzt melken (jedoch vor den euterkranken und behandelten Tieren – Infektionsgefahr!).
- Nie „Blindmelken“

7.6.3 Melken mit der Maschine und Hygieneprogramm (Melkvorgang)

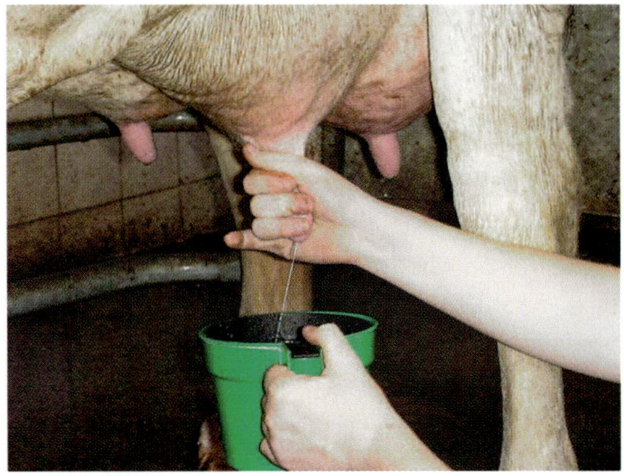

Vormelken

• Vormelken
Die ersten 3 bis 4 Strahlen pro Zitze werden in den Vormelkbecher gemolken, damit diese keimreiche Milch nicht zur Lieferung gelangt. Gleichzeitig wird die Milch auf Farbveränderungen und Flockenbildung kontrolliert.
Veränderte Milch nicht abliefern – Schalmtest durchführen, ev. Milchprobenahme für bakteriologische Untersuchung.

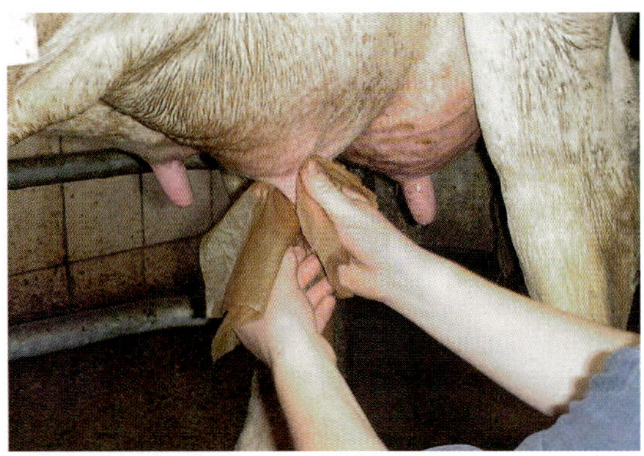

Reinigung

• Reinigung und Anrüsten
Nach dem Vormelken werden die Zitzen und das Euter mit einem in Desinfektionslösung getränkten Einweg-Papiertuch sorgfältig gereinigt. Ganz besonders gründlich müssen die Zitzenkuppen gesäu-

bert werden. Bei feuchter Vorreinigung das Euter unbedingt trocknen.
Eine Alternative zur feuchten Vorreinigung ist die Trockenreinigung (z. B. Einweg-Tuch, Spezialholzwolle zur Euterreinigung).
Sofern der Anrüstvorgang nicht von der Melkanlage ausgeführt werden kann, sollte vor dem Ansetzen des Melkzeuges das Euter mit der Hand kurz angerüstet werden.

• Melken

- Melkvakuum kontrollieren

Das optimale Vakuum ist vom Hersteller voreingestellt.

- Melkzeug ansetzen

Unmittelbar nach dem Reinigen (bzw. nach dem Anrüsten, sofern mit der Hand angerüstet wird) muss das Melkzeug ohne Lufteinsaugen angesetzt werden. Es sollte darauf geachtet werden, dass kein Schmutz oder Staub aus der Streu aufgesaugt wird.

- Melkmaschine arbeiten lassen

Den Melkvorgang beobachten, daher sollten während des Melkens keine Nebenarbeiten durchgeführt werden.

• Ausmelken

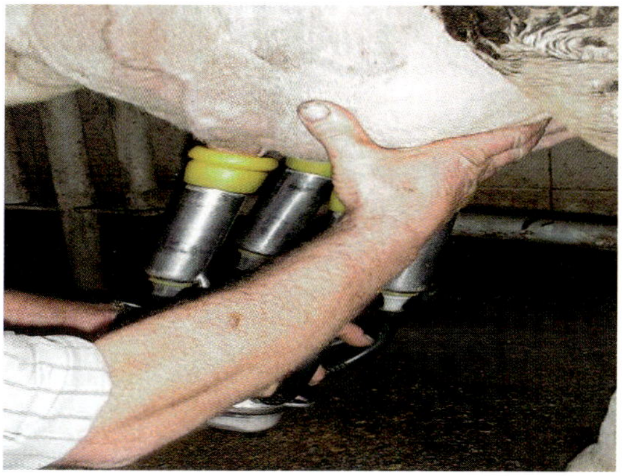

Ausmelken

Sobald der Milchfluss aufhört, muss das Euter mit dem Zisternengriff auf Restmilch kontrolliert werden. Wenn notwendig, muss sofort mit dem maschinellen Ausmelken begonnen werden. Blindmelken kann Schäden im Euter verursachen.

Beim Ausmelken soll die im Euter vorhandene Milch restlos gewonnen werden. Möglichst nicht mit der Hand nachmelken, die Kühe gewöhnen sich leicht daran.

• Zitzen tauchen (Zitzen dippen)

Sofort nach dem Abnehmen des Melkzeugs die Zitzen in einem mit Desinfektionslösung gefüllten Tauchbecher tauchen. Hautpflegende Desinfektionsmittel in richtiger Konzentration verwenden. Im Melkstand kann diese Schlussdesinfektion durch Besprühen der Zitzen erfolgen.

7.6.4 Handmelken

Das Melken mit der Hand ist schon sehr selten. Wenn händisch gemolken wird, hat sich das **Faustmelken** (Allgäuer Methode) am besten bewährt. Das Melken erfolgt mit der ganzen Hand, wobei Zeigefinger und Daumen den oberen Teil des Strichkanals abschließen und die übrigen Finger durch Schließen nacheinander die Milch herausdrücken. Der Melker sitzt in der Regel an der rechten Seite der Kuh, beginnt mit den beiden Bauchvierteln und melkt anschließend die beiden Schenkelviertel. Mit entsprechenden Ausmelkgriffen wird ausgemolken.

7.7 Reinigung und Wartung der Melkanlage

Nach dem Melken sofort die Melkgeräte reinigen und desinfizieren!

Eine wirkungsvolle Reinigung ist nur möglich, wenn folgende Bedingungen erfüllt werden:

• Wasser
Zum Reinigen der milchberührenden Oberflächen muss ausreichend sauberes Wasser verwendet werden. Die Ausrüstungsoberflächen, die mit Milch in Berührung kommen (z.B. Melkzeug, Melkanlage) müssen leicht zu reinigen sein. Zur Vermeidung von Verunreinigungen ist erforderlichenfalls Trinkwasser oder sauberes Wasser zu verwenden. Für Milcherzeuger mit Direktvermarktung gelten diesbezüglich spezielle Anforderungen laut Hygienebestimmungen für Direktvermarkter.
(Quelle: Janko, Mathias: Das neue Milchhyienerecht)

• Spezielle Reinigungsmittel
Ein täglicher Wechsel zwischen alkalischen und sauren Reinigungsmitteln verhindert eine Belagsbildung. Alkalische Reinigungsmittel beseitigen Fett- und Eiweißablagerungen, saure verhindern die Bildung von Milchstein.
Es sollen nur geprüfte Reinigungsmittel verwendet werden.

• Richtige Reinigungsmittelkonzentration
Diese muss den Gebrauchsanweisungen entsprechen und beträgt zumeist 0,5%.

• Wirkungsvolle Reinigungsmitteltemperatur
Die Reinigungstemperatur muss im Bereich zwischen 40 und 60 °C liegen.

• Entsprechende Reinigungszeit
Normalerweise sollte die Reinigung 10 bis 15 Minuten dauern. Die Gebrauchsanweisungen schreiben die notwendige Reinigungszeit vor.

• Erforderliche Reinigungsmechanik
Bei Rohrmelkanlagen und im Melkstand wird ein Reinigungsautomat verwendet. Bei Eimermelkanlagen erfolgt die Reinigung mit der entsprechenden Lösung unter Verwendung von geeigneten Bürsten und zum Teil mit dem Melkzeugspüler.

• Richtiger Reinigungsablauf
(1) Vorspülen – Unmittelbar nach dem Melken mit klarem Wasser (max. 35 °C) das Melkzeug außen abspülen und die Anlage durchspülen.
(2) Reinigung und Desinfektion – Mit entsprechend temperiertem Wasser unter Verwendung des Reinigungsmittels in richtiger Konzentration die Melkanlage gründlich reinigen. Eventuell verbliebene Keime werden durch den Desinfektionseffekt abgetötet.
(3) Nachspülen – Mit lauwarmem Trinkwasser ausreichend nachspülen, so dass Reinigungs- und Desinfektionsmittelrückstände restlos entfernt werden.
In den Rohrleitungen der Rohrmelkanlage mit Drainageschwämmen das Restwasser entfernen, danach trocknen lassen.
Das Melkzeug zum Trockenen mit den Öffnungen nach unten aufhängen.

• Es gibt auch eine Kochendwasserreinigung (vor allem im Biobetrieb von Bedeutung). Die Wasser-Temperatur sollte im Hauptwaschgang für die Dauer von drei Minuten bei 77 °C liegen.

• **Wartungs- und Pflegeplan**

Wann?	Was?
Täglich	· Melkvakuum kontrollieren · Ölstand der Vakuumpumpe kontrollieren · Reinheit der milchführenden Teile prüfen (bei Rohrmelkanlagen und Melkständen auch Sicherheitsabscheider) · Pulsatorfunktion überprüfen · Lufteinlassöffnung am Sammelstück kontrollieren
Wöchentlich	· Zitzengummi-Kragen auf Sauberkeit überprüfen · Zustandskontrolle sämtlicher Gummiteile, insbesondere der Zitzengummis. Wenn notwendig – Gummiteile erneuern!
Monatlich	· Reinigung und Pflege der Pulsatoren · Lufteinlass beim Regelventil säubern · Hähne der Vakuum- und Milchleitung kontrollieren · Melkzeuge kontrollieren – Sauberkeit, Lufteinlassöffnungen, Anschlüsse
Halbjährlich	· Austausch aller milchführenden Gummiteile (betriebsstundenunabhängig) · Ölverbrauch und Keilriemenspannung der Vakuumpumpe kontrollieren · Reinigung der Vakuumleitung
Jährlich	· Technische Überprüfung der Melkanlage und des Reinigungssystems durch einen Melkanlagen-Prüf- und Servicedienst

7.8 Milchkühlung

Richtige Kühlung kann nur die vorhandene hygienische Qualität der Milch erhalten, aber nicht verbessern.

Der Großteil der Milch wird aus wirtschaftlichen Gründen im 2-Tages-Rhythmus gesammelt. Die tägliche Abholung erfolgt nur bei der Kinderfrischmilch und teilweise bei der Biomilch.
Es ist daher wichtig, dass Rohmilch bis zur Abholung ordnungsgemäß gelagert und gekühlt wird.

7.8.1 Ideale Kühltemperatur

- Bei zweitägiger Abholung: 6 °C
Dabei ist zu beachten, dass das erste Gemelk im Lagerbehälter innerhalb von 3 Stunden auf 6 °C heruntergekühlt sein muss. Die Temperatur muss bis zur Abholung konstant auf diesem Niveau gehalten werden.

- Bei täglicher Abholung genügt eine Kühltemperatur von 8 °C. Die Rohmilch zur Herstellung von Käse mit einer Reifezeit von mindestens 60 Tagen ist bei täglicher Abholung lediglich auf mindestens 12 °C zu kühlen, jedoch darf am Bestimmungsort (Käserei) die Temperatur nicht mehr als 14 °C betragen. (Vgl. Janko, BMLFUW)

7.8.2 Melksysteme

a) Melksysteme für Anbindeställe

• Eimermelkanlage
Die Eimermelkanlage eignet sich für kleinere Kuhbestände. Mit diesem System können je Melkeinheit acht bis zehn Kühe pro Stunde gemolken werden.

• Rohrmelkanlage
Eine komplette Rohrmelkanlage umfasst das Melken, die Vakuumversorgung, Reinigung und Milchkühlung. Rohrmelkanlagen eigenen sich für größere Kuhbestände in Anbindeställen. Eine moderne Rohrmelkanlage fördert einen schnellen Milchentzug, gewährleistet eine gute Milchqualität und dient der Eutergesundheit.

b) Melksysteme für Laufställe

In Verbindung mit einem Laufstall werden **Melkstandanlagen** verwendet. Je nach Größe der Milchkuhherde kommen unterschiedliche Melkstandsysteme zum Einsatz.

• Melkstand mit Gruppeneinlass
- Fischgräten-Melksystem
- Side-by-Side-Melksystem
- Durchtreibe-Melkstand

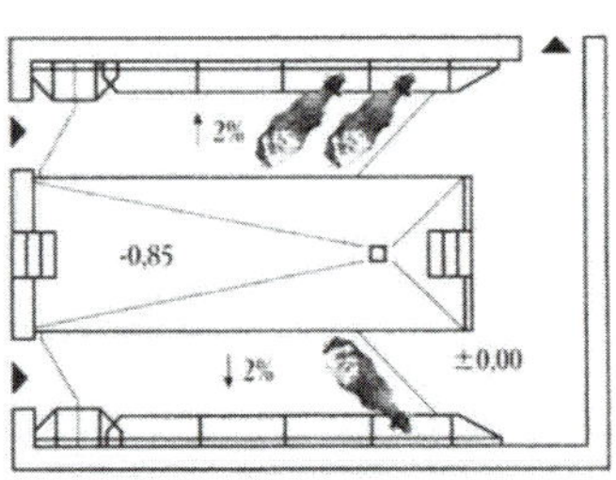

Fischgräten-Melkstand

• Melkstand mit Einzelkuheinlass
- Tandem-Melkstand
- Karussell-Melkstand

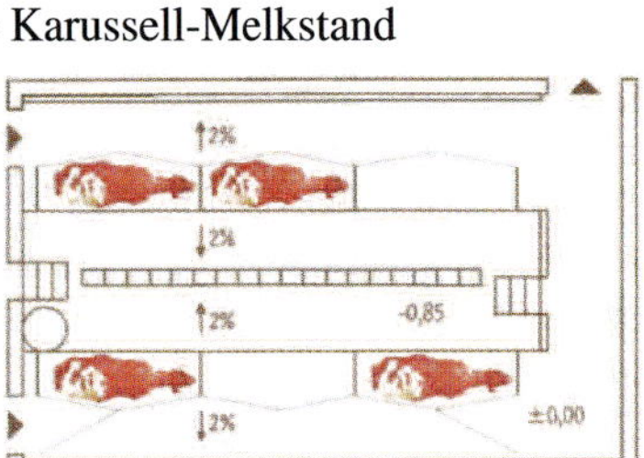

Tandem-Melkstand

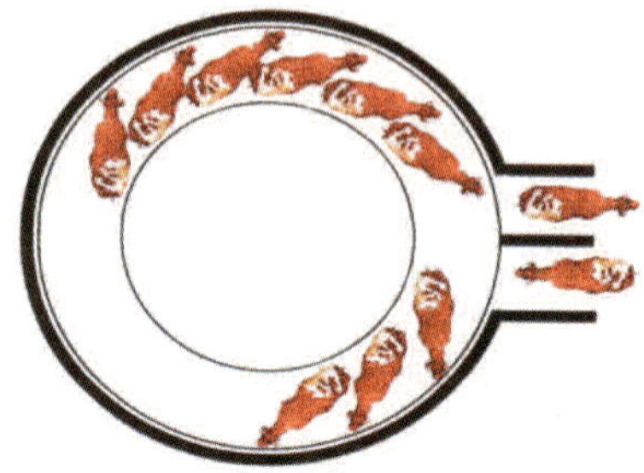
Karussell-Melkstand

• Automatische Melksysteme – (AMS) Melkroboter
Die Strukturänderungen in der Milchwirtschaft bringen eine steigende Nachfrage nach automatischen Melksystemen. Die Menge der erzeugten Milch je Betrieb sowie die durchschnittlichen Kuhzahlen in den Betrieben steigen. Da die Melkarbeit inklusive Vor- und Nacharbeiten einen hohen Anteil an der Gesamtarbeiszeit einnehmen, gewinnt die Automatisierung dieser Tätigkeit in vielen Betrieben zunehmend an Bedeutung. Zur Zeit gibt es sieben Roboterhersteller. Die Melkroboter-Technik ist weitestgehend ausgereift, sodass diese in Zusammenhang mit einem automatisierten Herdenüberwachungssystem (Kuherkennung, Kraftfutterabrufstation, Brunsterkennung, Parameterbestimmung zur Beurteilung der Milchqualität u.v.m.) verstärkt Einzug hält in professionalisierten Milchviehbetrieben.

7.8.3 Milchkühleinrichtungen

• Milchkühltank (für Milchmengen ab 600 Liter)
Milchkühltanks werden mit automatischer Reinigung angeboten.

• Milchkühlwanne (für Milchmengen zwischen 100 und 600 Liter)
Einfache Funktionskontrolle durch automatische Kühltemperaturmessung.

• Tauchkühler mit Rührwerk im mobilen Hofbehälter (für Milchmengen zwischen 40-400 Liter)
Auch ein fahrbarer Hofbehälter kann mit einer Wärmerückgewinnung kombiniert werden.

7.9 Be- und Verarbeitung der Milch

7.9.1 Von der Rohmilch zur pasteurisierten Trinkmilch

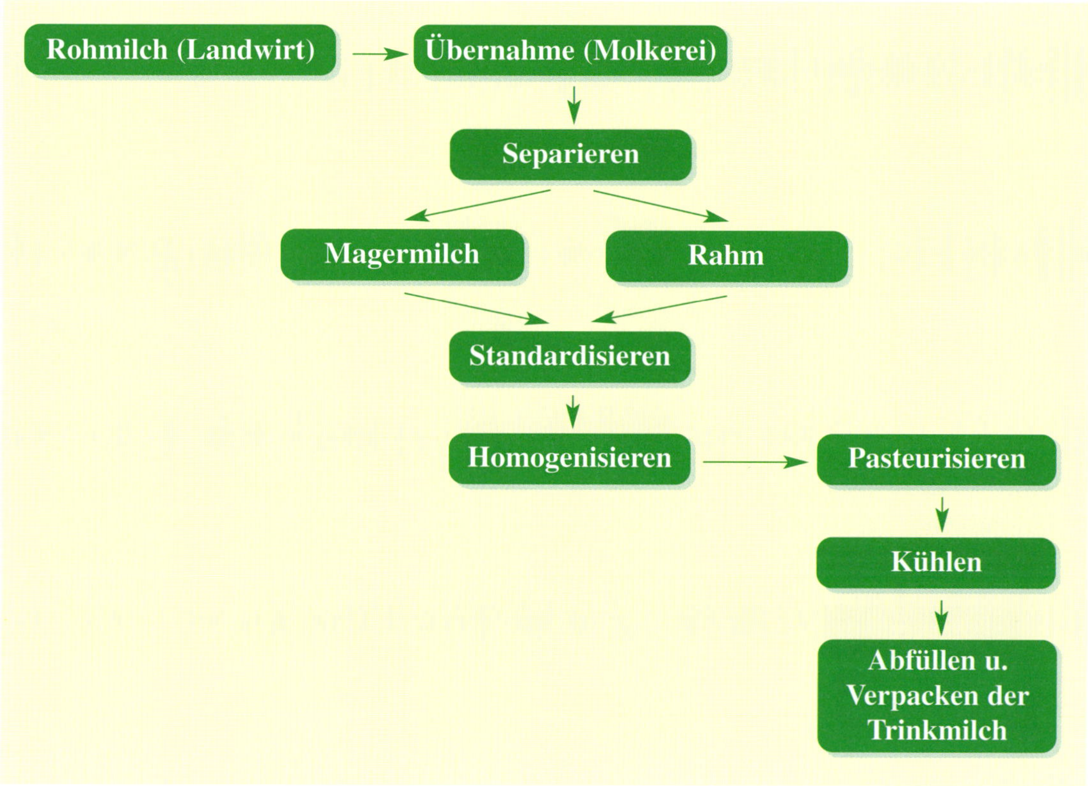

Separieren (Entrahmen): Mittels einer Zentrifuge wird die Rohmilch entrahmt. Es entstehen dabei die Magermilch und der Rahm.

Standardisieren (Fettgehaltseinstellung): Der Magermilch wird der entsprechende Rahmanteil (je nach Produkt) wieder zugeführt. Z. B. normale Trinkmilch 3,6% Fett; fettarme Trinkmilch 1,0% Fett

Homogenisieren: Die Fettkügelchen werden in winzig kleine Fetttröpfchen zerstäubt, dadurch wird das Aufrahmen der Milch verhindert.

Pasteurisieren: Je nach Dauer der Hitzeeinwirkung unterscheidet man beim Pasteurisieren verschiedene Verfahren: Dauererhitzung (62–65 °C, 30–32 Minuten), Kurzzeiterhitzung (72–74 °C, 15–20 Sekunden), Hocherhitzung (85–90 °C, 2–4 Sekunden) und Ultrahocherhitzung (140 °C, 2–4 Sekunden). Durch das Pasteurisieren der Milch werden schädliche Keime abgetötet, ohne dabei den Nährwert der Milch zu vermindern.

7.9.2 Herstellung von Butter

Butter enthält durchschnittlich 83,2% Fett, 15,3% Wasser, 0,72% Kohlenhydrate, 0,67% Eiweiß, 0,11% Mineralstoffe und Vitamine.

Zur Erzeugung von 1 kg Butter benötigt man ca. 21 bis 25 Liter Rohmilch.

Hinweis: Bauernbutter darf nicht aus pasteurisiertem Rahm hergestellt werden und die Grenze des tolerierbaren Wassergehaltes von 16% darf nicht überschritten werden. Ist der Wassergehalt höher, handelt es sich um eine Lebensmittelfälschung.

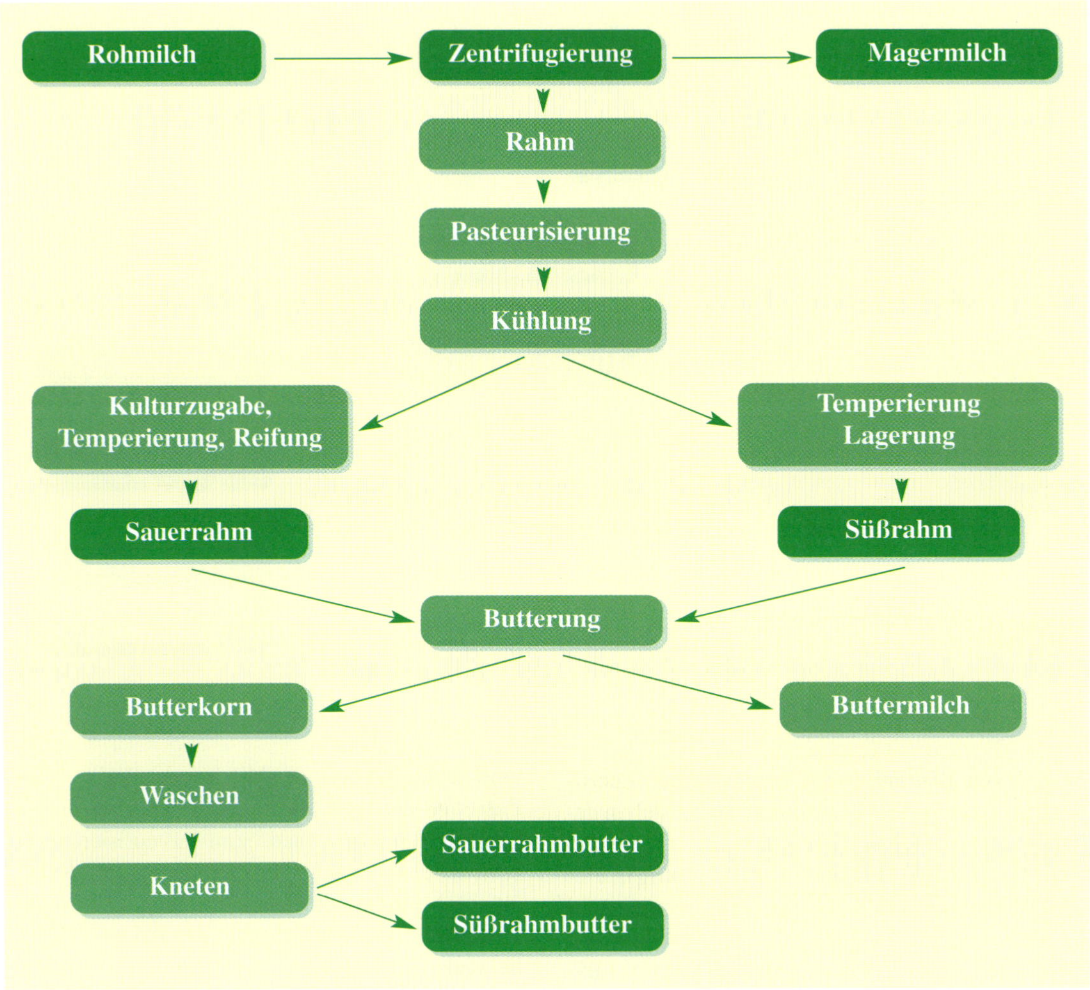

7.9.3 Herstellung von Joghurt

Um ein stichfestes Joghurt zu erhalten, ist ein Erhitzen auf mind. 90 °C erforderlich. Je tiefer die Erhitzungstemperatur, umso weicher bleibt das Joghurt.

Gutes Joghurt muss eine schöne, leicht glänzende Oberfläche aufweisen und eine feine, zarte, stichfeste Konsistenz haben. Der Geruch soll aromatisch sein, der Geschmack leicht säuerlich.

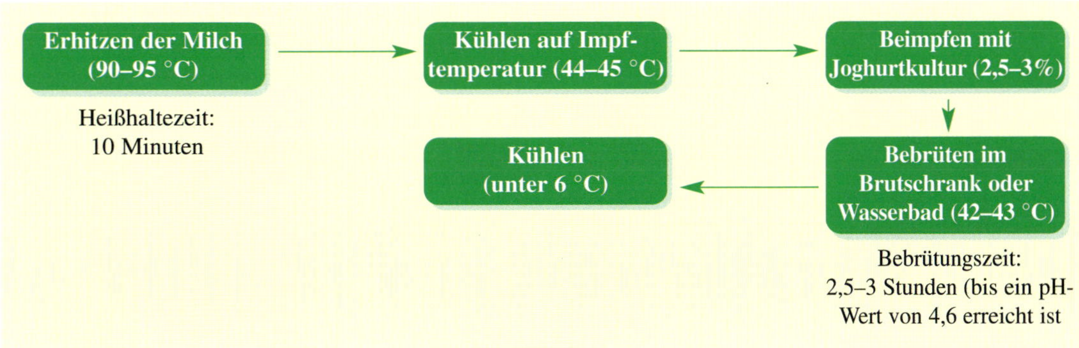

7.9.4 Herstellung von Käse

Je nach Herstellungsverfahren unterscheidet man:	Zur Erzeugung von 1 kg Käse benötigt man:
Frischkäse	ca. 8 kg Rohmilch
Sauermilchkäse	ca. 9 kg Rohmilch
Weichkäse	ca. 9 kg Rohmilch
Schnittkäse	ca. 11 kg Rohmilch
Hartkäse	ca. 13 kg Rohmilch

Je nach Reifung und Nachbehandlung wird durch gezielten Abbau des Kaseins der Geschmack und das typische Aroma entwickelt.

Mehr über Käse – Online im WWW unter URL: http://www.kaese.at

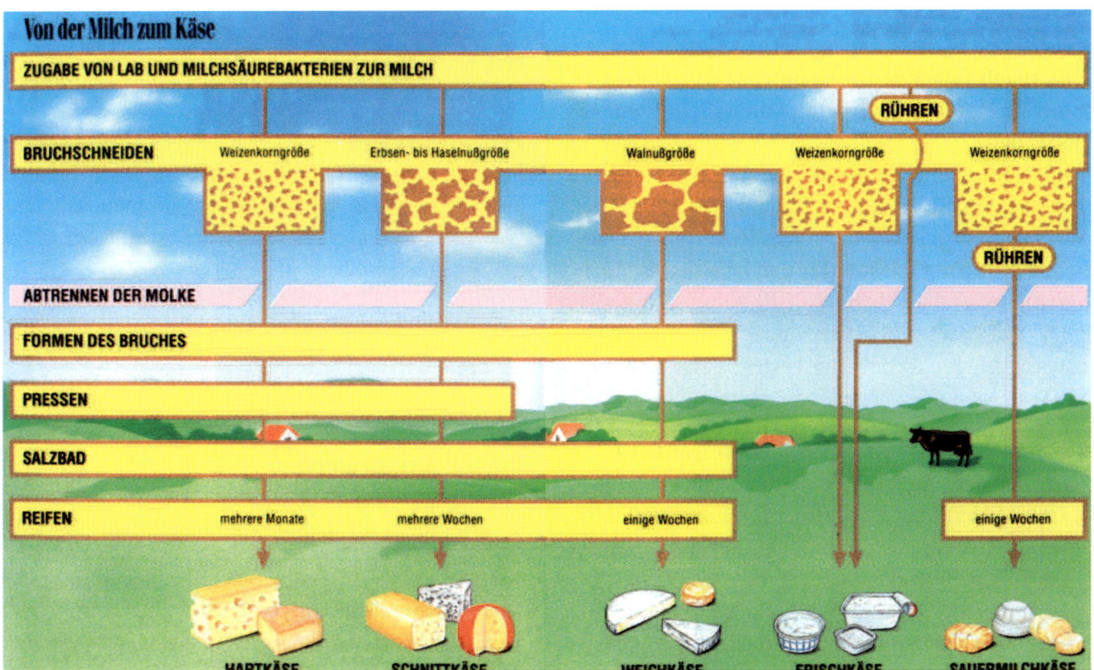

7.10 Milchhygienerecht

Mit 1. Jänner 2006 ersetzte das so genannte „EU-Hygienepaket" die seit 1993 gültige Milchhygieneverordnung. Darin sind die neuen Hygienevorschriften für die Erzeugung und Verarbeitung von Milch enthalten. Diese gesetzlichen Bestimmungen sind nicht nur bei der Anlieferung an die Molkerei oder bei der Direktvermarktung einzuhalten. Sie sind auch prämienrelevant im Zusammenhang mit den Kontrollen zu Cross Compliance.

Von diesem Recht ist die Milch von Kühen, Schafen, Ziegen, Büffeln und weiblichen Tieren anderer Tierarten (z.B. Stuten) betroffen.

• Für wen gilt dieses Recht?

Das Milchhygienerecht gilt für alle Milcherzeugerbetriebe. Die Rechtsbestimmungen betreffen:

- die Produktion von Rohmilch;
- die Abgabe bzw. den Verkauf von Rohmilch und Rohrahm;
- die Herstellung und Abgabe bzw. den Verkauf von Milcherzeugnissen.

Das Milchhygienerecht gilt **nicht** für die Produktion, Verarbeitung und Lagerung von Rohmilch für den **privaten häuslichen Gebrauch**.

• Es regelt folgende Bereiche:

Eintragung oder Zulassung von Milcherzeugerbetrieben

Alle Lebensmittelunternehmer müssen seit dem 1. Jänner 2006 beim Landeshauptmann bzw. der Lebensmittelaufsicht der einzelnen Bundesländer eingetragen sein. Milcherzeuger und bäuerliche Milchverarbeiter sind durch ihre LFBIS-Nummer automatisch als Lebensmittelunternehmer eingetragen. Für bäuerliche Milchverarbeiter besteht unter bestimmten Voraussetzungen eine Zulassungspflicht.

Dokumentations- und Aufzeichnungspflicht

Verpflichtend Buch führen über:

- Art und Herkunft der verfütterten Futtermittel
- Verabreichung von Tierarzneimittel bzw. sonstigen Behandlungen
- Aufgetretene Krankheiten, die die Sicherheit von tierischen Erzeugnissen beeinträchtigen können
- Analyseergebnisse von Tiermaterialproben
- Berichte über Untersuchungen von Tieren oder von Erzeugnissen tierischen Ursprungs

Alle Unterlagen sind auf Verlangen der zuständigen Behörde vorzulegen, sie dienen gleichzeitig als Schutz der Milcherzeugerbetriebe vor unberechtigten Haftungsansprüchen.

Tiergesundheitsvorschriften

Die Milch darf nur von gesunden Tieren stammen.

Betriebshygiene

Der Bauer muss einwandfreie Bedingungen für die Tiere hinsichtlich Unterbringung, Hygiene, Sauberkeit und Gesundheit gewährleisten sowie für zufrieden stellende Hygienebedingungen beim Melken, bei der Behandlung, der Kühlung und der Lagerung von Milch Sorge tragen.

Eine ausreichende Versorgung mit bakteriologisch einwandfreiem Wasser (laut Untersuchungsergebnis) zum Reinigen der Geräte und Armaturen muss gesichert sein. – Für Direktvermarkter gilt: Bei Verwendung von Brunnen- oder Quellwasser ist jährlich ein Befund über die Einhaltung der Anforderungen der Trinkwasserverordnung erforderlich.

Eine entsprechende Ausstattung des Betriebes für die Lagerung und Kühlung der Milch (Mindestkühltemperaturen sind zu beachten) ist vorgeschrieben.

Melkhygiene

Sie umfasst alle Hygienemaßnahmen bei der Melkarbeit, wie z. B. Reinigung des Euters vor dem Melken, Prüfen der ersten Milchstrahlen usw. (vgl. Kap.7.6.3)

Personalhygiene

Personen, die auf Grund gesundheitlicher Probleme die Milch negativ beeinflussen könnten, müssen vom Erzeugungsprozess ausgeschlossen werden.

Rohmilchnorm

Die Rohmilch muss die mikrobiologischen Mindestanforderungen (Keimzahl, Zellzahl etc.) für die Herstellung von Rohmilcherzeugnissen und anderer Erzeugnisse erfüllen.

Rohmilchverordnung

Diese regelt das Inverkehrbringen von Rohmilch und Rohrahm für den unmittelbaren menschlichen Verzehr.

Direktvermarktung

Wenn der Milcherzeuger am Hof die Milch verarbeitet und selbst vermarktet, gelten für ihn ebenso die

Bestimmungen für Be- und Verarbeitungsbetriebe, Milchsammelstellen und Standardisierungsstellen. Qualitätsanforderungen an die erzeugten Produkte sowie Hygiene- und Ausstattungserfordernisse für die Direktvermarktung müssen erfüllt werden. Bei der Abgabe von Produkten ist die Etikettierung und Identitätskennzeichnung verpflichtend.
Wenn Direktvermarkter spezielle Produkte herstellen (Kakao-, Vanille-, Erdbeermilch, Speiseeis aus Rohmilch) oder Erzeugnisse an Unternehmen abgeben (Rohmilch und Rohrahm an Lebensmittelunternehmer, Verkauf von Milch und Milcherzeugnissen auf nicht lokaler Ebene), die den Status eines Einzelhandelsunternehmens überschreiten, gilt für sie Zulassungspflicht.

Quelle: BMLFUW/ÖKL (Koordination: DI Mathias Janko, BMLFUW); Das neue Milchhygienerecht, 2006

7.11 Qualitätssicherung

Qualitätssicherung heißt, dass die vom Hersteller festgelegte Qualität und die hygienische Sicherheit bei allen Produktionen erreicht wird und Produkte mit Qualitätsfehlern und Beanstandungen durch die Lebensmittelüberwachung vermieden werden.
Im Dezember 2000 wurden neue ISO-Qualitätsmanagement-Normen veröffentlicht (DIN EN ISO 9000:2000 „Qualitätsmanagement-Systeme – Grundlagen und Begriffe"; DIN EN ISO 9001:2000 „Qualitätsmanagement-Systeme – Anforderungen"; DIN EN ISO 9004:2000 „Qualitätsmanagement-Systeme – Leitfaden zur Leistungsverbesserung")

7.11.1 Wozu Qualitätssicherung?

- Um eine möglichst gleich bleibende Qualität des jeweiligen Produktes auf dem gewünschten Niveau sicherzustellen (Lebensmittelproduktion).
- Um die von verschiedenen EU-Richtlinien und der österreichischen Milchhygieneverordnung geforderten Hygienestandards zu erfüllen.
- Um generell der Sorgfaltspflicht gegenüber dem Kunden nachzukommen.
- Um im Falle von Kritik der Öffentlichkeit gegenüber eine Qualitätssicherung nachweisen zu können.
- Um im Streitfall (Gerichtsverfahren) die Qualitätssicherung nachweisen zu können.

7.11.2 Die Säulen der Qualitätssicherung

Vorausschauende Maßnahmen
Qualität des Rohstoffes Milch, geeignete Hilfsmittel (Kulturen, Lab, Wasser, Früchte usw.), geeignete Räume, Anlagen und Geräte, richtiger Herstellungsvorgang usw.
Lenkung und Kontrolle während der Produktion
Temperatur, Zeit, Gerinnung, Säuerung, Aussehen, Geschmack, Gefüge usw.
Dokumentation
Qualitätsordner: Kontrolllisten (Checklisten), Untersuchungszeugnisse, Erzeugungsprotokolle usw.

7.11.3 Maßnahmen für die Eigenkontrolle

Folgende qualitätssichernde Maßnahmen bzw. deren Ergebnisse sollten durchgeführt und dokumentiert werden:
- Vormelken, Schalmtest
- Zellzahlergebnis des Einzeltieres (Landeskontrollverband)
- Monatliche Milchgeldabrechnung (KZ, ZZ, Hemmstofftest, Gefrierpunkt – Sammelmilch)
- Aseptische Probenahme (bakteriologische Untersuchung der Milch bei Verdacht auf Eutererkrankungen)
- Melkanlagenüberprüfungen, Wasserbefund
- Untersuchungszeugnisse von Futtermitteln
- Nachweise über Behandlungen (Arzneimittelanwendungen)
- Zeugnisse über Tbc- und Bangfreiheit
- Produktuntersuchungszeugnisse
- Verkostungen
- Checklisten, Aufzeichnungen (Kühltemperatur, Erhitzungstemperatur im Zuge der Produktion)
- Schulungen (Kursbestätigungen, Zeugnisse usw.)

Qualitätssicherung ist ein unverzichtbares Instrument der Unternehmensführung.

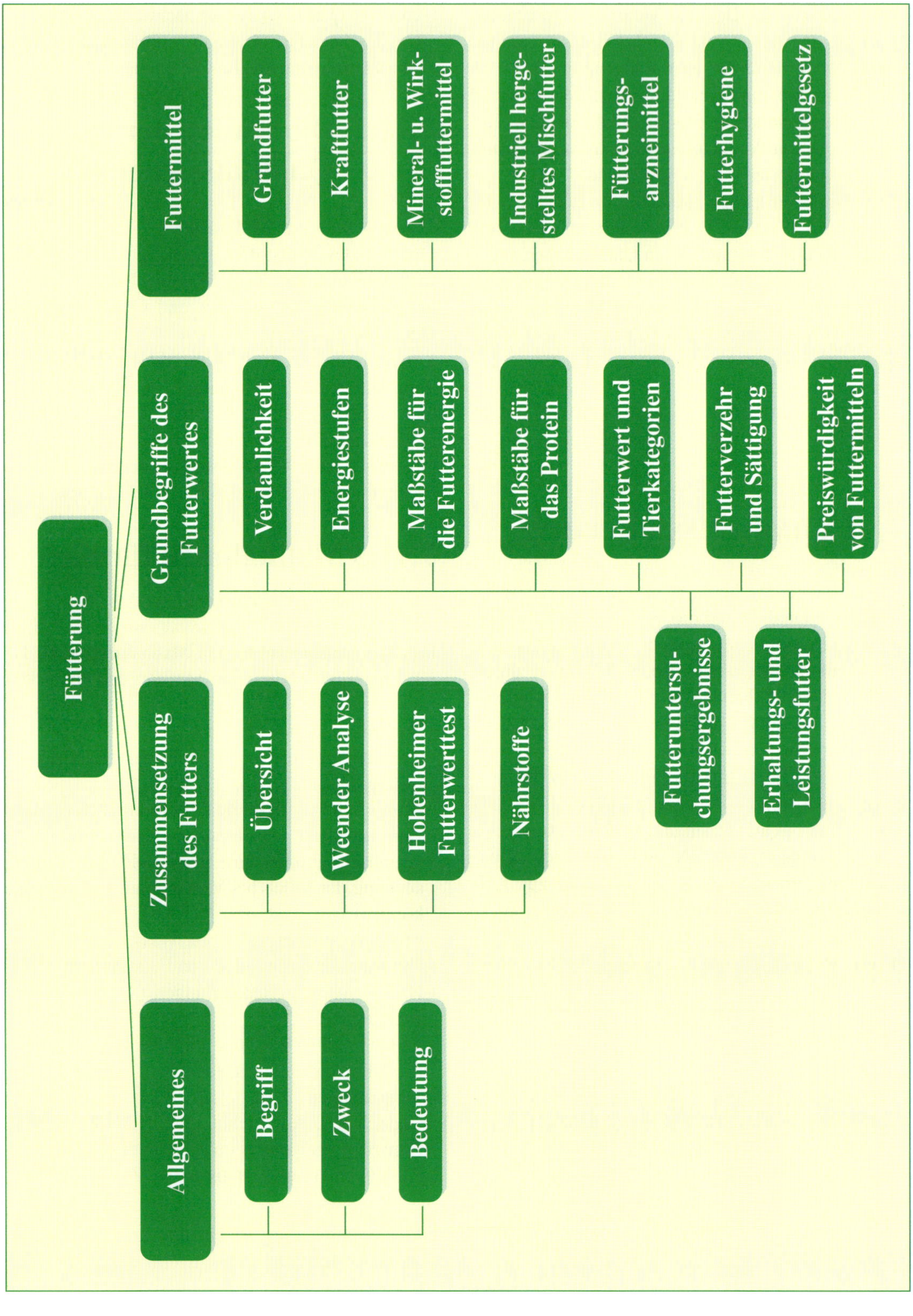
Fütterung
Allgemeines
Begriff
Zweck
Bedeutung
Zusammensetzung des Futters
Übersicht
Weender Analyse
Hohenheimer Futterwerttest
Nährstoffe
Grundbegriffe des Futterwertes
Verdaulichkeit
Energiestufen
Maßstäbe für die Futterenergie
Maßstäbe für das Protein
Futterwert und Tierkategorien
Futterverzehr und Sättigung
Preiswürdigkeit von Futtermitteln
Futteruntersuchungsergebnisse
Erhaltungs- und Leistungsfutter
Futtermittel
Grundfutter
Kraftfutter
Mineral- u. Wirkstofffuttermittel
Industriell hergestelltes Mischfutter
Fütterungsarzneimittel
Futterhygiene
Futtermittelgesetz

8. Fütterung

8.1 Allgemeines

a) Begriff

Unter Fütterung versteht man die Versorgung des Tieres mit Nähr-, Mineral- und Wirkstoffen.

b) Zweck

Jeder tierische Organismus verbraucht für die Erhaltung und Leistung ständig Nähr-, Mineral- und Wirkstoffe. Deshalb müssen die verbrauchten Stoffe laufend mit dem Futter zugeführt werden.

Die Pflanzen bilden aus anorganischen Grundstoffen ihre organischen Verbindungen: Kohlenhydrate, Proteine und Fett. Das Tier dagegen kann von anorganischen Stoffen allein nicht leben. Es muss Nähr-, Mineral und Wirkstoffgruppen (organische Verbindungen) zugeführt bekommen. Damit erst kann der tierische Organismus Körpersubstanzen aufbauen und erneuern und Produkte wie Milch, Fleisch und Eier bilden. Der größte Teil des Futters stammt aus Pflanzen sowie Rückständen verarbeiteter pflanzlicher und tierischer Produkte.

Grundsätzlich sind im Futter dieselben Substanzen vertreten, wie sie auch im Tierkörper vorkommen, nämlich Wasser, Kohlenhydrate, Proteine, Fette, Vitamine usw. Der Unterschied liegt in der verschiedenen Zusammensetzung dieser Substanzen wie auch in den Mengen, in denen sie vorkommen.

c) Wirtschaftliche Bedeutung

Etwa die Hälfte aller Kosten der tierischen Produktion sind Futterkosten. Das Einkommen aus der Tierproduktion wird daher sehr wesentlich durch eine richtige und kostengünstige Fütterung beeinflusst.

8.2 Zusammensetzung des Futters

8.2.1 Übersicht

<table>
<tr><th>Weender Analyse</th><th colspan="2">Weitergehende Analyse nach van Soest</th></tr>
<tr><td colspan="2">Rohwasser</td><td rowspan="4"></td></tr>
<tr><td colspan="2">Rohprotein</td></tr>
<tr><td colspan="2">Rohfett</td></tr>
<tr><td colspan="2">Rohasche</td></tr>
<tr><td rowspan="2">NfE
(N-freie Extraktstoffe)</td><td>Organischer Rest
(insbes. Zucker,
Stärke, Pektine u. a.)</td><td>NFC</td></tr>
<tr><td>Hemizellulose</td><td rowspan="3">ADF (Zellulose, Lignin); NDF (Hemizellulose, Zellulose, Lignin)</td></tr>
<tr><td rowspan="2">Rohfaser</td><td>Zellulose</td></tr>
<tr><td>Lignin</td></tr>
</table>

NFC = Non fiber carbohydrate (nicht faserartige Kohlenhydratfraktion)
NDF = neutral detergent fiber (neutrale Detergentienfaser)
ADF = acid detergent fiber (saure Detergentienfaser)

Weender Nährstoffanalyse und damit zusammenhängende Begriffe

Stoffgruppe	Abkürzung	DLG Symbole	Bestimmung
Frischmasse	FM		Wägen
Wasser	WA		Trocknung bei 105 °C
Rohasche	RA		Veraschung
Rohfett	RFE	XL	Extraktion mit Äther
Rohprotein	RP	XP	Stickstoff x 6,25
Rohfaser	RFA	XF	Unlöslich in verdünnter Schwefelsäure u. Kalilauge
N-freie Extraktstoffe	NFE	XX	Differenz zu 100
Trockenmasse	TM	T	= Frischmasse minus Wasseranteil
Organische Masse	OM		= Trockenmasse minus Rohasche

8.2.2 Weender Futtermittelanalyse

Zur Erfassung der einzelnen Nährstoffgruppen wurde bereits im Jahre 1860 in der Landwirtschaftlichen Versuchsstation Weende bei Göttingen eine Methode der Futteranalyse entwickelt. Das gesamte System der Fütterungslehre ist auf diese Art der Futtermittelanalyse aufgebaut.

8.2.3 Hohenheimer Futterwerttest (HFT)

Der Hohenheimer Futterwerttest dient zur Nachahmung der Abbauvorgänge im Pansen der Wiederkäuer. Dabei wird im Labor der Futterprobe eine bestimmte Menge Pansensaft von Rindern oder Schafen zugesetzt, die eine standardisierte Futterration bekommen haben und damit eine gleichmäßige Bakterienflora aufweisen.

Die Pansensaft-Futtermischung im Kolbenprober wird eine bestimmte Zeit der natürlichen Gärung überlassen. Dann werden die Gase, die sich hier im Pansen entwickeln, gemessen.

Aus der festgestellten Gasmenge kann mit Hilfe von Formeln der Energiegehalt des Futters berechnet werden.

8.2.4 Nährstoffe und Nährstoffgruppen

a) Wasser

Leben ist ohne Wasser nicht möglich.
Säugetiere können viel länger ohne Futter als ohne Wasser leben.

Wird im tierischen Organismus Fett oder die Hälfte des Proteins abgebaut und ausgeschieden, so bleibt der Organismus am Leben. Verliert er jedoch nur ein Zehntel seines Wassergehaltes, so bedeutet das den Tod.

• Aufgaben
- Lösungsmittel
- Transportmittel
- Spannungsmittel
- Körperbaustoff und Leistungsbestandteil

• Wasserbedarf
Er hängt ab:
- Vom Alter und Gewicht des Tieres
- Von der T-Menge der Ration
- Vom Protein- und Mineralstoffgehalt der Ration
- Von der Leistung des Tieres
- Von der Umgebungstemperatur
- Von der relativen Luftfeuchtigkeit

Als Anhaltswert für den Wasserbedarf lässt sich anführen:
Pro kg verzehrter Futter-T benötigt ein Rind 4–6 l Wasser ein Schwein 2–4 l Wasser.

• Wasserversorgung
Tiere kann man so viel Wasser trinken lassen, wie sie wollen. Sie sollen die Möglichkeit haben, stets frisches Wasser aufzunehmen. Dies geschieht am besten über Selbsttränker.

Das Tränkwasser muss hygienisch einwandfrei sein, d. h. Trinkwasserqualität aufweisen. Insbesondere muss es frei sein von Fäulnisstoffen, Kot, Harn, Parasiten (stehende Gewässer) und industriellen Verunreinigungen wie Fluor und Schwermetallen.

b) Trockenmasse (T)

Unter Trockensubstanz versteht man den wasserfreien Gewichtsanteil eines Futtermittels.

Trocknet man ein Futtermittel bei 105 °C ca. 6 Stunden lang, so bleibt die Trockensubstanz übrig.

Bedeutung in der Fütterung

• Haltbarkeit der Futtermittel
Futtermittel mit annähernd 90% T-Gehalt sind langfristig lagerfähig und haltbar. Mit abnehmendem T-Gehalt verbessern sich die Lebensbedingun-

gen der Mikroorganismen. Abbau und Zersetzungsvorgänge in den Futtermitteln können die Folge sein.
Futtermittel mit geringem T-Gehalt können durch spezielle Verfahren wie Silieren, Trocknen, Einfrieren etc. haltbar gemacht werden. Dabei treten je nach Konservierungsmethode unterschiedlich hohe Verluste auf.

• Qualität der Futtermittel – Nährstoffkonzentration
Durch Anwelken von Grünfutter (Verdunstung von Wasser) bzw. durch Ernte des Silomaises in der Teigreife wird bei der Silagebereitung der T-Gehalt und damit die Nährstoffkonzentration erhöht. Der Gärverlauf wird dadurch günstig beeinflusst. Anwelksilage wird in größeren Mengen gefressen als Nasssilage.
Nährstoffkonzentration = NEL MJ oder ME MJ je kg T.

• Begrenzung der Futteraufnahme
Die Gesamtfutteraufnahme eines Tieres wird weitgehend vom T-Gehalt der Futtermittel bestimmt und durch die mechanische Sättigung begrenzt.

c) Kohlenhydrate

• Aufbau
Kohlenhydrate sind organische Verbindungen, die neben Kohlenstoff noch Wasserstoff und Sauerstoff im Verhältnis des Wassers (2:1) enthalten.

• Aufgaben
Abbau zur Energiegewinnung
Umwandlung in Glykogen
Umwandlung in Fett

Einteilung

Einfachzucker	Traubenzucker Fruchtzucker Schleimzucker
Doppelzucker	Rohr- oder Rübenzucker Milchzucker Malzzucker
Mehrfachzucker	Raffinose (Dreifachzucker)
Vielfachzucker	Pentosane (Xylan) Stärke Zellulose Inulin Glykogen
Gemischte Vielfachzucker	Hemizellulosen Pektine Lignin

• Vorkommen

Rübenzucker:	Zuckerrübe
Milchzucker:	Milch
Raffinose:	Melasse
Stärke:	Getreide, Mais, Kartoffel
Zellulose:	Zellwände der Pflanzen
Glykogen:	Leber und Muskeln
Hemizellulosen:	Verholzte Pflanzenteile
Pektine:	Bestandteile der Zellwände der fleischigen Pflanzenteile (Blätter, Stiele)

d) Rohfaser

• Aufbau

Die Rohfaser besteht im Wesentlichen aus Zellulose, Hemizellulose und Lignin.

• Aufgaben
- Mechanische Sättigung (Füllstoff)
- Regelung der Verdauung
- Regelung des Säurenverhältnisses im Pansen
- Milchfettbildung

• Eigenschaften – Fütterungswirkung
Rohfaser nimmt innerhalb der Nährstoffe eine Sonderstellung ein und bestimmt den Verdaulichkeitsgrad eines Futtermittels. Sie ist nur beim Wiederkäuer durch Mithilfe der Kleinlebewesen in nennenswertem Umfang verdaulich. Wiederkäuer benötigen für eine gute Pansenfunktion unbedingt eine bestimmte Menge Rohfaser. Sonst dient sie hauptsächlich als Ballast (Schweine und Hühner).

• Vorkommen
Bei den Pflanzen bildet die Rohfaser die Gerüstsubstanz. Mit fortschreitendem Wachstum nimmt in

den Pflanzen der Rohfasergehalt zu. Ältere Pflanzen weisen daher einen hohen Rohfasergehalt mit geringer Verdaulichkeit auf (Ausnahme: Silomais).

e) Fette

• Aufbau

Fette sind Verbindungen des dreiwertigen Alkohols Glycerin mit Fettsäuren.

Durch verschiedene Kombinationsmöglichkeiten des Glycerins mit verschiedenen Fettsäuren ergibt sich eine Vielzahl von Fetten.

• Aufgaben

- Abbau zur Energiegewinnung: Fett enthält pro Gewichtseinheit etwa die 2,3fache Energiemenge von Kohlenhydraten.
- Bildung von Organfett (lebensnotwendig)
- Bildung von Depotfett (Reservestoff u. Kälteschutz)

• Einteilung

Nach dem Grad der Sättigung der Fettsäuren unterscheidet man:

Gesättigte Fettsäuren
(keine Doppelbindung im Fettsäuremolekül)
Beispiele: Buttersäure, Palmitinsäure, Stearinsäure

Einfach ungesättigte Fettsäuren
Ölsäure (am weitesten verbreitete ungesättigte Fettsäure in allen Naturfetten)
Erucasäure (Rapsöl)

Mehrfach ungesättigte Fettsäuren (essenzielle Fettsäuren)
Linolsäure (Pflanzenfette, Öle)
Linolensäure (in vielen Pflanzenfetten)
Arachidonsäure (in Tierfetten)

• Abgrenzung Fette – Öle

Als Öl bezeichnet man ein Fett, das bei Raumtemperatur flüssig ist. Dies trifft meistens nur für pflanzliche Fette zu.

• Besondere Eigenschaften

Das Futterfett beeinflusst das tierische Fett in seinen Eigenschaften.

Beispiel Milchfett:
Je höher die Konzentration der ungesättigten Fettsäuren im Futterfett ist, desto weicher ist die Konsistenz des Milchfettes.
Die Verfütterung von Grünfutter und Leinsamen bewirkt eine weiche Butter. Kokos- und Palmkernkuchen bewirken ein festes Milchfett.

• Fettähnliche Stoffe (Lipoide)
Z. B. Carotinoide (ß-Karotin und Xantophyll)

f) Eiweißstoffe (Proteine)

• Aufbau

Protein besteht aus einer Kette von Aminosäuren. Diese Proteinbausteine sind aus den Grundstoffen C, H, O, N und meistens auch P und S aufgebaut.

• Aufgaben

Wichtiger Baustoff, vor allem des Muskelfleisches, der inneren Organe sowie der Haut und der Haare
Lebenswichtiger Bestandteil von Enzymen und Hormonen
Wertvollster Bestandteil der tierischen Leistungen (Fleisch, Milch, Eier und Wolle)

• Gliederung

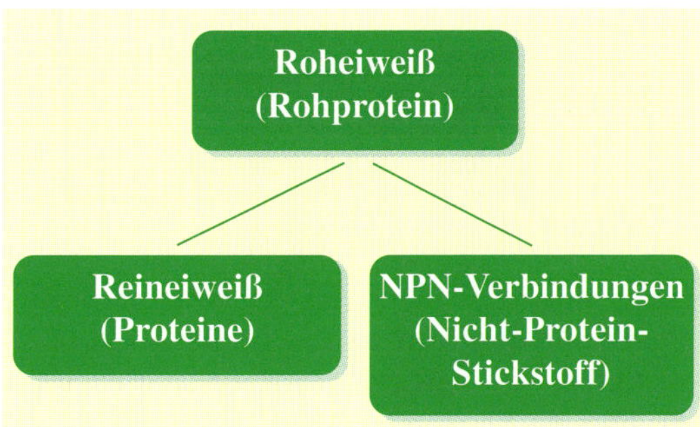

Das Rohprotein umfasst alle N-hältigen Verbindungen, also Proteine und die NPN-Verbindungen. Bei der Weender Futtermittelanalyse wird zur Bestimmung des Rohproteingehaltes nur der Anteil an Stickstoff (N) ermittelt. Protein enthält durchschnittlich 16% N. Durch Multiplikation des N-Gehaltes mit dem Faktor 6,25 (100 : 16 = 6,25) errech-

net man den Rohproteingehalt. NPN-Verbindungen kommen in vielen Futtermitteln, vor allem Grundfuttermitteln (Günfutter, Silagen, Rüben etc.), vor. Wiederkäuer mit einem funktionsfähigen Pansen können diese Verbindungen mit Hilfe der Kleinlebewesen nutzen.
Zu den NPN-Verbindungen zählt auch der Futterharnstoff.
Das verdauliche Rohprotein ist jener Teil des Rohproteins, der von der betreffenden Tierart verdaut werden kann.

Beispiel (Schwein): Sojaschrot 44
Rohproteingehalt = 451 g
Verdaulichkeitsgrad = 86%
451 x 0,86 = 388 g verdauliches Rohprotein

Für die Beurteilung eines Eiweißfuttermittels ist der Gehalt an Rohprotein und dessen Wertigkeit (Gehalt an essenziellen Aminosäuren) wichtig.

• Proteine und Proteide

Proteine (einfache Eiweißstoffe)	Vorkommen
z. B. Albumine	Hühnereiweiß
Globuline	Blutplasma, Milch, Pflanzen
Proteide (zusammengesetzte Eiweißstoffe)	Vorkommen
z. B. Nukleoproteide	Zellkerne
Phosphorproteide	Casein

• Wertigkeit des Proteins
Am Aufbau des tierischen Proteins sind etwa 20 verschiedene Aminosäuren beteiligt. Ein Teil dieser Aminosäuren muss unbedingt mit dem Futter zugeführt werden. Man nennt sie essenzielle (lebensnotwendige) Aminosäuren. Der übrige Teil der Aminosäuren kann vom Tier aus anderen Aminosäuren aufgebaut werden.
Der Gehalt eines Futtermittels an essenziellen Aminosäuren bestimmt dessen biologische Wertigkeit.

Biologische Wertigkeit (BW) = wie viel % des im Darm aufgenommenem N im Stoffwechsel genutzt werden.

Beispiel: Sojaschrot (getoastet) hat eine BW von 75, d. h. 75% des im Darm aufgenommenen Soja-N werden im Stoffwechsel genutzt.

Tierische Futtermittel haben in der Regel eine höhere Biologische Wertigkeit als pflanzliche Futtermittel.

Ergänzungswirkung
Fehlende essenzielle Aminosäuren eines Futtermittels können durch überschüssige essenzielle Aminosäuren eines anderen Futtermittels ergänzt werden.
Die Biologische Wertigkeit der Mischung liegt dabei höher als der Mittelwert aus den Einzelkomponenten.

• Synthetischer Aminosäurenzusatz
Fehlende essenzielle Aminosäuren können dem Futtermittel auch durch Zusatz synthetisch hergestellter Aminosäuren ergänzt werden (z. B. Lysin, Methionin und Tryptophan).
Länger andauernde Überversorgung mit Protein belastet den Stoffwechsel.

• Besondere Eigenschaften
Nur die Pflanze kann aus nichtproteinartigen Verbindungen Protein bilden.

Protein kann in der Fütterung durch keinen anderen Nährstoff ersetzt werden.
Das Tier besitzt keine Speichermöglichkeit für Protein, sodass eine ständige Zufuhr über das Futter notwendig ist.

• Vorkommen
Zu den proteinreichen Futtermitteln zählen:
Vollmilch, Magermilch, Fischmehl, Ackerbohnen, Erbsen, Futterhefe, Ölschrote (Raps-, Sonnenblumen-, Soja-, Leinschrot); Grünfutter von Leguminosen und deren Silagen sowie Trockengrünfutter.

g) Mineralstoffe

• Begriff

Zu den Mineralstoffen zählt man alle im Pflanzen- und Tierreich vorkommenden Elemente, ausgenommen C, H, O und N.

Im Tierkörper werden im Allgemeinen 30 bis 35 verschiedene Mineralstoffe gefunden, von diesen haben sich etwa 15 bis 20 als lebensnotwendig erwiesen.

• Aufgaben

Baustoff des Skeletts
Bestandteile von Wirkstoffen und Stoffwechselregulatoren
Regulation des Säuren-Basen-Gleichgewichtes

• Einteilung

Je nach der Menge, in der die Mineralstoffe im Tierkörper benötigt werden, unterscheidet man:

Mineralstoffe	
Mengenelemente	**Spurenelemente**
Ca, P, K, Na, Mg, Cl, S	Fe, Cu, Mn, Zn, Co, J, Se

Aufgaben der Mineralstoffe

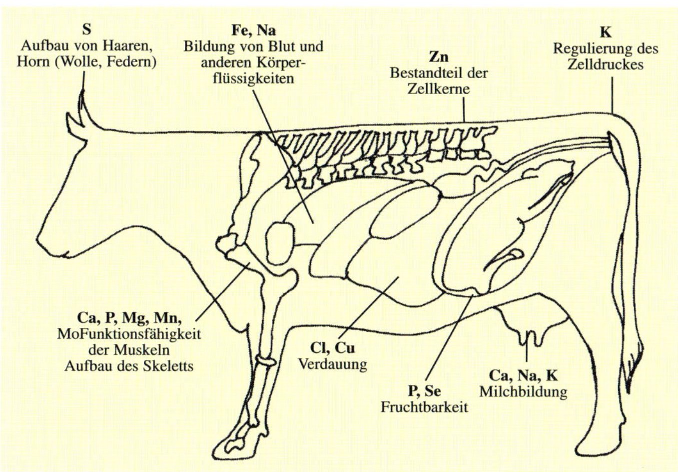

Schema des Mineralstoffwechsels

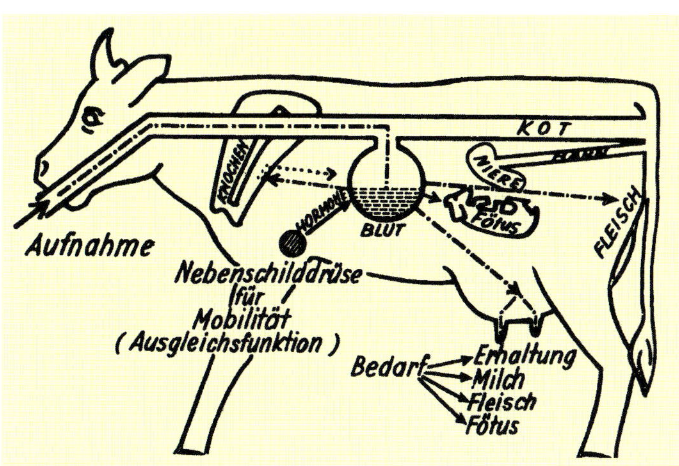

• Mineralstoffhaushalt

Der Organismus des Tieres ist bestrebt, zwischen der Mineralstoffzufuhr aus dem Darmtrakt, den verschiedenen Ausscheidungsarten und den Austauschvorgängen im Stoffwechsel ein Gleichgewicht aufrechtzuerhalten.

Für das Gleichgewicht der Mengenelemente sind vor allem Hormone der Nebenschilddrüse und der Nebennierenrinde verantwortlich.

Die Regulation erfolgt hauptsächlich über das Skelett (Ca, P) und über die Nieren (Na, K, Cl, auch P). Auch Vitamin D ist am Umsatz der Mineralstoffe beteiligt. Ca und P können in großem Umfang im Skelett gespeichert werden. Diese Reserven können in Zeiten ungenügender Zufuhr oder erhöhten Bedarfs wieder freigesetzt werden. Physiologische Schäden treten dabei nicht auf, wenn die Reserven in Perioden geringeren Bedarfes wieder aufgebaut werden können.

• Mineralstoffbedarf und Mineralstoffversorgung

Die Ansprüche der Tiere beziehen sich nicht nur auf die Menge der einzelnen Mineralstoffe, sondern

auch auf ein bestimmtes Mengenverhältnis einzelner Mineralstoffe zueinander.
Das wichtigste Verhältnis besteht zwischen Ca und P, aber auch andere Verhältnisse (je nach Tierart verschieden) sind von Bedeutung.
Darüber hinaus bestehen Wechselbeziehungen der Mineralstoffe untereinander und zu den im Futter enthaltenen Vitaminen, Eiweißstoffen und zu anderen Inhaltsstoffen.

Je nach Menge der zugeführten Mineralstoffe unterscheidet man folgende Versorgungsstufen:
Minimalversorgung = Zufuhr so geringer Mineralstoffmengen, dass Mangelerscheinungen gerade noch ausbleiben.
Optimalversorgung = eine Versorgung, bei der eine Steigerung der Mineralstoffzufuhr keine Verbesserung der Gesundheit, Fruchtbarkeit und Leistung bewirkt.

Mineralstoffbedarf einer Milchkuh im Laktationsablauf
Während der Laktation ist bei der Milchkuh die Mineralstoffversorgung über das Futter kaum sicherzustellen, sodass dementsprechende Vorräte im Knochengerüst während der Hochträchtigkeit angelegt werden müssen.
Aus diesem Grund ist auch während der Trockenstehzeit bzw. in der Hochträchtigkeit die Mineralstoffversorgung nicht zu vernachlässigen.
Eine Überversorgung mit Ca kann Gebärparese bewirken.

Für die Optimalversorgung der Tiere sind Kenntnisse über den Gehalt der Futtermittel und den Bedarf der Tiere notwendig.

- **Mineralstoffe**

siehe Tabelle Seite 149

Der Mineralstoffgehalt der pflanzlichen Futtermittel hängt ab:

Von der botanischen Zugehörigkeit der Pflanzen
Leguminosen, Rüben, Rübenblätter und Raps haben einen hohen Ca-Gehalt, Gräser sind eher mineralstoffarm (auch Mais) bei einem engen Ca:P-Verhältnis. Kräuter sind mineralstoffreich.
Bei hoher K-Versorgung (Gülle, Stallmist) sind fast alle Pflanzen K-reich. Wurzel- und Knollenfrüchte sind eher mineralstoffarm. Ölfrüchte, Extraktionsschrote, Samen und Kleien sind Ca-arm und relativ P-reich. Der Phosphor in Körnern und Samen liegt jedoch zum Großteil als Phytinphosphor vor, welcher von Tieren mit einhöhligem Magen nur unvollständig genutzt werden kann.

Von den im Boden vorhandenen Nährstoffen
Vielseitige Düngung hat dabei einen günstigen Einfluss.

Von den Witterungsverhältnissen
Sowohl zu trockene als auch zu feuchte Witterungsverhältnisse sind für den Mineralstoffgehalt der Pflanzen ungünstig. Trockenheit vermindert besonders den P-Gehalt.

Vom Erntezeitpunkt
Mit fortschreitender Vegetation sinkt der Mineralstoffgehalt der Pflanzen (besonders der P-Gehalt).

Vom Ernteverfahren
Eine sorgfältige Werbung und Konservierung vermindert die Mineralstoffverluste.

h) Vitamine

- **Begriff**

Die Vitamine sind lebensnotwendige organische Stoffe, die in kleinen Mengen im Körper wirksam sind.

- **Aufgaben**

Ausbildung und Aufrechterhaltung bestimmter Gewebestrukturen (fettlösliche Vitamine) sowie Regulierung von Stoffwechselvorgängen als Bestandteil von Enzymen (wasserlösliche Vitamine).
Jedes Vitamin hat im Körper bestimmte Aufgaben zu erfüllen und kann dabei von keinem anderen ersetzt werden.
Unzureichende Vitaminversorgung führt zu Mangelkranheiten (Avitaminosen). Ebenso sind auch Überdosierungen (Hypervitaminosen) möglich (besonders bei Vitamin D).

Mengenelement	Aufgaben	Mangelerscheinungen	Überschuss	Versorgung
Kalzium (Ca)	Aktivierung von Fermenten, Erregbarkeit der Nerven u. Arbeit der Muskeln, Fruchtbarkeit	Gestörte Skelettentwicklung bei Jungtieren (Rachitis), Entmineralisierung bei ausgewachsenen Tieren (Osteomalazie)	Schlechte Verwertung anderer Mineralstoffe (Mg, Cu, Zn etc.)	Neben der optimalen Menge sind das Verhältnis von Ca:P (z. B. beim Rind ca. 2:1 und beim Schwein 1,3-1,6:1) und die Versorgung mit Vitamin D zu beachten.
Phosphor (P)	Bestandteil des Zellkerns, Energieumsetzung im Körper, Fruchtbarkeit	wie bei Ca		wie bei Ca
Kalium (K) u. Natrium (Na)	Aufrechterhaltung des osmotischen Druckes der Körperflüssigkeiten und des Säuren-Basen-Haushaltes	Na-Mangel bewirkt Verringerung der Futteraufnahme und der Leistung, Lecksucht und Unruhe; bei K-Überschuss ähnliche Erscheinungen		Neben der optimalen Menge ist z. B. beim Rind ein Na:K-Verhältnis von 1:4-20 anzustreben. Fast alle Grundfuttermittel sind Na-arm. Vor allem bei Verfütterung von stark mit Jauche und Gülle gedüngtem Futter tritt K-Überschuss auf. Eine zusätzliche Natriumversorgung (Viehsalz) ist dann besonders wichtig
Magnesium (Mg)	Aktivierung von Fermenten, Nervenfunktion (zusammen mit Ca und P)	Erregtheit, Krämpfe (Weidetetanie), Leistungsabfall		Erhöhtes Protein- und K-Angebot verbunden mit Rohfasermangel vermindert die Ausnützung des Futter-Mg und der Körperreserven an Mg
Schwefel (S)	Bestandteil der schwefelhältigen Aminosäuren			Versorgung erfolgt über die Aminosäurenversorgung
Spurenelement	**Aufgaben**	**Mangelerscheinungen**	**Überschuss**	**Versorgung**
Eisen (Fe)	Blutbildung, Bestandteil von Fermenten	Blutarmut (Anämie), Wachstumsstörungen		Vorkommen: reichlich in Grünfutter, Heu und Getreide
Kupfer (Cu)	Blutbildung, Bestandteil von Fermenten	Abmagerung, Lecksucht und verminderte Fruchtbarkeit, Pigmentmangel in den Haaren		Ca-Überschuss hemmt die Funktion von Cu. Vorkommen: Reichlich in Ölschroten u. Kleien
Mangan (Mn)	Ferment- und Hormonbildung, Geschlechtsfunktion	Störung der Knochenentwicklung und der Fruchtbarkeit		Vorkommen: In ausreichender Menge im Grundfutter, wenn der pH-Wert des Bodens nicht zu hoch ist.
Zink (Zn)	Fermentbestandteil	Hautveränderungen (Parakeratosen) beim Schwein,Wachstumshemmung, Haarausfall und verringerte Futteraufnahme		Vorkommen: Reichlich in Kleien, Ölschroten und Futterhefe
Kobalt (Co)	Aufbau des Vitamins B12, Aktivierung von Fermenten	Geringe Fresslust, Abmagerung, Lecksucht (Semperkrankheit)		Vorkommen: Reichlich in Hefe, Melasse und Zuckerrübenblatt
Jod (J)	Bestandteil des Schilddrüsenhormons und Geschlechtsfunktion	Dickhalsigkeit		Vorkommen: Reichlich in Fischmehl, Kokos- und Leinschrot und melassierten Trockenschnitzeln
Selen (Se)	Fermentbestandteil – Schutz vor Zellschädigung, Stoffwechsel der Schilddrüsenhormone	Wachstumsstörungen, Fruchtbarkeitsstörungen		Es besteht eine enge Beziehung zur Versorgung mit Vitamin E

• **Einteilung nach ihrer Löslichkeit**

Vitamine	
Fettlösliche	**Wasserlösliche**
A, D, E und K	B_1, B_2, B_6, B_{12}, C, Nikotinsäure, Cholin, Panthothensäure, Folsäure, Biotin, u.a.m.

• **Fettlösliche Vitamine**

Vitamin A
Aufgaben: Wachstumsvitamin, Ephitelschutzvitamin, Fruchtbarkeitsvitamin.
Vorkommen: Als Vitamin in tierischen Produkten (Milch, Lebertran, Fischmehl etc.), als Provitamin (Karotin) in allen grünen Pflanzenteilen.
Empfindlichkeit – Abbau: Vitamin und Provitamin werden durch Sauerstoff zerstört. Im Laufe der Zeit (Lagerung) wird im Futter ß-Karotin abgebaut, sodass gegen Winterende ein Mangel auftreten kann.

Vitamin D
Aufgaben: Förderung des Mineralstoffwechsels (Ca und P) und Leistungsbildung (Antirachitisches Vitamin).
Vorkommen: Als Vitamin im sonnengetrockneten Heu und Lebertran. Als Provitamin in vielen Pflanzen. Es kann vom Tier bei ultravioletter Strahlung (Sonne) aktiviert werden.

Vitamin E
Aufgaben: Fördert die Aufnahme und Wirkung des Vitamins A; Fruchtbarkeit, Muskeltätigkeit; es ist ein natürliches Antioxydans. Besonders wichtig bei Maisrationen.
Vorkommen: in jungem Grünfutter, Weizenkeimlingen und Malzkeimen.

Vitamin K
Aufgabe: Erhöhung der Blutgerinnungsfähigkeit.
Vorkommen: Reichlich in vielen Futtermitteln. Eine zusätzliche Verabreichung ist beim Geflügel erforderlich.

• **Wasserlösliche Vitamine**

Vitamine der B-Gruppe
Aufgaben: Sie haben entscheidende Funktionen im Eiweiß-, Kohlenhydrat- und Fettstoffwechsel, bei der Blutbildung, für die Funktion von Nerven, Fermenten und der Haut sowie beim Fruchtbarkeitsgeschehen.
Vorkommen: Hefen, Getreide, Kleien, Milch, Molke, Frischpresssäfte.

Vitamin C (Ascorbinsäure)
Aufgaben: Förderung der Abwehrkraft des Körpers (Immunsystem).
Vorkommen: in allen grünen Pflanzenteilen.
Bedeutung in der praktischen Fütterung relativ gering.

• **Vitaminversorgung**

Fettlösliche Vitamine
Die Vitamine A, D und E müssen dem Tier grundsätzlich mit der Nahrung zugeführt werden.
Vitamin K wird bei Wiederkäuern und beim Schwein von den Kleinlebewesen des Verdauungstraktes aufgebaut.

Wasserlösliche Vitamine
Die wasserlöslichen Vitamine kann der Wiederkäuer mit Hilfe der Pansenmikroben selbst aufbauen. Bei Schweinen und Geflügel müssen sie jedoch im Futter enthalten sein.

i) Futterzusatzstoffe

Mit der EG-Verordnung Nr. 1831/2003 wurden die Zusatzstoffe für Futtermittel neu geregelt.

Vitamine und Spurenelemte
gehören zu der Gruppe der ernährungsbedingten Zusatzstoffe und unterliegen besonderen Abgabe- und Verwendungsbeschränkungen.

Enzyme und Mikroorganismen
Werden der Gruppe zootechnische Zusatzstoffe zugeordnet und dienen der Stabilisierung der Darmflora.

Farbstoffe und Aromastoffe
Zu der Gruppe der sensorischen Zusatzstoffe zählen Farbstoffe, die der Färbung des Futtermittels oder der tierischen Erzeugnisse durch die Verfütterung dienen, sowie Aromastoffe, welche die Schmackhaftigkeit verbessern.

Technologische Zusatzstoffe
Dazu zählen u. a. Konservierungsstoffe, Antioxydantien, Emulgatoren und Bindemittel.

Kokzidiostatika
dienen der Verhütung der Kokzidiose.

Antibiotische Leistungsförderer und Wachstumsförderer sind nach der EG-Verordnung 181/2003 nicht mehr zugelassen.

8.3 Grundbegriffe des Futterwertes

Um die Fütterung des Tieres optimal gestalten zu können, sind folgende Voraussetzungen notwendig:
- Kenntnisse über die Verdaulichkeit des Futters
- Kenntnisse des Nährstoffbedarfes
- Kenntnisse des Nährstoffgehaltes der Futtermittel
- Futterwertmaßstäbe zur Messung der Futterenergie und des Proteins

8.3.1 Verdaulichkeit des Futters

Die Tiere können nur von dem Teil des Futters leben, der verdaut wird. Was im Futter unverdaulich ist, wird mit dem Kot ausgeschieden.

a) Der Begriff Verdaulichkeit

Von der aufgenommenen Nahrungsmenge wird ein gewisser Teil durch den Kot ausgeschieden. Der im Kot nicht erscheinende Anteil wird als verdaut bezeichnet.

Schema

Aufgenommenene organische Substanz im Futter
z. B. 10 kg T
minus organische Substanz im Kot
z. B. 4 kg T
= verdauliche organische Substanz
z. B. 6 kg T
= 60% d. OM des Futters

Die in Prozenten ausgedrückte Verdaulichkeit nennt man Verdauungsquotient (VQ) oder Verdauungskoeffizient (VK).

In den Futterwerttabellen wird die Verdaulichkeit der organischen Masse mit der Abkürzung dO% angegeben.

b) Einflüsse auf die Verdaulichkeit

Die Verdaulichkeit eines Futtermittels ist keineswegs eine konstante Größe, sondern sie ist von verschiedenen Faktoren wie Tierart, Futtermenge, Rationszusammensetzung und Zubereitung der Futtermittel abhängig. Die stärksten Unterschiede zwischen den Tierarten treten in der Verdaulichkeit der Rohfaser auf. Der Wiederkäuer ist dem Schwein bei der Verdauung rohfaserreicher Futtermittel überlegen. Die aufgenommene Rohfasermenge beeinflusst aber nicht nur die Verdaulichkeit der Rohfaser, sondern auch die Verdaulichkeit anderer Nährstoffgruppen.

Sowohl beim Rind als auch beim Schwein sinkt die Verdaulichkeit des Futtermittels mit steigendem Rohfasergehalt.

Verdaulichkeit der organischen Masse einiger Futtermittel bei Rind und Schwein

Futter-mittel	XF in % d. T	dO%	
		Rind	Schwein
Mais	2,9	89	89
Gerste	5,3	88	83
Hafer	11,5	72	70
Weidegras	19,4	79	63

c) Anforderungen von Rind und Schwein an die Verdaulichkeit des Futters

Tierkategorie	dO%
Milchkuh	
Trockenperiode	70
Laktation 10 kg Milch	66
20 kg Milch	74
Mastrind (300–500 kg LG)	65–70
Jungrinderaufzucht	55–65
Zuchtsauen	
niedertragend	60
Säugezeit	80–84
Mastschweine	78–82

Da sich der Nährstoffbedarf der Tiere mit steigender Leistung erhöht und das Fassungsvermögen des Verdauungskanals begrenzt ist, muss die Nährstoffkonzentration mit steigender Leistung erhöht werden. Im gleichen Futtervolumen müssen also mehr verdauliche Nährstoffe enthalten sein. Das bedeutet, dass die Verdaulichkeit der organischen Substanz höher sein muss.

8.3.2 Energiestufen

a) Übersicht über die Energiestufen (Schema)

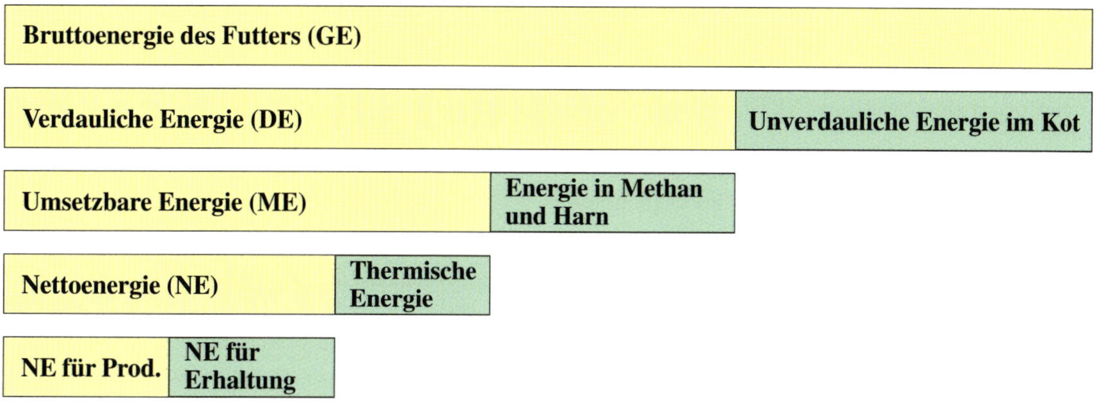

b) Energiestufen und ihre Berechnung

Energiestufe	Abkürzung	Ableitung der Abkürzung	Erklärung – Berechnung
Bruttoenergie	GE	gross energy	In Wärme überführbarer Energiegehalt
Verdauliche Energie	DE	digestible energy	DE = GE – Energie im Kot
Umsetzbare Energie	ME	metabolizable energy	ME = DE – (Energie im Harn + Methanenergie)
Nettoenergie	NE	net energy	NE = ME – Thermische Energie Die Nettoenergie ist jener Anteil der Bruttoenergie eines Futtermittels, der im Stoffwechsel für den Erhaltungs- und Leistungsumsatz verwendet werden kann.

8.3.3 Maßstäbe für die Futterenergie

a) Energiemaßstäbe für Wiederkäuer

• **Umsetzbare Energie (ME)**

Die Umsetzbare Energie eines Futtermittels wird aus dessen Gehalt an verdaulichen Nährstoffen berechnet.
Sie dient als Energiemaßstab bei Mastrindern.

• **Nettoenergie-Laktation (NEL)**

Die Energiebewertung nach dem Maßstab NEL beruht auf der Umsetzbarkeit der Futterenergie in Milch-Energie.

Die Angabe der NEL erfolgt in Kilojoule (KJ) oder Megajoule (MJ).
1KJ = 1000 J
1MJ = 1000 KJ

• **Ermittlung des NEL-Gehaltes**
Die Nettoenergie für die Laktation (NEL) wird aus der Umsetzbaren Energie (ME) errechnet. Sie ist vom Verhältnis der ME zur Bruttoenergie (GE) und von der Umsetzbarkeit der ME des Futters in Milchenergie abhängig.

b) Energiemaßstab für Schweine

• **Umsetzbare Energie (ME)**

Die Berechnung der ME erfolgt aus den verdaulichen Nährstoffen mit Hilfe einer speziellen Formel.

Mit der ME kann auch der Energiegehalt von Futtermischungen (Alleinfutter oder Fertigfutter) ermittelt werden.

Bei der Bewertung von Mischfutter müssen jedoch zusätzlich zu den Ergebnissen der Weender Analyse auch die Gehalte an Stärke und Zucker bekannt sein.

c) Energiemaßstab für Pferde

Beim Pferd wird der Energiemaßstab Verdauliche Energie (DE) verwendet.

d) Energiemaßstab für Geflügel

Beim Geflügel wird als Energiemaßstab die Umsetzbare Energie (ME) verwendet.

Sie wird in Kilojoule (KJ) oder Megajoule (MJ) ausgedrückt.

8.3.4 Maßstäbe für das Protein

Da Protein als Baustoff durch keinen anderen Nährstoff ersetzt werden kann, ist neben dem Energiegehalt des Futters auch dessen Gehalt an Rohprotein (XP) für die Futterbewertung erforderlich. Die Angabe erfolgt in g je kg Futter.

Proteinmaßstäbe sind:

• **Rohprotein (XP)**
Das Rohprotein umfasst alle N-hältigen Verbindungen des Futtermittels.
Ng x 6,25 = XP g
Die Bewertung nach Rohprotein wird derzeit bei allen Tierarten und Tierkategorien mit Ausnahme des Milchviehs angewendet.

• **Nutzbares Protein im Darm (nXP)**
Für die Proteinversorgung von Milchkühen ist jene Menge Protein ausschlaggebend, die im Dünndarm zur Verfügung steht.

Diese Menge setzt sich zusammen aus:
dem im Pansen abgebauten **Rohprotein (UDP)** und dem **Mikrobenprotein**

• **Ruminale Stickstoffbilanz (RNB)**
Die RNB dient als Maßstab der Versorgung der Pansenmikroben mit Stickstoff.

Die Berechnungsformel lautet:

$$\frac{\text{XP Gehalt des Futters in g} \quad - \quad \text{Gehalt des Futters an nXP in g}}{6{,}25} \quad = \quad \text{RNB}$$

Bei Schweinen und Geflügel benötigt man zusätzlich zum XP-Gehalt den Gehalt an essenziellen Aminosäuren.

8.3.5 Übersicht Futterwertmaßstäbe und Tierkategorien

Tierkategorie	Maßstab für die Futterenergie in MJ	Maßstab für das Protein in g
Milchkühe, Mutterkühe	NEL	nXP u. RNB
Ziegen	NEL	XP
Kälber, Aufzuchtkalbinnen, Mastrinder, Zuchtstiere	ME	XP
Schafe	ME	XP
Schweine	ME	XP
Geflügel	ME	XP
Pferde	DE	XP

8.3.6 Futteruntersuchungsergebnisse

Beispiel eines Futteruntersuchungsergebnisses aus dem Futterlabor Rosenau:

Futtermittellabor
ROSENAU

Futtermittellabor Rosenau
der Nö - Landes-
Landwirtschaftskammer
3252 Petzenkirchen
Tel: 07416/52494

Probennummer 2002 07 9001
Futterart: Wiederkäuerfutter
Datum: 2.August 2002

UNTERSUCHUNGS-
BEFUND

Nö. LLWK
zH Hr. DI Wiedner Günther

Wiener Straße 64
3100 St.Pölten

Bezeichnung der Probe
Grassilage 1.Schnitt

Untersuchungsgebühr:

ANALYSENWERTE

Nährstoffe: (g/kg)		**FM**	**TM**
Trockenmasse	**TM**	**384**	**1000**
Rohprotein	**RP**	**55**	**143**
Nutzbares Rohprotein	**nXP**	**50**	**130**
Unabgebautes RP 15,0 %	**UDP**	**8**	**21**
N-Bilanz im Pansen	**RNB**	**1**	**2**
Rohfett *	**RFE**	**12**	**32**
Rohfaser	**RFA**	**105**	**275**
Gerüstsubstanzen (Summe	**NDF**	**195**	**509**
Zellulose und Lignin	**ADF**	**127**	**330**
Lignin	**ADL**	**12**	**32**
N-freie Extraktstoffe	**NFE**	**170**	**444**
Rohasche	**RA**	**41**	**107**
Verd. d.org. Masse, %	**dOM**	**72,0**	
Umsetzbare Energie, MJ	**ME**	**3,80**	**9,91**
Nettoenergie, MJ	**NEL**	**2,26**	**5,90**
Mengenelemente: (g/kg)		**FM**	**TM**
Calcium Ca : P = 1,83 : 1	**Ca**	**2,7**	**7,0**
Phosphor	**P**	**1,5**	**3,8**
Magnesium	**Mg**	**0,8**	**2,1**
Kalium K : Na = 36,0 : 1	**K**	**13,4**	**34,9**
Natrium	**Na**	**0,37**	**0,97**
Spurenelemente: (mg/kg)		**FM**	**TM**
Eisen	**Fe**	**221,9**	**578,7**
Kupfer	**Cu**	**4,2**	**10,9**
Zink	**Zn**	**13,4**	**34,9**
Mangan	**Mn**	**29,3**	**76,3**

Gärqualität		**%**	**g/kg FM**
Milchsäure	**MS**	**71,7**	**16,2**
Essigsäure	**ES**	**13,7**	**3,1**
Buttersäure	**BS**	**14,6**	**3,3**
Gesamtsäure	**GS**	**100.0**	**22,6**
pH - Wert		**4,6**	
Ammoniak-N, % von Ges-N		**2,7**	
Punkte		**75 von 100**	
Note		**2 gut**	

Zusatzuntersuchungen		**FM**	**TM**
Stärke	**g/kg**	-	-
Zucker	**g/kg**	**42**	**110**
Carotin	**mg/kg**	-	-
Lactose	**g/kg**	-	-
Xanthophyll	**mg/kg**	-	-
Nitrat	**mg/kg**	-	-
Harnstoff	**mg/kg**	-	-
Stickstoff	**g/kg**	**8,0**	**21,0**
Chlorid	**g/kg**	-	-
Ureaseaktivität	**mg N/g/min**	-	
Peroxydzahl		-	

FM = FRISCHMASSE = WERTE JE KG FRISCHFUTTER
TM = TROCKENMASSE = WERTE FÜR DEN VERGLEICH VON FUTTERMITTELN
- = WERT WURDE NICHT UNTERSUCHT
*** = Rohfett bei Mischfutter mit Säureaufschluß**

Futterbewertung in Zusammenarbeit mit Dr. L. Gruber, Dr. A. Steinwidder und Ing. Th. Guggenberger
BAL Gumpenstein, Institut für Viehwirtschaft, 8952 Irdning

Bei Anfragen:
NÖ. Landes-Landwirtschaftskammer
Abteilung Tierproduktion
Wienerstraße 64 3100 St. Pölten
Telefon: 02742/259 - 3203

Für die Richtigkeit der Angaben
DI Günther Wiedner

Programmierung, Datenfluß & Design: Ing. Thomas Guggenberger 2000

8.3.7 Futterverzehr und Sättigung

Um den Nährstoffgehalt von Futtermitteln genau zu erfassen, werden Nährstoffanalysen in Futterlabors durchgeführt.
Die Durchschnittsergebnisse dieser Untersuchungen werden in Futterwerttabellen zusammengefasst.

a) Hunger- und Sättigungszentrum

Die Regulation der Futteraufnahme beruht, vereinfacht dargestellt, auf zwei Faktoren:
- Hunger bzw. Appetit und
- Sättigung

Im Gehirn befinden sich das Hunger- und das Sättigungszentrum. Das uneingeschränkt aktive Hungerzentrum bewirkt eine hohe Futteraufnahme. Durch zunehmende Beeinflussung des Sättigungszentrums wird die Aktivität des Hungerzentrums mehr und mehr eingeschränkt, sodass die Futteraufnahme geringer und schließlich eingestellt wird.

Mechanismen der Sättigung
- Dehnungsrezeptoren (Ausweitung des Magen-Darmtraktes durch die Menge des aufgenommenen Futters),
- Chemorezeptoren (Anstieg der Konzentration von Nährstoffbausteinen) und
- Thermorezeptoren (Temperaturanstieg in den Körperflüssigkeiten).

b) Einflüsse auf das Sättigungszentrum

• Nährstoffbedarf
Bei Tieren mit hoher Leistung (neumelkende Kuh, Zuchtsau in der Säugeperiode) verschiebt sich die Grenze, ab der das Sättigungszentrum eine Verminderung der Futteraufnahme bewirkt, nach oben, sodass insgesamt mehr Futter aufgenommen wird.

• Auffüllungsgrad der Fettdepots
Bei normalen Fettdepots liegt die Futteraufnahme im physiologischen Bereich, während sie bei verfetteten Tieren vermindert und bei abgemagerten Tieren erhöht ist.

• Fütterungstechnische Einflüsse
Von entscheidendem Einfluss ist die Dauer des Futterangebotes je Mahlzeit. Bei hohen Leistungen wird die erforderliche Futtermenge nur aufgenommen, wenn die Dauer des Futterangebotes gesteigert oder das Futter ad libitum (zur freien Verfügung) angeboten wird.

• Vom Magen-Darmtrakt ausgehende Einflüsse
Bei nährstoffarmen, voluminösen Futtermitteln kommt es durch die Dehnung des Magen-Darmtraktes über die Dehnungsrezeptoren zu einer Beendigung der Futteraufnahme, bevor der Nährstoffbedarf gedeckt ist.

• Vom Stoffwechsel ausgehende Einflüsse
Durch die Absorption der Nährstoffbausteine, z. B. Glucose und Aminosäuren bei Tieren mit einhöhligem Magen und von flüchtigen Fettsäuren bei Wiederkäuern, steigt deren Konzentration im Blut. Diese Konzentrationserhöhung wirkt auf das Sättigungszentrum des Gehirnes.

c) Folgerungen für die Fütterungspraxis

Bei Tierarten, welche mit sehr konzentrierten Futtermitteln gefüttert werden, ist der Nährstoffbedarf bereits gedeckt, bevor die Sättigung eintritt. Zur Vermeidung von Überversorgung und Verfettung müssen diese Tiere restriktiv (mit beschränkter Futtermenge) gefüttert werden.
Bei Wiederkäuern, speziell bei Milchvieh mit hohen Leistungen, sind sämtliche Maßnahmen zu setzen, die den Sättigungsmechanismus möglichst spät einsetzen lassen, um über eine hohe Futteraufnahme den Nährstoffbedarf decken zu können.

8.3.8 Erhaltungs- und Leistungsfutter

a) Erhaltungsfutter

Unter dem Erhaltungsfutter versteht man jene Nährstoffmenge, die ein Tier benötigt, um am Leben zu bleiben und sein Gewicht zu halten, ohne eine Leistung zu erbringen.

Es dient der Wärmebildung (Körpertemperatur), der Aufrechterhaltung der Körperfunktionen (Atmung, Kreislauf, Verdauung usw.) und dem Ersatz verbrauchter Körpersubstanzen (Haare, Federn, Haut, Fermente).

b) Leistungsfutter

Darunter versteht man jene Nährstoffmenge, die für die Leistungsbildung verwendet wird.

Es dient zur Erzeugung von Produkten des Umsatzstoffwechsels (Milch, Eier, Arbeit) sowie des Ansatzstoffwechsels (Fleisch, Reservestoffe im Körper, Fruchtentwicklung).

Der Erhaltungsfutteranteil am Gesamtfutteraufwand ist umso geringer, je höher die Leistung des Tieres ist.

8.3.9 Preiswürdigkeit von Futtermitteln

Die Wirtschaftlichkeit der Fütterung hängt neben der optimalen Nährstoffversorgung auch von der Preiswürdigkeit der eingesetzten Futtermittel ab.
Für eine wirtschaftliche Nutztierhaltung ist es notwendig, jene Futtermittel auszuwählen, mit denen die benötigten Nährstoffe zu den niedrigsten Kosten bereitgestellt werden können.

Nicht immer ist das billigste Futter auch das preisgünstigste.
Es gilt das Problem zu lösen, mit welcher Kombination von Futtermitteln der Nährstoffbedarf der Tiere am günstigsten gedeckt werden kann.
Die beste Lösungsmöglichkeit hiefür bieten spezielle EDV-Programme.
Im Folgenden werden zwei einfache Hilfsmethoden zur Schätzung der Preiswürdigkeit von Futtermitteln dargestellt.

a) Berechnung der Kosten der Energie oder eines anderen Inhaltsstoffes eines Futtermittels (Divisionsmethode)

Da bei günstigen Eiweißfuttermittelpreisen die Wirtschaftlichkeit im Wesentlichen von den Kosten je Energieeinheit abhängt, ist es am zweckmäßigsten, **innerhalb von Futtermittelgruppen** den Preis je 10 MJ NEL oder 10 MJ ME auszurechnen.

Vergleiche Getreide untereinander:
Z. B. Gerste enthält 12,68 MJ ME und kostet 0,107 Euro je kg.

12,68 MJ ME .... 0,107 Euro
10,00 MJ ME x

x = 0,107 : 12,68 x 10
x = 0,084 Euro

Futtermittel	Preis je kg in Euro	ME MJ Schwein je kg	g XP je kg	Preis je 10 MJME in Euro	Preis je 1000 g XP in Euro
Gerste	0,107	12,68	106	0,084	1,009
Mais	0,104	14,09	93	0,074	1,118
Soja-44	0,220	13,04	451	0,168	0,488
Rapsschr.	0,136	10,50	335	0,129	0,406

Der Tabelle kann man entnehmen, dass Mais ein preisgünstiges Futtermittel zur Energieversorgung ist, während Rapsschrot relativ billiges Protein liefert.

b) Zweifaktorenmethode

Sie ist dann sinnvoll, wenn nicht nur Energie, sondern auch das Protein ein leistungsbegrenzender Faktor in der Futterration ist.
Um einen zweiten Faktor in die Berechnung

einbeziehen zu können, ist folgende Methode denkbar.

Man berechnet jene Menge des billigsten energetischen Futtermittels der Ration, die den gleichen Energiegehalt wie ein Kilogramm Proteinfuttermittel besitzt.
Vergleicht man nun die Preise und den Gehalt an Protein des Proteinfuttermittels und die entsprechende Menge des Energiefuttermittels, so kann man aus den Differenzen den Zusatzpreis des Proteins berechnen.

Berechnung:
Mais (billigstes energetisches Futtermittel)
Nährstoffgehalt: 14,09 MJ ME/93 g XP
Preis/kg: 0,104 Euro

Sojaextraktionsschrot-44
Nährstoffgehalt: 13,04 MJ ME/451 g XP
Preis/kg: 0,220 Euro

13,04 : 14,09 = 0,93 kg Mais (enthalten 86 g XP und kosten 0,097 Euro).
0,93 kg Mais entsprechen dem Energiegehalt von 1 kg Soja.
Durch das Weglassen von diesen 0,93 kg Mais verringert sich der Gehalt an XP um 86 g XP und muss durch das neue Futtermittel ersetzt werden.
Die restlichen 365 g (451 - 86) XP müssen mit einem Preis von 0,123 (0,220 - 0,097) Euro bezahlt werden.

Auf diese Art kann man mehrere Eiweißfuttermittel auf ihre Preiswürdigkeit prüfen.

Futtermittel	**Energiegleiche Maismenge**	**XP g**	**Zusatzpreis je kg Futtermittel**	**Zusatzpreis je 1000 g XP**
1 kg Mais	1,00	93		
1 kg Sojaschr.	0,93	451	0,123	0,337
1 kg Rapsschr.	0,75	335	0,062	0,234

Erklärung:
Der Energiegehalt von 1 kg Soja kann durch 0,93 kg Mais ersetzt werden.
0,93 kg Mais kosten 0,097 Euro (0,104 x 0,93).
0,93 kg Mais liefern 86 g XP.
Um die Proteinmenge über Soja bereitzustellen, müssen noch 365 g (451 – 86) XP mit einem Mehrpreis von 0,123 (0,220 – 0,097) gerechnet werden, d. h. der Zusatzpreis für das Protein beträgt 0,123 Euro je kg Futtermittel bzw. 0,337 je 1000 g XP.
Auf diese Weise kann nun berechnet werden, welches Eiweißfuttermittel den geringsten Zusatzpreis je kg Futter bzw. je 1000 g XP verursacht.

Abschließend muss noch darauf hingewiesen werden, dass neben der kostengünstigen Rationserstellung auch die speziellen Bedürfnisse der betreffenden Tierart zu berücksichtigen sind.

Manche Futtermittel eignen sich nur in beschränktem Umfang oder gar nicht zur Verfütterung an eine bestimmte Tierart.

8.4 Futtermittel

Futtermittel landwirtschaftlicher Nutztiere können aus der Sicht der Fütterung in Grund- und Kraftfutter eingeteilt werden.

	Grundfutter	Kraftfutter
Nährstoff-konzentration	niedrig	hoch
Rohfaser	hoch	niedrig
Hauptfutter-komponente für	Rinder, Schafe, Ziegen, Pferde	Schweine, Geflügel

Grundfutter unterscheidet sich vom Kraftfutter in erster Linie durch einen geringeren Energiegehalt und einen höheren Rohfasergehalt. Grundfuttermittel werden hauptsächlich in der Wiederkäuer- und Pferdefütterung eingesetzt. Zum Teil wird Grundfutter auch an tragende Zuchtschweine verfüttert.

Kraftfutter ist relativ energiereich und rohfaserarm. Kraftfutter dient als Hauptfutterkomponente für Schweine und Geflügel. In der Wiederkäuer- und Pferdefütterung dient das Kraftfutter zur Ergänzung des Grundfutters. Je höher die tierischen Leistungen, umso höher ist der Bedarf an Kraftfutter. Die Grenze einer wiederkäuergerechten Fütterung liegt bei rund 50% Kraftfutteranteil in der Gesamtration (bezogen auf die Trockenmasse).

Mineralfutter dient zur Ergänzung fehlender Mengenelemente, Spurenelemente und Vitamine. Der Bedarf ist unterschiedlich und hängt stark von der Leistung der Tiere ab.

• Futtermittelgruppen

Grundfutter
· Grünfutter → Gras, Luzerne
· Silagen
· Raufutter → Heu
· Wurzel- und Knollenfrüchte früher Rüben

Biertreber

Kraftfutter
· Körner und Samen
· Industrielle Nebenerzeugnisse
· Futtermittel tierischer Herkunft

Mineralfutter
· Kohlensaurer Kalk
· Phosphorsaurer Kalk
· Viehsalz
· Natriumbicarbonat
· …

8.4.1 Grundfutter

Die Qualität des Grundfutters beeinflusst maßgeblich Leistung und Gesundheit der Tiere.

Wichtige Qualitätskriterien sind der Nährstoffgehalt, Futterhygiene und Schmutzanteil.

a) Grundfutterqualität

• Grundfutterqualität

hoher Nährstoffgehalt
Grünlandfutter
· Schnittzeitpunkt im Ähren- und Rispenschieben bzw. Knospenstadium bei Kleebeständen
· Pflanzenbestand-Düngung
· geringe Blattverluste bei der Futterwerbung
· geringe Futterverschmutzung

Maissilagen
· Erntezeitpunkt Ende Teigreife der Maiskörner

gute Futterhygiene und Gärqualität
Grünfutter
· frisch vorlegen – Erwärmung vermeiden
· geringer Schmutzanteil

Silagen
· optimale Gärqualität durch geringe Futterverschmutzung, gutes Anwelken, ausreichendes Verdichten und schnelles luftdichtes Verschließen

Heu
· geringe Bröckelverluste
· Belüftung

• Nährstoffgehalt

Der Nährstoffgehalt im Futter wird beeinflusst vom:
Schnittzeitpunkt: Der Nährstoffgehalt von Grünlandpflanzen hängt wesentlich vom Vegetationsstadium bei der Ernte ab. Je später die Ernte, desto höher der Rohfasergehalt und niedriger der Energie-

gehalt. Der Schnittzeitpunkt sollte so gewählt werden, dass die hauptbestandsbildenden Gräser noch nicht blühen und sich im vollen Ähren- und Rispenschieben befinden. Kleebestände sollten im Knospenstadium geerntet werden. Mit zunehmendem Alter der Pflanzen kommt es zu einer „Verholzung“ (Ligninbildung), wodurch die Verdaulichkeit absinkt. Überständiges Futter ist entsprechend energie-, rohprotein- und mineralstoffarm. Durch den erhöhten Verdauungsaufwand verweilt das Futter länger im Verdauungstrakt und die Futteraufnahme sinkt. Maissilagen sollten im Stadium Ende Teigreife der Maiskörner geerntet werden.

Zusammenhang Schnittzeitpunkt und Rohfaser

Werbeart	Schnittzeitpunkt	Rohfasergehalt
Silage	früh – im Ähren- bzw. Rispenschieben	< 25%
	mittel – Beginn bis Mitte Blüte	25–29%
	spät – Ende Blüte	> 29%
Heu	früh – im Ähren- bzw. Rispenschieben	< 26%
	mittel – Beginn bis Mitte Blüte	26–30%
	spät – Ende Blüte	> 30%

Schnittzeitpunkt und Energiegehalt

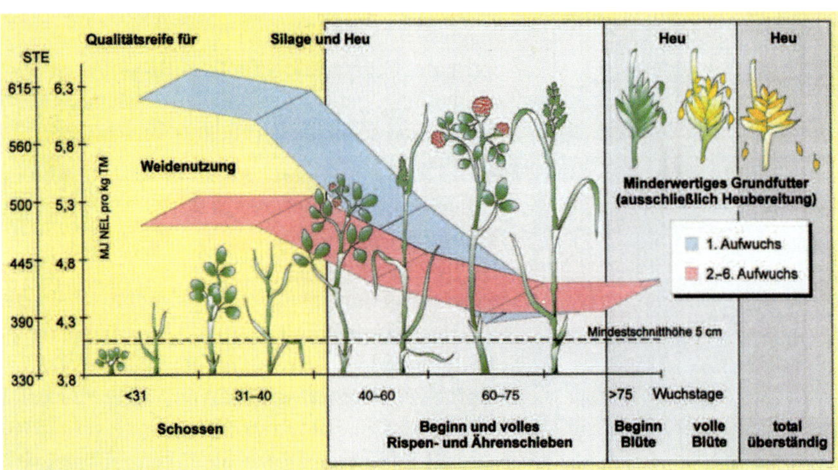

Mischen 1. + 4. Schnitt gut!

Aufwuchs: Von Aufwuchs zu Aufwuchs steigt der Rohprotein- und Mineralstoffgehalt, da der Anteil von Kräutern und Klee zunimmt. Der Energiegehalt nimmt bezogen auf den gleichen Schnittzeitpunkt (bei gleichem Rohfasergehalt) ab.

Pflanzenbestand: Der Grünlandaufwuchs soll so zusammengesetzt sein, dass wertvolle Futtergräser, Klee und Kräuter in einem ausgewogenen Verhältnis stehen. Dadurch wird die Schmackhaftigkeit des Futters, die Nutzungselastizität (Futter wird langsamer alt) und der Mineralstoffgehalt positiv beeinflusst. Ein Anteil von rund 60–80% Gräser, 10–20% Klee und 10–20% Kräutern ist anzustreben. Bestimmte Pflanzen können auch die Tiergesundheit negativ beeinflussen. Grünlandbestände mit einem hohen Anteil von Scharfem Hahnenfuß (Vergiftung), Goldhafer (Verkalkung) und Gülleunkräutern (Durchfall, Fruchtbarkeitsstörungen) sind zu vermeiden.

Hauptvoraussetzungen für einen ausgewogenen Pflanzenbestand sind:

Ausgewogene Düngung: Übermäßige Wirtschaftsdüngergaben fördern Unkräuter die allgemein als „Gülleflora“ bezeichnet werden. Entscheidend dabei ist, dass ausreichend Lagerraum zur Verfügung steht. Die Wirtschaftsdünger sollten ausschließlich in der Vegetationszeit und dabei möglichst gleichmäßig auf alle Flächen und Schnitte verteilt ausgebracht werden. Stickstoff fördert vor allem Gräser, Phosphor hingegen den Klee.

Grasnarbenschonende Bewirtschaftung: Jede Verletzung der Grasnarbe schafft Platz für unerwünschte Pflanzen.

Optimaler Schnittzeitpunkt: Später Schnitt fördert Obergräser und Kräuter. Ständig früher Schnitt führt zu einer Verarmung der Pflanzenvielfalt. Diese Pflanzenbestände sind relativ instabil und benötigen von Zeit zu Zeit eine entsprechende Nachsaat.

Nachsaat: Entgleiste und einseitige Grünlandbestände müssen über eine Nachsaat saniert werden. Gleichzeitig muss aber auch die Bewirtschaftungsweise verbessert werden.

Geringe Blattverluste: Je trockener das Futter wird, umso schonender muss die Futterwerbung erfolgen. Nicht zu hohe Anwelkgrade bei der Silagebereitung bzw. die Belüftung von Heu wirken sich dabei positiv aus.

• Futterhygiene

Unter dem Begriff Futterhygiene fasst man verschiedene Qualitätskriterien zusammen. Bei Grünfutter ist die Frische entscheidend. Jede Erwärmung von Grünfutter, insbesondere bei längerer Lagerung auf großen Haufen bedeutet eine übermäßige Vermehrung von unerwünschten Bakterien, Hefen und die Gefahr von Nitritbildung. Bei Silagen ist neben der Vermeidung von Schimmelnestern und Nacherwärmungen auch die Gärqualität entscheidend. Bei Heu muss vor allem die Verschimmelung vermieden werden.

Beurteilung verschiedener Grünlandpflanzen

Kriterien	Gräser	Klee	Kräuter
Nutzungselastizität	gering	höher	höher
Eiweißgehalt	gering bis mittel, stark abhängig von der N-Düngung	hoch	mittel
Mineralstoffgehalt	allgemein schwach	kalziumreich	kalziumreich, phosphorreich, kaliumreich
Silierbarkeit	gut	mittel bis schlecht	mittel bis gut
Schmackhaftigkeit	mittelmäßig	hoch	unterschiedlich

b) Grünfutter

• Grünfutter aus Dauerwiesen

Vorteil Grünfütterung

- höhere Futteraufnahme
- höhere Grundfutterleistung
- höherer Vitamingehalt
- keine Konservierungsverluste

Vorteil Sommersilagefütterung

- geringere Arbeitsbelastung
- Grasnarbenschonung
- gleichmäßige Grundfutterqualität und wenig Futterwechsel

Grünfutter ist relativ wasserreich und bei frühem Schnitt zuckerreich, strukturarm und eiweißreich.

Für eine wiederkäuergerechte Ernährung ist daher Grünfutter mit Raufutter (Heu, Grummet) zu ergänzen. Die Futterumstellung von Winter- auf Grünfütterung sollte möglichst schonend innerhalb von 3 Wochen erfolgen (Gefahr von Durchfall). Werden die Tiere geweidet, ist auf ein ausreichendes Futterangebot von mindestens 10 cm Aufwuchshöhe zu achten. Ansonsten können die Tiere die notwendigen Futtermengen nicht aufnehmen.

• Zwischenfrüchte

Sie sind häufig sehr wasserreich, eiweißreich und relativ strukturarm. Kreuzblütler wie Raps, Rübsen, Senf und Ölrettich sind als alleiniges Grundfuttermittel ungeeignet. Die Umstellung auf solche Futtermittel muss langsam erfolgen. Anteile von bis zu 50% der Grundfutterration sind bei entsprechendem Strukturausgleich mit Heu möglich. Zu achten ist auf zum Teil hohe Nitratgehalte im Futter (N-Angebot, Witterung). Zwischenfrüchte silieren schwer und sollen daher grün verfüttert werden. Auf eine saubere Ernte ist zu achten.

• Klee

Klee wird von den Tieren sehr gerne gefressen. Er ist sehr eiweißreich und kann im grünen Zustand zu Blähungen führen. Der Anteil in der Gesamtration sollte 50% nicht überschreiten. Höhere Anteile führen aufgrund des hohen Eiweißgehalts zu Leberbelastungen. Eine gewisse negative Beeinflussung der Fruchtbarkeit (östrogene Wirkung) bei ausschließlicher Kleefütterung ist möglich. Klee lässt sich nur schwer silieren.

c) Silagen

Die Silierung ist die gängigste Form Grundfutter zu konservieren. Durch Anwelken, Verdichten und luftdichtes Abschließen werden optimale Bedingungen für die Entwicklung der Milchsäurebakterien geschaffen. Durch die Produktion von Milchsäure sinkt der pH-Wert im Futter ab. Unter Luftabschluss und niedrigen pH-Verhältnissen können sich schädliche Bakterien, Hefen und Schimmelpilze nicht vermehren, wodurch das Grundfutter lagerfähig wird.

• Grassilagen

Grassilage stellt meist die Hauptfutterkomponente in der Milchviehfütterung dar. Grassilagen werden häufig in Fahrsilos, aber auch in Rundballen siliert. Hochsilos verlieren aufgrund mangelnder Schlagkraft bei der Ernte an Bedeutung.

Neben der nährstoffmäßigen Beurteilung der Silagen (Energie, Rohfaser, Rohprotein ...), soll besonderes Augenmerk auf die Gärqualität gelegt werden. Schlecht vergorene Silagen werden schlecht gefressen und können zu gesundheitlichen Störungen führen.

Gärqualität: Die Gärqualität wird bestimmt durch die Gärsäurenzusammensetzung, Ammoniakstickstoffverluste und durch den pH-Wert.

Kriterien	Milchsäure	Essigsäure	Buttersäure	pH-Wert	NH_3-Verluste
Bedeutung	hauptverantwortlich für eine optimale Konservierung, geringer Energieverlust	in geringen Anteilen kein Problem, durch Temperaturanstieg höherer Energieverlust	unerwünscht; verbraucht Milchsäure und zersetzt Eiweiß, hebt den pH-Wert, bis zu 20% Energieverlust	niedriger pH-Wert erwünscht – erhöht die Stabilität.	unerwünscht, N-Verlust, hebt den pH Wert,
Geruch	angenehm	scharf, sauer	unangenehm, stinkend		stechend, reizend
Optimaler Anteil	mind. 75%	max. 20%	0–10%	max. 4,5 %	max. 10% NH_3 Anteil am Gesamtstickstoff
Auswirkung auf das Tier		verminderte Futteraufnahme	verminderte Futteraufnahme, leberbelastend		deutlich verminderte Futteraufnahme
Entwicklung	kurzer Schnitt, gute Anwelkung, Verdichtung, luftdichte Lagerung, ausreichende Zuckerkonzentration	bei geringer Anwelkung	schlechte Verdichtung, hoher Rohfasergehalt, Verschmutzung,	je trockener das Siliergut, je schlechter die Silierbedingungen, umso höher ist der pH-Wert.	geringe Anwelkung, schlechte Verdichtung, hoher Eiweißgehalt im Futter, Luftzutritt

Folgende Faktoren beeinflussen die Gärqualität:

Verdichtung: Eine ausreichende Verdichtung ist die Hauptvoraussetzung für eine optimale Vergärung von Silagen. Die Verdichtung von Silagen wird in kg Trockenmasse je m^3 ausgedrückt. Gut verdichtete Silagen sollten über 220 kg erreichen. Relativ leicht kann die Verdichtung bei der Probennahme mittels Futterprobenbohrers ermittelt werden. Man errechnet die innere Kubatur des Futterprobenbohrers, wiegt die entnommene Grassilagenmenge und rechnet auf Kubikmeter um. Das so errechnete Frischmassegewicht wird nach Erhalt des Analyseergebnisses auf das Trockenmassegewicht je m^3 umgerechnet.

Beispielsberechnung der Verdichtung mit Hilfe des Futterprobenbohrers	
Innendurchmesser des Bohrers	5 cm
Einstechtiefe des Bohrers in die Silage	1,2 m
Gewicht der entnommenen Silage	1,50 kg
Trockenmassegehalt laut Analyse	35%

	Berechnung	**Ergebnis**
Kubaturberechnung des Silobohrers	$(0,05/2)^2$ x 3,14 x 1,2	0,00235 m^3
Frischmassegewicht je m^3	1,50 / 0,00235	638 kg
Trockenmassegewicht je m^3	638 x 35 / 100	**223 kg**

Die Verdichtung hängt ab von:

Schnittzeitpunkt: Damit sich das Futter gut verdichten lässt, sollte es vor der Blüte geerntet werden. Betrachtet man die Anschnittfläche von Silagen aus Fahrsilos, so sollten alle Halme plattgedrückt sein. Sind die Halme rund, so ist ein großer Luftpolster im Futter, wodurch die Entwicklung von Hefen (Nacherwärmung) und Schimmelpilzen gefördert wird.

Kurzschnitt: Kurz geschnittenes bzw. gehäckseltes Futter lässt sich gut verdichten.

Verteilung: Dosiereinrichtungen bei Ladewagen bzw. Verteileinrichtungen am Verdichtungsfahrzeug gewährleisten eine optimale Verteilung des Siliergutes.

Keine zu hohe Futtermatte: Probleme mit der Verdichtung treten auf, wenn ein Missverhältnis zwischen Länge des Fahrsilos und Größe des Silierwagens besteht. Pro m^3 Ladewageninhalt benötigt man mindestens 1 m Fahrsilolänge, damit die zu verdichtende Futtermatte nicht zu hoch wird. Bei relativ kurzen Fahrsilos könnte das gleichzeitige Befüllen von 2 Silos Abhilfe schaffen.

Verdichtungsgewicht und -zeit: Die Verdichtung ist das Produkt aus Verdichtungsgewicht mal Verdichtungszeit. Werden leistungsstarke Silierwagen auf hofnahen Flächen eingesetzt, so bleibt häufig zu wenig Zeit für eine ausreichende Verdichtung, welche selbst mit schwerstem Verdichtungsfahrzeug kaum ausgeglichen werden kann.

Anwelken: Durch das Anwelken erhöht sich die Zuckerkonzentration in den pflanzlichen Zellen. Angewelktes Futter lässt sich leichter verdichten. Grassilagen sollten einen Trockenmassegehalt von 30 bis 40% aufweisen. Ist ein Anwelken des Futters nicht möglich, sollten entweder Siliermittel auf Basis von Salzen und Säuren bzw. Trockenschnitzel eingesetzt werden. Bewährt hat sich das gleichmäßige Verteilen von Trockenschnitzel mit einem Düngerstreuer auf dem Fahrsilo. Je 100 m^3 Silage ist ein Zusatz von ca. 3.000 bis 5.000 kg Trockenschnitzel notwendig. Damit erhöht sich der Trockenmassegehalt der Silage um 3 bis 4%. Ein zu hoher Anwelkgrad (über 40% T) fördert das Risiko von Verschimmelung und Nacherwärmung.

Schnell luftdicht verschließen: Verdichtete Silagen müssen sofort nach dem Befüllen luftdicht verschlossen werden. Der Einsatz einer dünnen Unterziehfolie und das seitliche Einschlagen von Planen hat sich bewährt. Der Randbereich soll mit losem Sand bzw. Sandsäcken abgedeckt werden, und mindestens alle 5 m sollen Querbahnen eingezogen werden.

Verschmutzung: Die Verschmutzung des Futters sollte speziell in Hinblick auf einen optimalen Gärverlauf gering gehalten werden. Der Verschmutzungsgrad wird mit dem Rohaschegehalt ausgedrückt. Saubere Silagen weisen einen Rohaschegehalt von 8% (= 80 g je kg T) auf. Silagen mit 12% Rohasche weisen doppelt so viel Schmutzanteil auf als jene mit 10% Rohasche.

Rohasche-gehalt je kg T	Verschmut-zungsgrad	Schmutzanteil in der Trockenmasse
80 g	sauber	10 g
100 g	gering verschmutzt	30 g
120 g	verschmutzt	50 g
140 g	stark verschmutzt	70 g

Wichtige Kriterien dazu sind:
- Abschleppen der Wiesen im Frühjahr
- Bekämpfung von Wühlmäusen und anderer Nagetiere
- ausreichende Schnitthöhe von mind. 5 cm
- Futter im abgetrockneten Zustand mähen
- schonende Einstellung der Heuwerbegeräte

Sonstige Faktoren: Puffernde Substanzen wie Rohprotein und Mineralstoffe wirken negativ auf den Gärverlauf. Der natürliche Besatz an Milchsäurebakterien ist mitverantwortlich für den optimalen Start der Vergärung. Die Höhe des Besatzes ist nur schwer abzuschätzen. Ein weiterer Faktor ist der Nitratgehalt im Futter. Nitrat hemmt die Entwicklung der Buttersäurebakterien. Der Nitratgehalt im Futters hängt vor allem von der Höhe der N-Düngung ab. Probleme haben vor allem Betriebe mit einem geringen GVE-Besatz und Verzicht auf mineralischer N-Düngung

• Maissilage

Durch Häckseln und Silieren der gesamten Maispflanze entsteht die Maissilage. Die Maissilage wird als Hauptfutterkomponente bei der Stiermast, aber auch mit Anteilen bis über 50% der Grundfuttertrockenmasse bei der Milchviehfütterung eingesetzt.

Nährstoffgehalt: Die Maissilage ist durchschnittlich um 10% energiereicher als gute Grassilagen. Der Eiweißgehalt liegt jedoch deutlich unter dem der Grassilage. Entscheidend für den Nährstoffgehalt ist ein hoher Kolbenanteil und der Erntezeitpunkt zum Ende der Teigreife der Maiskörner. Gute Silomaissorten zeichnen sich dadurch aus, dass neben einem hohen Ertragspotenzial die Pflanzen trotz Teigreife der Körner noch im grünen Zustand sind. Die Energiedichte steigt mit zunehmendem Trockenmassegehalt der Gesamtpflanze und erreicht im Bereich von 30 bis 35% den höchsten Wert. Je reifer die Körner, umso wichtiger ist der Einsatz einer Erntetechnik, die verlässlich jedes Korn aufschlägt. Rinder können nur aufgeschlagene Körner verdauen. Höhere Trockenmassegehalte bedeuten auch höhere Futteraufnahmen.

Stabilität von Maissilagen: Zu trockenes Erntegut (über 32% T) hat ein höheres Risiko für Nacherwärmungen und Verschimmelungen. Perfekte Verdichtung beim Einsilieren und entsprechender Vorschub bei der Entnahme (täglich 10 cm im Winter und 15 cm im Sommer) bringen Abhilfe. Bei der Planung von Anlagen ist darauf zu achten, dass bei ganzjähriger Silomaisverfütterung eine Gesamtlänge der Siloanlagen von 40 m notwendig ist. Nur dadurch gewährleistet man ausreichenden Vorschub. Die Breite und Höhe der Anlage errechnet sich aus der Gesamtmenge an Silomais, der untergebracht werden soll.
Kleinere Betriebe werden Grassilage und Silomais in den Fahrsiloanlagen kombinieren, sodass nicht 2 Silos gleichzeitig geöffnet werden müssen.
Bei Hochsilos treten im schwach verdichteten oberen Bereich oft Probleme auf. Ein gezielter vorbeugender Säurezusatz bei der Ernte kann Abhilfe

schaffen. Die konzentrierte Säure sollte 1:10 mit Wasser verdünnt werden. Die Dosierung liegt bei 3 bis 5 kg konzentrierter Säure bzw. 30 bis 50 kg verdünnter Säure je Tonne Silage.

Trockenmassebestimmung von Silagen

20 bis 25% T	wenn bei kräftigem Druck mit der Hand Pflanzensaft austritt	nicht oder nur wenig angewelkt
25 bis 30% T	wenn beim Wringen mit der Hand Pflanzensaft austritt	wenig angewelkt
30 bis 35% T	wenn beim Wringen mit der Hand kein Pflanzensaft austritt, sondern die Handfläche feucht wird	optimal angewelkt

Sinnesprüfung bei Silagen

	Gute Qualität	Fehlerhaft
Geruch	angenehm säuerlich, aromatisch, fruchtig	stechend (essigsäurehältig), nach Schweiß (buttersäurehältig), faulig, leer, nach faulen Eiern (Ammoniak durch Eiweißabbau)
Gefüge	Struktur erkennbar, dem Ausgangsmaterial entsprechend	schmierig, zu naß, schimmelig
Farbe	dem Ausgangsmaterial entsprechend	ausgebleicht, schwarz, stark verändert
Beimengungen	keine	an der Anschnittfläche Erde sichtbar, sonstige Fremdbestandteile
Vegetationsstadium	optimal: Silage fühlt sich beim Zusammendrücken weich an; an der Anschnittfläche erkennt man, dass die Halme der Gräser schön zusammengequetscht sind.	überständig: Silage sticht beim Zusammendrücken in der Hand, an der Anschnittfläche erkennt man, dass die Halme der Gräser nicht zusammengedrückt, sondern strohhalmartig sind

d) Heu

Heu ist natürlich oder künstlich getrocknetes Grünfutter. Die Ration einer Milchkuh sollte einen Mindestanteil an Heu enthalten. Heu fördert das Wiederkauen und Einspeicheln des Futterbreis und beugt dadurch Pansenübersäuerungen vor. Heu ist daher sehr wichtig bei:
- hohem Kraftfutteranteil
- Kühen bei Laktationsbeginn
- früh geschnittenem Grünfutter und Grassilagen
- hohem Maissilageanteil
- nassen Grassilagen
- eiweißreichem Grünfutter und Silagen

Grundsätzlich unterscheidet man nach der Art der Trocknung bodengetrocknetes und belüftetes Heu.

Bodengetrocknetes Heu: Durch das häufig notwendige Wenden sind die Bröckelverluste sehr hoch. Je trockener das Futter ist, umso schonender muss es maschinell bearbeitet werden.

Belüftetes Heu: Das Heu kann mit Kaltluft oder mit Warmluft belüftet werden. Der Effekt der Belüftung und Trocknung ist bei Warmluft wesentlich größer. Die Kaltbelüftung bringt bei wassergesättigter Luft (Schlechtwetter, niedrige Temperaturen bei Nacht) nur wenig Effekt. Die Warmbelüftung stellt die Optimallösung dar. Das Ausgangsmaterial kann je nach Belüftung relativ feucht eingebracht werden, wodurch kaum Bröckelverluste auftreten. Warm belüftetes Heu weist Nährstoffgehalte wie Grassilagen auf. Man erzielt dabei höchste Futteraufnahmen, höhere als sie bei gleichwertigen Grassilagen erreichbar sind. Nachteil der Warmbelüftung sind die hohen Energiekosten.

Sinnesprüfung bei Heu

	Gutes Heu	Fehlerhaftes Heu
Gefüge	blattreich, zart, weich	blattarm, rau, grob, sperrig, schimmelig, staubig
Farbe	grün, dem Ausgangsmaterial entsprechend	ausgeblichen, braun, grau, dunkel, Schimmel erkennbar
Geruch	aromatisch	leer, muffig, schimmelig
Beimengungen	keine	Verunreinigungen (Sand, Erde, Schmutz, Schimmel ...)

Heu des 1. Schnittes ist im Allgemeinen etwas strukturreicher, da hier der Gräseranteil am höchsten ist. Grummet (Heu vom 2. und späteren Schnitten) ist etwas strukturärmer, eiweißreicher und mineralstoffreicher.

e) Stroh

Stroh ist sehr strukturreich, energie- und eiweißarm. Höhere Strohanteile können in der Kalbinnenaufzucht im 2. Lebensjahr und in der Trockenstehzeit von Kühen eingesetzt werden. Melkende Kühe sollten nur geringe Strohmengen bekommen, da die Energiedichte im Futter stark absinkt. Stroh gewinnt vor allem durch die Mischwagentechnik an Bedeutung. Durch das Einmischen von 0,3 bis 1,0 kg Stroh in die Tagesration einer Milchkuh kann man die Strukturwirksamkeit der Mischsilage deutlich erhöhen. Die Kuh hat dabei keine Möglichkeit das Stroh zu selektieren.

Hafer- und Gerstenstroh ist weniger rohfaserreich als Weizenstroh. Stroh, das zur Verfütterung gedacht ist, sollte unbedingt einmal gewendet werden. Neben der besseren Trocknung vermindert sich auch der Anteil unerwünschter Bestandteile (Grannen ...).

Konservierungsverluste im Vergleich

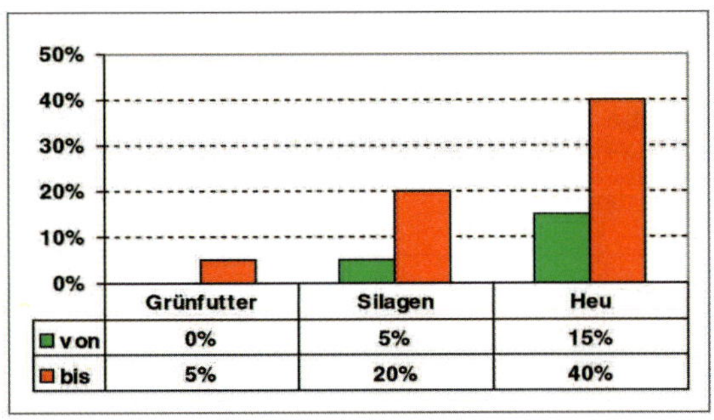

f) Wurzel- und Knollenfrüchte

Rüben
Diese sind sehr wasserreich, energiereich und rohproteinarm. Sie eignen sich ausgezeichnet für Milchkühe, aber auch für Zuchtschweine. Zu beachten ist der hohe Zuckergehalt.
Man unterscheidet:
- Massenrüben mit ca. 11% T
- Gehaltsrüben mit ca. 14% T
- Futterzuckerrüben mit ca. 18% T

Massenrüben können ganz verfüttert, Gehalts- und Futterzuckerrüben sollten wegen ihrer Härte vor der Fütterung zerkleinert werden.
Lagerung: Rüben müssen frostsicher und kühl ge-

lagert werden (Kellerklima). Sie unterliegen jedoch einem gewissen Nährstoffabbau.

Silierung: Rüben müssen vor der Silierung zerkleinert werden. Bewährt hat sich das schichtenweise Silieren mit der Maissilage.

Kartoffeln

Diese sind sehr stärke- und somit energiereich. Kartoffel dürfen an Schweine nur gedämpft verfüttert werden. Wegen der hohen Lagerverluste ist eine Silierung rasch nach der Ernte vorteilhaft. An Rinder können Mengen bis zu 15 kg auch roh verfüttert werden. Die Zerkleinerung der Kartoffel ist vor der Verfütterung notwendig, um Schlundverstopfungen zu vermeiden. In der Wiederkäuerfütterung ist die Kartoffelstärke ähnlich zu bewerten wie die Maisstärke. Sie weist eine hohe Beständigkeit auf. Rund 30% der Stärke passieren den Pansen unabgebaut.

8.4.2 Kraftfutter

Herkunft	Überbegriff	Bezeichnung d. Futtermittel	Energie	Eiweiß	Rohfaser
Körner und Samen	Getreide	Weizen	+	-	-
		Triticale	+	-	-
		Roggen	+	-	-
		Gerste	+-	-	+-
		Hafer	-	-	+
	Mais	Mais	+	-	-
		MKS	+	-	-
		CCM	+	-	+-
	Hülsenfrüchte	Sojabohne	++	++	+-
		Erbsen	+	+	+-
		Süßlupine	+	++	+-
		Ackerbohne	+	+	+-
Nebenprodukte aus der Industrie	Müllerei	Futtermehle	-	-	+-
		Weizenkleie	--	+-	+
	Zuckergewinnung	Melasse	+	--	--
		Trockenschnitzel	+	-	++
	Gärungsgewerbe	Bierhefe	+-	++	-
		Schlempen	+-	+	-
		Malzkeime	--	+	++
		Biertreber	--	+	++
	Ölgewinnung	Rapsöl/Sojaöl	++	--	--
		Sojaschrot	+	++	+-
		Rapskuchen	+	++	+
		Rapsextraktionsschrot	+-	++	+
		Sonnenblumenextraktionsschrot	-	++	++
Produkte tierischer Herkunft	Molkereien	Vollmilch	++	+	--
		Magermilch	+	++	--
		Molke	+	-	--
	Fischerzeugnisse	Fischmehl	++	++	--

++ sehr hoch +- mittelmäßig -- sehr niedrig
+ hoch - niedrig

a) Körner und Samen

Zu der Gruppe der Körner und Samen zählen alle Getreidearten, Mais und Hülsenfrüchte.
Körner und Samen weisen eine hohe Nährstoffkonzentration auf. Sie enthalten sehr viel Stärke und relativ wenig Rohfaser. Sie stellen die Hauptfutterkomponente in der Schweine- und Geflügelfütterung dar. In der Rinderfütterung dienen sie zur Ergänzung des Grundfutters und werden je nach Leistung in unterschiedlichem Ausmaß eingesetzt.

Getreide und Mais

Getreide zeichnet sich durch einen relativ hohen Energiegehalt und einen niedrigen Rohproteingehalt (ca. 10–15%) aus.

Die Futterration von Zuchttieren (Milchkühe, Zuchtsauen) sollte grundsätzlich vielfältig zusammengesetzt sein. Als Hauptfutterkomponente bewährt sich dabei Gerste.

Einsatzempfehlung im Gesamtkraftfutter

Getreideart	Milchkuh	Rindermast	Zuchtsauen	Ferkel	Schweinemast
Weizen + Triticale + Roggen	max. 50%	0–100%	max. 40%	max. 60%	max. 60%
Mais	max. 50%	0–100%	max. 40%	max. 60%	max. 70%
Gerste	mind. 30%	0–100%	mind. 30%	mind. 20%	0–50%
Hafer	max. 20%	0%	max. 30%	max. 5%	max. 5%

Silierte Maiskörner bzw. Mais-Spindelgemische werden in erster Linie in der Schweinefütterung eingesetzt.
CCM ist die Abkürzung für Corn-Cob-Mix (Korn-Spindel-Gemisch). Typische CCM-Silagen mit hohen Spindelanteilen sind nur mehr selten zu finden. Die Spindel enthält sehr viel Rohfaser, aber in ihr befindet sich häufig ein 10fach höherer Pilzkeimgehalt als in den Körnern. Die Siliereignung der Spindel ist schlecht, da sie Lufteinschlüsse enthält. Daher wird häufig total auf die Spindel verzichtet. Diese Silagen nennt man **Maiskornsilagen**. Die Maiskörner werden beim Einsilieren fein vermust. Die Maiskornsilage stellt in Österreich die Hauptfutterkomponente in der Schweinemast dar. Sie ist sehr energiereich und eiweißarm. Durch das Einsilieren der Maiskörner erspart man sich die Kosten der Trocknung. Maiskornsilagen werden mit einem Trockensubstanzgehalt von 60 bis 65% (= 35–40% Feuchtigkeit) eingemahlen. Grundsätzlich sollte die Maiskornsilage nicht über 65% Trockensubstanz enthalten, da sie sonst beim Öffnen sehr instabil ist. In diesem Fall ist es notwendig, beim Silieren ausreichend Wasser zu spritzen. Es sollte bei der Sortenwahl und Bestandesführung darauf geachtet werden, dass die Ernte Anfang Oktober abgeschlossen ist. Zu späte Ernte fördert die Entwicklung von Pilzgiftstoffen (Fusarientoxine). Bei der Technik der **Ganzkornsilierung** werden ganze Körner in luftdichten Silos gelagert. Durch die Veratmung des Restsauerstoffs entsteht Kohlendioxid, welches das Futter stabilisiert. Gleichzeitig findet aber auch ein Silierprozess statt. Der Milchsäuregehalt liegt mit rund 0,5–1,0% je kg T unter dem der Maiskornsilagen (1,0–2,0%). Dieses Konservierungssystem funktioniert nur bei absolut dichten Siloanlagen. Lufteintritt führt zu einem raschen mikrobiellen Verderb.

Hülsenfrüchte

Die Körner von Leguminosen sind relativ rohproteinreich (20–36%).

Körnerleguminosen sind wertvoll in der Fruchtfolge, aber auch in der Fütterung. **Sojabohnen** enthalten 20% Öl und sind dadurch sehr energiereich. An Schweine sollten nur hitzebehandelte Sojabohnen verfüttert werden. Durch das „Toasten" der Sojabohne werden unerwünschte Stoffe, die unter anderem auch die Wirkung des Verdauungsenzyms Trypsin (Eiweißverdauung) hemmen, abgebaut. In der Rinderfütterung kann die Sojabohne ungetoastet verfüttert werden. Zu beachten ist, dass die ungetoastete Sojabohne nicht gemeinsam mit Harnstoff verfüttert wird (Ureaseaktivität). Alle ölhältigen Früchte wie Sojabohne, Rapssamen u. a. sollten je nach Ölgehalt auf 8 bis 12% Feuchtigkeit heruntergetrocknet werden, damit die Stabilität des Öls gewährleistet ist. Das Fett der Sojabohne besteht hauptsächlich aus mehrfach ungesättigten Fettsäuren, was die Speckqualität negativ beeinflusst (weicher Speck).

Ackerbohne und **Erbse** können in der Rinder- und Schweinefütterung gut eingesetzt werden. Bei der Schweinefütterung ist auf den relativ niedrigen Gehalt an Methionin zu achten.

Süßlupinen sind besonders eiweiß- und energiereich und können sowohl in der Rinder- als auch Schweinefütterung verwendet werden.

Einsatzempfehlung im Gesamtkraftfutter

Hülsenfrucht	Milchkuh	Rindermast	Zuchtsauen	Ferkel	Schweinemast
Sojabohne	1 kg	1 kg	max. 15%	max. 15%	max. 10%
Ackerbohne + Erbse	max. 30%	max. 50%	max. 15%	max. 10%	max. 15%
Süßlupine	max. 30%	max. 40%	max. 10%	max. 10%	max. 10%

b) Nebenprodukte aus der Industrie

Nebenprodukte aus der Industrie sind hinsichtlich ihres Gehalts an Nährstoffen sehr unterschiedlich.

Nebenerzeugnisse aus der Müllerei
In der Müllerei fallen Kleien und Futtermehle an. Der Wert von Futtermehlen ist schwer abschätzbar, ihr Einsatz ist eher unbedeutsam.

Weizenkleie ist rohfaserreich, energiearm und weist einen etwas höheren Rohproteingehalt auf als Getreide. Sie ist ein wertvolles Diätfuttermittel in der Schweinefütterung. Zu beachten ist jedoch die schwankende mikrobiologische Qualität der Weizenkleie. Erhöhte Bakterien- und Pilzkeimzahlen, aber auch hohe Toxinbelastungen (Pilzgiftstoffe) sind immer wieder feststellbar.

Nebenprodukte aus der Zuckergewinnung
Bei der Zuckergewinnung fallen Melasse und Rübenschnitzel (= Trockenschnitzel) an. Sie werden von den Tieren gerne aufgenommen.

Trockenschnitzel sind rohfaserreich, energiearm und eiweißarm. In der Milchviehfütterung werden Trockenschnitzel gerne als pansenschonende Energiequelle für hochleistende Tiere eingesetzt. Bei tragenden Zuchtsauen ist besonders das hohe Quellvermögen und somit die sättigende Wirkung interessant. Zu beachten ist der hohe Calciumgehalt der Trockenschnitzel. An Pferde dürfen nur eingeweichte Trockenschnitzel verfüttert werden.

Nebenprodukte des Gärungsgewerbes
Die größte Bedeutung kommt dabei den Biertrebern zu. Sie werden häufig in der Milchviehfütterung, aber auch in der Rindermast eingesetzt. Biertrebern sind rohfaserreich, energiearm und eher eiweißreich. Das Rohprotein der Biertreber ist im Pansen der Kuh sehr beständig. Durch den hohen Gehalt an unabgebautem Rohprotein ist die Biertreber besonders für Hochleistungskühe empfehlenswert. Biertreber sind außerdem sehr pansenschonend, da der Gehalt an Stärke sehr gering und der Rohfaseranteil (Zellwandkohlenhydrate) hoch ist. Auffällig ist weiters der sehr hohe Gehalt an Phosphor. Die Obergrenze liegt bei Milchkühen bei einer Tagesmenge von 6 bis 8 kg. Hochsilos sind aufgrund der häufig sehr großen Oberfläche nur bedingt zum Einsilieren von Biertrebern geeignet. Am besten siliert man Biertreber in langen schmalen Behelfssilos. Eine ausreichende Verdichtung kann zum Beispiel durch das Niedertreten mit Schiern gewährleistet werden. Malzkeime werden frisch, aber auch getrocknet angeboten. Der überwiegende Teil wird

von Mischfutterwerken verarbeitet. Malzkeime sind relativ eiweißreich. Bierhefe wird hauptsächlich an Schweine verfüttert und ist sehr eiweißreich. Schlempen von Kartoffeln und Getreide sind in der Rinder- und Schweinemast einsetzbar.

Nebenprodukte aus der Ölgewinnung

Nebenprodukte aus der Ölgewinnung sind grundsätzlich eiweißreich. In der praktischen Fütterung sind die Rückstände aus der Ölgewinnung von großer Bedeutung für die Eiweißversorgung.

Nebenprodukte aus der Ölgewinnung

Kuchen	Öl wird abgepresst	fettreich, ca. 15%
Expeller	Öl wird kontinuierlich abgepresst	mittlerer Fettgehalt, ca. 10%
Schrote	Öl wird mit Fettlösungsmitteln extrahiert	fettarm, ca. 3%

Sojaschrot ist universell für alle Tierarten einsetzbar. Er weist ein für die Schweinefütterung optimales Aminosäurenmuster auf. Je nach Schalen- und Rohproteingehalt unterscheidet man zwischen Soja 44 und HP-Soja (Hoch Protein). HP-Soja enthält nur geringe Schalenanteile und ca. 48% Rohprotein. Beim so genannten 44-Soja werden Schalen nach dem Extraktionsvorgang wieder zugemischt, sodass der Rohfasergehalt ca. 7% und der Eiweißgehalt rund 44% beträgt. Die Qualität des Sojaschrots hinsichtlich des Nährstoffgehalts kann jedoch stark schwanken. Laut Futtermittelrecht müssen Rohprotein, Rohfett und Rohasche deklariert werden. Die erlaubte Toleranz beim Rohproteingehalt liegt derzeit bei 2%. Ein Sojaschrot, der mit 44% Rohprotein deklariert ist, muss laut Untersuchung daher mindestens 42% Rohprotein aufweisen.

Rapsextraktionsschrot wird in Österreich aus eigener Produktion angeboten und ist bei allen Tierarten gut einsetzbar, da ausschließlich 00-Sorten verarbeitet werden. Rapsextraktionsschrot ist sehr reich an der Aminosäure Methionin und lässt sich in der Schweinefütterung daher gut mit Erbse und Ackerbohne (methioninarm) kombinieren. Rapsschrot enthält gleich viel Rohfaser wie Weizenkleie, was sie besonders für rohfaserarme Schweinemastrezepturen interessant macht.

Rapskuchen bzw. Rapskuchenschrot fällt bei der Abpressung von Raps an und enthält je nach Verfahren noch etwa 10 bis 15% Rapsöl. Falls der Wassergehalt unter 10% beträgt, ist eine gute Stabilität des Ölanteils gegeben, sodass eine Lagerung auch über mehrere Monate hinweg unproblematisch ist.

Sonnenblumenextraktionsschrot ist in der Qualität stark vom Schalenanteil abhängig. Der Rohfasergehalt ist mit über 18% sehr hoch, was auch der begrenzende Faktor in Schweinerezepturen ist. Sonnenblumenextraktionsschrot ist ähnlich wie Rapsschrot methioninreich und lysinarm.

Einsatzempfehlung im Gesamtkraftfutter

Nebenprodukte aus der Ölgewinnung	Milchkuh	Rindermast	Zuchtsauen	Ferkel	Schweinemast
Sojaschrot	keine Beschränkung				
Rapsextraktionsschrot	keine Beschränkung		max. 10%	max. 5%	max. 10%
Rapskuchen	max. 2 kg tgl.	max. 1,5 kg tgl.	max. 8%	max. 5%	max. 10%
Sonnenblumenextraktionsschrot	keine Beschränkung		max. 10%	max. 5%	max. 10%

c) Futtermittel tierischer Herkunft

Diese Gruppe umfasst Produkte aus Milchverarbeitungsbetrieben und Fischerzeugnisse.

Vollmilch ist das wertvollste Futtermittel überhaupt, jedoch vergleichsweise teuer. Der Einsatz ist daher ausschließlich in der milcharmen Kälberaufzucht gerechtfertigt.

Magermilch ist entfettete Milch und entsteht bei der Buttergewinnung. Sie ist sehr eiweißreich und hoch-

wertig. Da sie normalerweise zur Käseerzeugung verwendet wird, wird sie kaum angeboten und ist in der Regel zu teuer.
Molke ist ein Nebenprodukt der Käseherstellung. Sie weist ein ähnliches Nährstoffverhältnis von Energie zu Eiweiß wie Getreide auf, ist aber deutlich mineralstoffreicher. In der Schweinefütterung ist der oft hohe Natriumgehalt zu berücksichtigen. Es sollten daher Mineralfuttermittel mit weniger Natrium eingesetzt werden. Die Preiswürdigkeit hängt fast ausschließlich vom Trockenmassegehalt ab. Dieser liegt im Bereich von 3 bis 6%. In der Schweinemast wird sie als Wasserersatz bei Flüssigfütterungsanlagen eingesetzt. Dies entspricht umgerechnet auf Trockenmasse einem Rezepturanteil von ca. 10%, wodurch man sich die gleiche Menge Getreide oder Mais einspart.
Fischmehle sind je nach Herkunft sehr unterschiedlich (fettreich, fettarm, salzreich etc.). Eine Verordnung zum Futtermittelrecht erlaubt seit 2001 nur mehr einen eingeschränkten Einsatz von Fischmehl im Schweinefutter. Betriebe, die Fischmehl verfüttern, müssen dies dem zuständigen Amtstierarzt melden. Betriebe, die Schweine und Wiederkäuer halten, dürfen kein Fischmehl in Reinsubstanz, sondern nur Fischmehlkonzentrate einsetzen. Dabei muss gewährleistet sein, dass es zu keiner Verschleppung ins Rinderfutter kommt (z. B. nicht in einer Mischanlage Futter für Wiederkäuer und Schweine mischen).

8.4.3 Mineralstoffe und Vitamine

a) Mineralstoffe

Der Mineralstoffbedarf von Nutztieren hängt ganz entscheidend von deren Leistung ab.
Bei Wiederkäuern kann ein wesentlicher Teil des Bedarfs vom Grundfutter abgedeckt werden. Engpässe treten besonders bei hochleistenden Tieren, aber auch bei der Verfütterung hoher Maissilagemengen auf. Eine Natriumergänzung (Viehsalz, Natriumbicarbonat) ist für alle Pflanzenfresser notwendig. Bei den Spurenelementen müssen besonders Kupfer, Zink und Selen ergänzt werden. Einen wesentlichen Teil der Phosphorversorgung hochleistender Tiere übernimmt das Kraftfutter. Getreide und Eiweißfuttermittel, besonders aber Extraktionsschrote (Sojaschrot, Rapsschrot) sind sehr phosphorreich. Um den Mangel an Kalzium in Getreide und Eiweißfuttermitteln auszugleichen, sollte generell 1 bis 2% kohlensaurer Futterkalk in das Kraftfutter eingemischt werden.
Bei Schweinen ist generell eine Ergänzung aller wichtigen Mineral- und Spurenelemente notwendig. Übliche getreidebetonte Kraftfuttermischungen decken nur etwa 5% des Kalziumbedarfs und 60% des Phosphorbedarfs ab.

Die Ergänzung von Kalzium, Phosphor und Natrium erfolgt hauptsächlich über folgende Rohstoffe:
- Kalziumversorgung: Kohlensaurer Kalk
- Phosphorversorgung (enthalten auch Kalcium): Phosphorsaurer Kalk (Dikalziumphosphat) und Monokalziumphosphat
- Natriumversorgung: Viehsalz, Natriumbicarbonat (= Natriumhydrogencarbonat)

Magnesium und die Spurenelemente sind allgemein in den mineralischen Beifutter- und Wirkstoffmischungen enthalten.

b) Vitamine

Die Vitaminversorgung erfolgt üblicherweise über Mineralstoff-, Wirkstoffmischungen und Vitaminpräparate.
Mineralstoffmischungen enthalten Mengenelemente, Spurenelemente und Vitamine
Wirkstoffmischungen besitzen höhere Konzentrationen von Spurenelementen und Vitaminen. Sie enthalten meist keine Mengenelemente.
Vitaminpräparate werden meist stoßweise verabreicht. Man erhofft sich Sonderwirkungen in Richtung Fruchtbarkeit und Tiergesundheit.

8.4.4 Industriell hergestelltes Mischfutter

Dazu zählen alle Alleinfuttersorten, Protein- und Energieergänzungsfutter sowie Beifuttermischungen (siehe Futtermittelgesetz).
In der **Schweinefütterung** werden häufig Eiweißkonzentrate eingesetzt. Diese decken den Eiweiß-, Mineralstoff- und Vitaminbedarf. Es ist nur mehr

eine Ergänzung mit Getreide oder Mais notwendig. In der **Rinderfütterung** wird besonders in reinen Grünlandgebieten häufig Ergänzungsfutter („Fertigfutter") eingesetzt.

Industriell hergestelltes Mischfutter

Schweine	Eiweißkonzentrate, Alleinfuttermittel
Rinder	Ergänzungsfuttermittel energiereich (12–15% RP); Ergänzungsfuttermittel ausgeglichen (18–22% RP); Ergänzungsfuttermittel eiweißreich (über 25% RP)
Schafe	Ergänzungsfuttermittel für Schafe und Lämmer (12–20% RP)
Geflügel	Alleinfuttermittel, Eiweißkonzentrate

8.4.5 Fütterungsarzneimittel

In landwirtschaftlichen Betrieben dürfen Fütterungsarzneimittel für die eigenen Tiere unter Anleitung des Tierarztes (rezeptpflichtig) im Rahmen des Tiergesundheitsdienstes, aus zugelassenen Fütterungsarzneimittelvormischungen hergestellt werden, wenn bestimmte Voraussetzungen vorliegen.

Die Person die Fütterungsarzneimittel herstellen möchte, muss einen genau definierten Kurs absolvieren. Vor Aufnahme der Herstellung von Fütterungsarzneimitteln muss eine Meldung an die BH erfolgen. Dabei muss auch ein so genanntes Normtypenblatt vorgelegt werden, das die Einhaltung der technischen Voraussetzungen des Mischers bestätigt. Dieser muss während des Mischvorganges dicht verschlossen werden (Schuber).

Nach der Verwendung muss er vollständig entleert und gereinigt werden. Es sind genau definierte Aufzeichnungen bezüglich Herstellung und Verbrauch zu führen.

8.4.6 Futterhygiene

Voraussetzung für die Erhaltung der Gesundheit und der Leistungsfähigkeit der Haustiere sind hygienisch einwandfreie Futtermittel. Landläufig versteht man darunter den geringen Besatz an Schimmelpilzen, Bakterien und Hefen. Schimmelpilze können Getreide und Hülsenfrüchte am Feld und am Lager befallen. Man unterscheidet daher zwischen Feld- und Lagerpilzen.

Feldpilze

Besonders Weizen, Triticale und Mais sind anfällig für den Befall mit Feldpilzen (Fusarien). Diese Feldpilze können giftige Stoffwechselprodukte sogenannte Mykotoxine produzieren. Wichtige Maßnahmen zur Bekämpfung der Feldpilze sind die Wahl standortgerechter Sorten, früher Erntezeitpunkt, saubere Einarbeitung der Ernterückstände u.a. Wenig anfällig für den Befall mit Feldpilzen sind Gerste, Raps, Erbse, Ackerbohne und Sojabohne.

Hafer weist zwar meist erhöhte Keimzahlen (überwiegend Schwärzepilze) auf, es zeigt sich aber, dass der Gehalt an Fusarientoxinen oft niedriger ist als bei Mais, Triticale und Weizen.

Lagerpilze

Damit das Erntegut lagerfähig ist, darf eine Feuchtigkeit von 13% nicht überschritten werden. Andernfalls ist das Erntegut zu trocknen oder mit Säure zu konservieren.

Grundsätzlich müssen Getreide und Hülsenfrüchte vor der Lagerung gereinigt werden. Dadurch kann der natürliche Besatz an Schimmelpilzen und Bakterien deutlich vermindert werden. Es ist darauf zu achten, dass es zu keiner Erwärmung kommt. Wenn die Möglichkeit besteht, sollte auch trockenes Erntegut belüftet werden. Das warme, frische Getreide kann dadurch gekühlt werden. Bakterien und Schimmelpilze werden in ihrer Entwicklung sehr schnell blockiert und finden keinen Nährboden. Getreide sollte vor der Verfütterung mindestens drei Wochen abgelagert sein.

Futtermittelhygieneverordnung VO(EG) 183/2005

Mit dieser Verordnung wurde die EU VO 178/2002 Lebens- und Futtermittelsicherheit national umgesetzt. Ziel dieser Verordnung ist ein möglichst hohes Schutzniveau für die Gesundheit des Menschen. Dieses Gesetz trifft alle Produktions-, Verarbeitungs- und Vertriebsstufen von Lebensmitteln und Futtermitteln. Die Verantwortung für die Futtermittelsicherheit liegt beim Futtermittelunternehmer.

Der Bauer ist als Futtermittelunternehmer definiert und muss folgende Mindestanforderungen erfüllen:
- Dokumentation aller Futtermittelzugänge und -abgänge (Rechnung oder Lieferschein oder Eigenbeleg bei Handel zwischen Bauern).
- Das Auftreten von Getreideschädlingen und deren Bekämpfung (Biozidanwendung am Getreidelager) muss aufgezeichnet werden.
- Ordnungsgemäße Lagerung, Herstellung, Verwendung und Verfütterung von Futtermitteln und Verhinderung von Verunreinigungen mit Pflanzenschutzmitteln, Düngemitteln, Tierarzneimitteln, Abfälle, Tiermehl, Schimmelpilze, krankmachende Bakterien und sonstigen gefährlichen und verbotenen Stoffen.

8.4.7 Futtermittelgesetz (FMG 1999)

www.ris.bka.gv.at

Das Futtermittelgesetz 1999, BGBl. I Nr. 139/1999 und die Futtermittelverordnung 2000, BGBl. II Nr. 93/2000 regeln alle wichtigen Belange rund um die Erzeugung, den Handel und die Verfütterung von Futtermitteln.

Begriffsbestimmungen: Man unterscheidet Einzelfuttermittel, Mischfuttermittel, Vormischungen und Zusatzstoffe. Dies ist für den Landwirt von Bedeutung, da mit der eindeutigen Bezeichnung der eingekauften Futtermittel auch Mindestanforderungen an die Qualität der einzelnen Futterstoffe gebunden sind.

Kennzeichnung und Verpackung von Futtermitteln: Das Futtermittelgesetz regelt, wie Futtermittel gekennzeichnet und verpackt werden müssen, bevor sie in den Handel kommen. EU-weit ist seit November 2004 die **offene Deklaration** vorgeschrieben (z. B. 30% Weizen, 20% Gerste ...). In Österreich wird derzeit die halboffene Deklaration angewendet. Dies bedeutet, dass alle Einzelfuttermittel in absteigender Reihenfolge dem Gewichtsanteil entsprechend am Sackanhänger bzw. Lieferschein aufgelistet sein müssen. Es werden keine Prozentanteile angedruckt. Der Landwirt kann die genauen Gewichtsanteile beim Hersteller erfragen.

Zulassung von Futtermittelherstellern: Alle Futtermittelerzeuger benötigen vor Aufnahme ihrer Produktion eine Zulassung durch die Kontrollstellen des Bundesministeriums für Land- und Forstwirtschaft, Umwelt und Wasserwirtschaft.

Futtermittelkontrolle: In Österreich gibt es eine behördliche Kontrollstelle, die die Futtermittelkontrolle vornimmt (AGES). Diese übernehmen die ständige Kontrolle der erzeugten Futtermittel. Dabei werden Proben von Futtermitteln in allen Produktionsstufen bis hin zum Handel genommen. Werden Futtermittel gefunden, die den gesetzlichen Anforderungen nicht entsprechen (Inhaltsstoffe nicht eingehalten, Beschriftung unvollständig, Ablaufdatum nicht eingehalten usw.), werden sie beschlagnahmt und dürfen nicht verkauft werden. Etwa 2000 Proben pro Jahr werden in Österreich bei diesen Kontrollen gezogen. Bei Vergehen gegen das FMG werden überdies Verwaltungsstrafen verhängt.

Zulassung aller Zusatzstoffe: Bevor Futtermittelzusatzstoffe in den Handel gelangen, benötigen sie eine Zulassung. Solche Zusatzstoffe sind z. B. Antioxidantien, Emulgatoren, färbende Stoffe, Konservierungsstoffe, Vitamine, Spurenelemente, antimikrobielle Leistungsförderer usw. Zusatzstoffe werden europaweit nur mehr in Brüssel zugelassen (EFSA).

Toleranzbereiche: Das Futtermittelgesetz regelt die Toleranzen von Mischfuttermitteln bezüglich den angegebenen Inhaltsstoffen.

Regelungen über verbotene bzw. unerwünschte Stoffe in Futtermitteln: Der Futtermittelhersteller trägt Verantwortung dafür, dass keine gesundheitsschädlichen Stoffe in das Tierfutter gelangen. Der Landwirt muss dafür garantieren, dass keine verdorbenen Futtermittel (verschimmelt ...) vorgelegt werden.

Insgesamt ist es das Ziel des Futtermittelgesetzes und der Futtermittelverordnung, die Verfütterung einwandfreier Futtermittel zu garantieren. Dies ist eine der wichtigsten Voraussetzungen für die Erzeugung hochwertiger Lebensmittel.

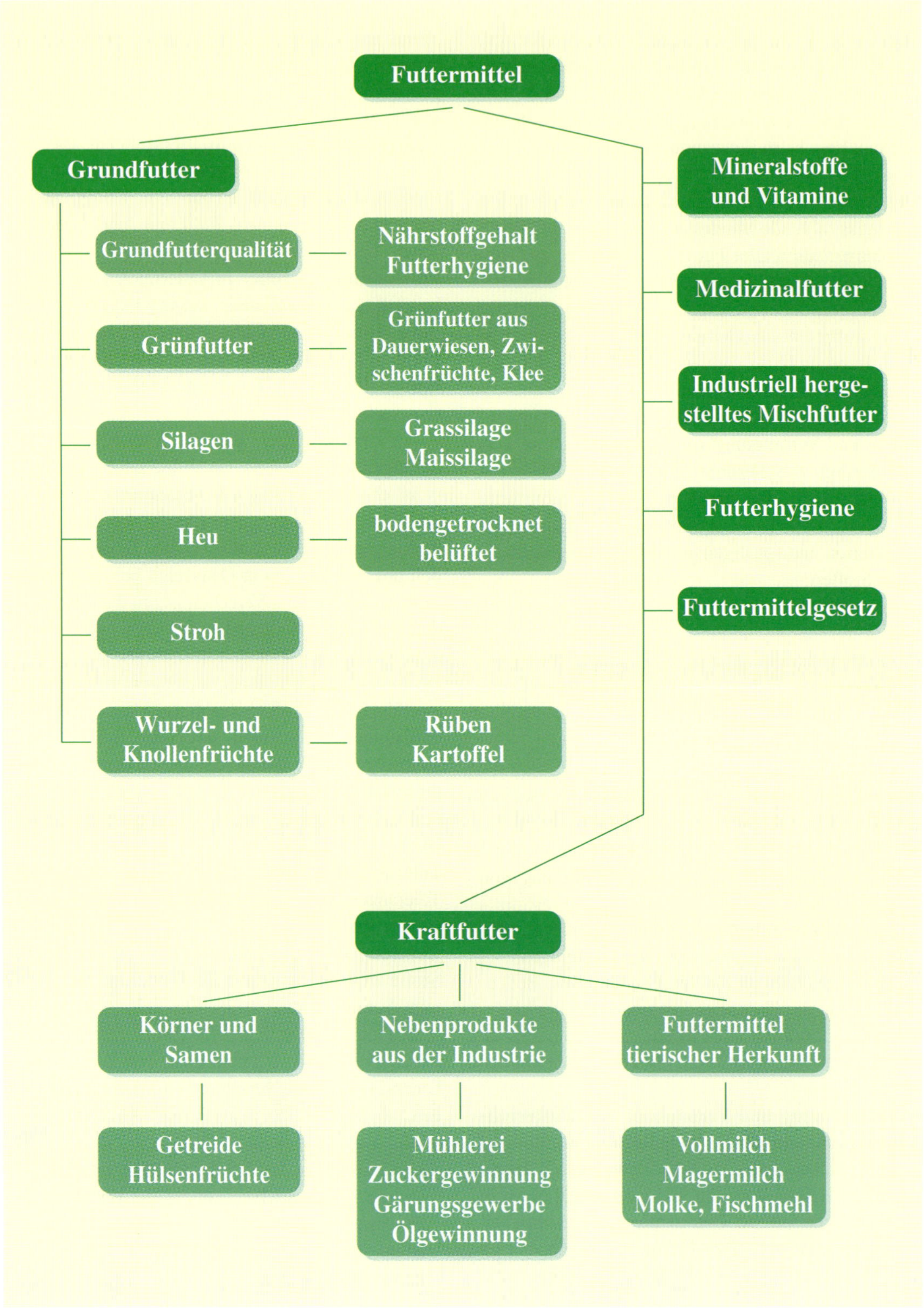
Futtermittel
Grundfutter
Grundfutterqualität
Nährstoffgehalt
Futterhygiene
Grünfutter
Grünfutter aus Dauerwiesen, Zwischenfrüchte, Klee
Silagen
Grassilage
Maissilage
Heu
bodengetrocknet
belüftet
Stroh
Wurzel- und Knollenfrüchte
Rüben
Kartoffel
Mineralstoffe und Vitamine
Medizinalfutter
Industriell hergestelltes Mischfutter
Futterhygiene
Futtermittelgesetz
Kraftfutter
Körner und Samen
Getreide
Hülsenfrüchte
Nebenprodukte aus der Industrie
Mühlerei
Zuckergewinnung
Gärungsgewerbe
Ölgewinnung
Futtermittel tierischer Herkunft
Vollmilch
Magermilch
Molke, Fischmehl

Futterwerttabelle für Wiederkäuer

Futterart-Futtermittel	T g	je kg T										
		XF g	XP g	UDP %	nXP g	RNB g	ME MJ	NEL MJ	Ca g	P g	Mg g	Na g
Daten aus Österreich												
Wirtschaftsgrünland landesübliche Nutzung												
Grünfutter												
Wiese, Mischbestand (40-60% Gräser)												
1. Aufwuchs, im Ähren-/Rispensch.	180	223	160	15	139	+3	10,47	6,27	9,5	3,5	2,1	0,5
Beginn der Blüte	200	257	133	16	131	0	10,01	5,93	9,0	3,5	2,2	0,5
Mitte der Blüte	210	284	113	17	120	-1	9,33	5,44	8,5	3,0	2,4	0,4
Ende der Blüte	220	310	101	17	115	-2	9,03	5,21	8,0	2,7	2,2	0,3
2. u. Folgeaufwüchse												
im Schossen	230	200	190	14	141	+8	10,31	6,15	10,0	4,0	4,1	0,5
im Ähren-/Rispensch.	220	226	160	15	127	+5	9,37	5,45	9,5	3,8	3,3	0,5
Beginn der Blüte	220	254	138	16	123	+2	9,27	5,37	9,0	3,9	3,6	0,4
Mitte der Blüte	230	283	129	16	120	+1	9,10	5,24	8,5	3,7	2,8	0,6
Ende der Blüte	250	310	118	17	114	+1	8,71	4,96	8,0	3,4	2,1	0,5
Silage												
Wiese 1. Aufwuchs												
im Schossen	380	228	170	15	138	+5	10,24	6,13	9,0	3,5	2,9	0,4
im Ähren-/Rispensch.	340	258	150	15	136	+2	10,33	6,20	8,6	3,4	2,6	0,4
Beginn der Blüte	360	286	136	15	131	+1	10.08	6,02	8,5	3,3	2,9	0,4
Mitte bis Ende der Blüte	340	312	130	16	127	0	9,79	5,81	8,6	3,2	3,0	0,4
überständig	340	358	106	16	118	-2	9,27	5,43	8,3	3,1	2,6	0,5
Wiese 2. und Folgeaufwüchse												
im Schossen	390	221	183	15	140	+7	10,27	6,16	10,3	3,6	3,5	0,7
im Ähren-/Rispensch.	380	256	155	15	132	+4	9,93	5,91	9,1	3,5	3,4	0,3
Beginn der Blüte	350	284	150	15	127	+4	9,52	5,62	8,6	3,4	2,9	0,7
Mitte bis Ende der Blüte	340	308	142	15	126	+3	9,52	5,61	8,3	3,4	2,9	0,3
überständig	330	355	125	16	121	+1	9,30	5,46	9,6	3,2	3,2	0,4
Heu (Bodentrocknung)												
Wiese 1. Aufwuchs												
im Ähren-/Rispensch.	860	265	133	20	131	0	9,77	5,79	9,0	3,2	3,6	0,3
Beginn der Blüte	880	287	110	21	121	-2	9,28	5,45	8,4	3,0	2,9	0,2
Mitte bis Ende der Blüte	850	316	104	22	119	-3	9,19	5,38	6,8	2,6	2,5	0,3
überständig	850	339	93	23	113	-3	8,80	5,11	6,6	2,2	2,0	0,2
Wiese 2. und Folgeaufwüchse												
im Ähren-/Rispensch.	870	258	138	20	132	+1	9,78	5,79	9,5	3,5	3,4	0,4
Beginn der Blüte	850	286	125	21	127	0	9,57	5,64	8,06	3,2	3,1	0,4
Mitte bis Ende der Blüte	840	309	115	22	124	-2	9,44	5,55	7,2	2,9	2,7	0,3
Heu (belüftet)												
Wiese 1. Aufwuchs												
im Ähren-/Rispensch.	890	260	137	20	135	0	10,17	6,07	9,5	3,2	2,1	0,2
Beginn der Blüte	880	288	119	21	127	-1	9,68	5,73	7,8	3,0	3,3	0,3
Mitte bis Ende der Blüte	860	315	107	22	121	-2	9,27	5,44	7,3	2,9	2,9	0,3
überständig	860	345	96	23	116	-3	8,99	5,24	6,2	2,2	2,4	0,3
Wiese 2. und Folgeaufwüchse												
im Schossen	920	230	150	19	142	+1	10,68	6,42	9,5	3,5	3,3	0,3
im Ähren-/Rispensch.	890	250	138	19	133	+1	9,91	5,88	8,1	3,4	3,3	0,3
Beginn der Blüte	870	283	128	21	129	0	9,71	5,74	8,1	3,3	3,3	0,3
Mitte bis Ende der Blüte	870	310	117	22	128	-2	9,76	5,77	6,9	2,9	2,8	0,3

Futterwerttabelle für Wiederkäuer

Futterart-Futtermittel	T g	je kg T										
		XF g	XP g	UDP %	nXP g	RNB g	ME MJ	NEL MJ	Ca g	P g	Mg g	Na g
Alpines Grünland (Almfutter)												
Grünfutter												
Almweide und Bergmähder												
1. Aufwuchs im Schossen	190	171	160	17	125	+5	9,03	5,22	12,6	2,0	5,2	0,2
im Ähren-/Rispensch.	190	229	145	16	124	+3	9,23	5,36	10,4	2,2	3,0	0,1
Beginn der Blüte	220	256	136	16	116	+3	8,62	4,92	7,7	2,5	2,7	0,2
Mitte bis Ende der Blüte	240	280	103	17	112	-1	8,69	4,97	6,4	2,4	2,2	0,1
2. und Folgeaufwüchse												
im Schossen	180	194	166	15	123	+7	8,91	5,10	16,8	2,6	5,0	0,2
im Ähren-/Rispensch.	210	224	159	15	114	+7	8,22	4,58	10,4	2,5	2,9	0.1
Beginn der Blüte	230	252	129	16	10	+4	7,77	4,21	6,5	2,4	2,4	0,2
Mitte bis Ende der Blüte	220	290	141	16	106	+6	7,69	4,14	7,0	2,3	2,2	0,2
Auszug aus der DLG-Futterwerttabelle												
Grünfutter												
Gräser												
Mais - mittlerer Kolbenanteil												
Beginn der Kolbenbildung	170	258	104	25	131	-4	10,11	6,04	6,0	2,9	2,3	0,46
in der Milchreife	210	223	90	25	136	-7	10,70	6,47	3,8	3,1	1,9	0,40
Beginn der Teigreife	270	205	86	25	133	-8	10,61	6,39	3,9	2,6	2,3	0,40
Ende der Teigreife	350	198	81	25	131	-8	10,61	6,38	3,9	2,6	2,3	0,40
Hafer in der Teigreife	300	320	83	20	114	-5	8,92	5,17	4,4	3,1	1,7	1,0
Roggen -Beginn des Ährenschiebens	150	225	182	15	154	+5	11,54	7,08	4,1	4,1	2,0	1,27
Beginn der Blüte	200	331	131	15	130	0	9,87	5,84	4,1	4,1	2,0	1,27
Leguminosen												
Ackerbohne vor der Blüte	150	173	259	10	150	+17	10,99	6,70	15,5	3,5	3,3	2,0
Alexandrinerklee Beginn der Blüte	190	257	187	20	146	+6	9,72	5,77				
Erbse vor der Blüte	130	203	183	15	144	+6	10,59	6,39				
in der Blüte	160	282	177	15	137	+6	9,21	5,04				
Landsberger Gemenge vor der Blüte	150	197	181	15	142	+6	10,72	6,50	8,6	3,0	1,8	0,45
in der Blüte	160	269	148	15	133	+2	9,86	5,86	8,6	3,0	1,8	0,45
Luzerne 1. Aufwuchs												
in der Knospe	170	238	219	15	141	+12	9,83	5,82	18,9	3,0	3,2	0,47
Beginn der Blüte	200	286	187	20	139	+8	9,37	5,49	20,9	2,8	2,7	1,0
Mitte bis Ende der Blüte	230	327	175	25	135	+6	8,77	5,07	20,9	2,8	2,7	1,0
Luzerne 2. und folgende Aufwüchse												
in der Knospe	180	247	214	15	141	+12	9,85	5,81	18,9	3,0	3,2	0,47
Beginn der Blüte	210	281	204	20	141	+10	9,31	5,43	20,9	2,8	2,7	1,0
Mitte bis Ende der Blüte	240	316	192	20	133	+9	8,89	5,14	20,9	2,8	2,7	1,0
Luzerne-Gras-Gemenge 1. Aufwuchs												
in der Knospe	170	238	193	15	141	+8	10,21	6,13				
Beginn der Blüte	200	272	154	15	129	+4	9,79	5,82	8,0	3,5	2,0	0,2
Mitte bis Ende der Blüte	240	309	149	15	123	+4	9,08	5,29				
Luzerne-Gras-Gemenge												
2. und folgende Aufwüchse												
in der Knospe	190	231	196	15	133	+10	9,48	5,56				
Beginn der Blüte	220	267	201	15	135	+11	9,52	5,59	12,6	3,9	3,1	0,2
Mitte bis Ende der Blüte	260	308	174	15	129	+7	9,31	5,45				

Futterwerttabelle für Wiederkäuer

Futterart-Futtermittel	T g	je kg T										
		XF g	XP g	UDP %	nXP g	RNB g	ME MJ	NEL MJ	Ca g	P g	Mg g	Na g
Rotklee 1. Aufwuchs												
in der Knospe	160	213	193	20	152	+7	10,68	6,44	16,3	3,1	3,8	0,43
Beginn der Blüte	220	261	161	20	138	+4	9,82	5,82	15,5	2,7	3,6	0,36
Mitte bis Ende der Blüte	250	296	150	25	135	+2	9,34	5,47	15,5	2,7	3,6	0,36
Rotklee 2. Aufwuchs												
in der Knospe	180	209	207	20	152	+9	10,48	6,29	13,5	3,5	2,4	0,4
Beginn der Blüte	220	262	177	20	138	+6	9,64	5,67	13,0	6,0	2,5	0,4
Mitte bis Ende der Blüte	240	304	170	25	132	+6	8,74	5,04	13,0	6,0	2,5	0,4
Rotklee-Gras-Gemenge 1. Aufwuchs												
in der Knospe	170	223	178	15	143	+6	10,52	6,34	8,0	3,6	2,0	0,2
Beginn der Blüte	200	259	155	15	134	+3	9,84	5,84				
Mitte bis Ende der Blüte	240	300	134	20	133	0	9,66	5,70				
Rotklee-Gras-Gemenge												
2. und folgende Aufwüchse												
in der Knospe	210	223	191	15	140	+8	10,09	6,02				
Beginn der Blüte	240	258	171	15	129	+7	9,40	5,53	8,5	3,9	2,4	0,2
Mitte bis Ende der Blüte	270	303	137	20	126	+2	9,30	5,44				
Sonstige Grünfutter												
Raps vor der Blüte	110	133	194	15	157	+6	11,30	7,00				
in der Blüte	120	184	194	15	146	+8	10,66	6,53	17,3	4,5	2,7	1,36
Senf vor der Blüte	130	147	258	15	161	+16	11,09	6,87				
in der Blüte	150	210	267	15	143	+20	9,99	6,06	15,3	4,0	3,3	
Sonnenblume												
in der Blüte	120	216	144	15	123	+3	9,13	5,40	15,0	2,4	4,1	0,37
Wicke vor der Blüte	130	188	291	10	148	+23	10,45	6,33	15,5	4,6	3,6	0,67
in der Blüte	150	235	221	10	130	+14	9,56	5,69	15,5	4,6	3,6	0,67
Futterrübe (gehaltvolle) Blätter sauber	160	125	157	15	130	+4	9,89	6,03	20,8	2,5	6,1	6,11
Zuckerrübe, Blätter sauber	160	108	159	15	141	+3	10,48	6,47	12,4	2,5	4,8	9,45
Knollen und Wurzeln												
Futterrübe (gehaltvolle) sauber	150	64	77	20	149	-12	11,96	7,57	2,7	2,4	1,8	4,08
Futterrübe (Massenrübe) sauber	120	69	89	20	150	-10	11,96	7,60	2,5	2,5	2,5	3,31
Kartoffel, Knolle roh	220	27	96	20	162	-11	13,08	8,44	0,4	2,5	1,4	0,55
Silagen												
Biertreber	260	193	249	40	185	+10	11,22	6,66	2,5	6,0	2,1	0,5
Gerste, in der Teigreife												
(Körneranteil 33%)	300	284	95	20	115	-3	8,79	5,10	3,2	3,2	1,0	0,3
Hafer	273	339	108	20	113	+1	8,26	4,77	10,7	4,0	2,0	0,8
Luzerne					132							
1. Aufwuchs in der Knospe	350	254	207	15	128	+12	9,28	5,43	18	3,1	2,8	0,97
Beginn der Blüte	350	294	179	20	-	+8	8,71	5,04	17,7	3,1	2,6	0,86
2. Aufwuchs in der Knospe	350	269	204	-	135	-	-	-	17,1	3,1	2,3	0,40
Beginn der Blüte	350	293	213	20		+13	8,95	5,17	16,9	2,9	2,9	0,34
Luzerne-Gras-Gemenge					132							
1. Aufwuchs	350	284	193	15	132	+10	9,43	5,54	11,7	3,7	2,9	0,66
2. Aufwuchs	350	293	185	15		+9	9,53	5,58	13,4	3,4	2,3	0,57
Mais, Kolbenanteil mittel					129							
in der Milchreife	210	233	93	25	131	-6	10,12	6,03	3,8	3,1	1,9	0,40
Beginn der Teigreife	270	212	88	25	131	-7	10,51	6,31	3,9	2,6	2,3	0,40
Ende der Teigreife	350	201	81	25	165	-8	10,70	6,45	3,9	2,6	2,3	0,40
Mais, Körner	600	28	102	40	152	-10	13,58	8,63	0,4	3,2	1,0	0,26
Maiskolben, ohne Hüllblätter	600	89	95	35	157	-9	12,49	7,78				
Preßschnitzel	220	208	111	30		-7	11,87	7,40	8,9	1,2	3,2	0,81

Futterwerttabelle für Wiederkäuer

Futterart-Futtermittel	T g	je kg T										
		XF g	XP g	UDP %	nXP g	RNB g	ME MJ	NEL MJ	Ca g	P g	Mg g	Na g
Handelsfuttermittel												
Körner und Samen												
Ackerbohne	880	89	289	15	195	+17	13,62	8,61	1,6	4,8	1,8	0,18
Erbse	880	67	251	15	187	+10	13,48	8,53	1,0	4,9	1,4	0,20
Gerste - Sommergerste	880	52	119	25	165	-7	12,93	8,16	0,8	3,9	1,3	0,32
Wintergerste	880	57	124	25	164	-6	12,84	8,08	0,8	3,9	1,3	0,32
Hafer	880	116	121	15	140	-3	11,48	6,97	1,2	3,5	1,4	0,38
Mais	880	26	106	50	164	-9	13,29	8,39	0,4	3,2	1,0	0,26
Roggen	870	29	102	15	161	-10	13,01	8,25	0,9	3,3	1,4	0,26
Triticale	880	28	145	15	170	-4	13,13	8,32	0,7	4,4	1,4	0,15
Weizen - Winterweizen	880	29	138	20	175	-3	13,44	8,54	0,7	3,8	1,3	0,17
Industrielle Nebenerzeugnisse												
Biertreber gertocknet	900	170	259	45	198	+10	10,57	6,19	4,6	7,2	2,2	0,61
Luzernegrünmehl, älter	900	318	156	50	147	+1	8,00	4,54	20,2	3,2	3,2	1,92
Malzkeime	920	145	297	25	180	+19	10,36	6,17	2,6	8,1	1,5	0,61
Roggenfuttermehl	880	37	173	15	164	+1	12,37	7,68	1,3	9,2	3,8	0,19
Roggenkleie	880	83	163	15	143	+3	10,67	6,42				
Trockenschnitzel	900	205	99	45	156	-9	11,93	7,43	9,7	1,1	2,5	2,41
Weizenfuttermehl	880	52	192	20	173	+3	13,07	8,18	1,2	8,1	2,9	0,35
Weizenkleie	880	134	160	25	140	+3	9,92	5,86	1,8	13,0	5,3	0,54
Rückstände der Ölgewinnung												
Kokoskuchen, 8 -12% Fett	900	144	227	55	211	+2	12,97	8,00	1,8	6,0	3,3	1,0
Kokosextraktionsschrot	900	161	238	50	222	+2	12,21	7,56	1,7	6,4	3,8	1,02
Leinkuchen, 8 -12% Fett	910	100	357	35	224	+21	12,98	7,92	4,2	8,2	5,3	1,05
Leinextraktionsschrot	890	103	385	30	232	+24	12,04	7,34	4,5	9,5	5,7	1,09
Rapskuchen, „00 Typ“, 8 -12% Fett	900	128	370	30	217	+25	13,06	7,99	6,3	10,0	5,1	0,8
Rapsextraktionsschrot (RES)	890	131	399	25	219	+29	11,99	7,31	6,9	11,9	5,5	1,13
Sojabohne, dampferhitzt	880	62	398	20	189	+33	15,88	9,90	2,9	7,1	2,7	0,23
Sojaextraktionsschrot Standard												
dampferhitzt	880	67	510	35	308	+32	13,75	8,63	3,1	7,0	3,0	0,23
dampferhitzt mit												
Formaldehyd behandelt	890	53	507	65	436	+11	13,68	8,57				
Sojaextraktionschrot HP dampferhitzt	890	39	548	35	324	+36	13,73	8,59	3,1	7,6	2,7	0,34
Sonnenblume,												
Samen schalenarme Sorten	880	169	191	20	96	+15	17,85	10,85				
Sonnenblumenkuchen												
aus geschälter Saat 8 -12%												
Fett	910	108	491	30	247	+39	12,73	7,68	2,5	12,5	7,4	0,08
Sonnenblumenextraktionschrot												
aus geschälter Saat	910	135	439	25	229	+33	11,88	7,22	4,4	9,9	5,4	0,12
Futtermittel tierischer Herkunft												
Blutmehl	920	12	940	65	721	+35	14,30	8,75	1,8	1,6	0,3	8,18
Fischmehl, Typ 60,												
65 - 70% Protein, 3 - 8% Fett	910	9	685	60	506	+29	12,50	7,70	47,5	28,2	2,5	9,74
Magermilch, frisch	85	0	368	5	179	+30	13,94	8,96	13,6	10,9	1,6	3,63
Magermilchpulver	960	0	365	5	179	+30	13,75	8,82	13,6	10,9	1,6	3,63
Molkenpulver - Süßmolkenpulver	960	0	132		-	-	-	-				
Sauermolke frisch	60	0	84		-	-	-	-				
Vollmilch	140	0	264	5	128	+22	19,31	12,47	8,6	7,2	0,9	3,21

Futterwerttabelle für Pferde

Futterart-Futtermittel	1 kg Futtermittel enthält							
	T g	XF g	DXP g	VE MJ	Ca g	P g	Na g	K g
Grünfutter								
Luzerne								
Beginn bis Mitte der Blüte	210	60	26	2,0	4,0	0,6	0,2	6,0
Rotklee,								
Beginn bis Mitte der Blüte	220	55	24	2,3	3,4	0,5	0,1	5,0
Weide, extensiv								
im Ähren-Rispenschieben	185	44	16	2,1	2,0	0,2	0,1	6,0
Beginn bis Mitte der Blüte	220	60	17	2,2	2,4	0,4	0,2	6,1
Ende der Blüte	240	75	16	1,9	2,4	0,4	0,2	6,1
Weide, intensiv								
im Ähren-Rispenschieben	175	41	25	2,0	0,8	0,9	0,1	4,0
Beginn bis Mitte der Blüte	220	58	29	2,2	1,1	0,8	0,2	5,0
Ende der Blüte	240	76	26	2,0	1,1	0,8	0,2	5,0
Heu								
Lieschgrasheu, 1. Schnitt								
Beginn bis Mitte der Blüte	860	290	40	8,1	3,5	2,2	0,4	30
Luzerneheu, 1. Schnitt								
Beginn bis Mitte der Blüte	860	283	94	8,1	13,7	2,2	0,4	24
Rotkleeheu, 1. Schnitt								
Beginn bis Mitte der Blüte	860	253	73	8,0	12,8	2,0	0,3	19
Weide, extensiv								
Beginn bis Mitte der Blüte	860	267	29	8,0	7,0	1,6	0,3	12
nach der Blüte	860	300	38	6,8	7,0	1,6	0,3	12
Weide, intensiv								
Beginn bis Mitte der Blüte	860	265	60	8,0	3,9	3,4	0,4	21
nach der Blüte	860	297	46	6,9	5,2	2,2,	0,4	21
Wiese, grasreich								
Beginn bis Mitte der Blüte	860	266	60	8,0	5,4	2,3	0,7	21
nach der Blüte	860	302	44	6,8	5,4	2,2	0,5	18
2. Schnitt, 4 - 6 Wochen	860	251	72	8,2	15,3	2,2	0,3	20
Grünmehl								
Grasgrünmehl	910	230	94	9,2	4,5	2,7	0,4	27
Luzernegrünmehl	890	262	92	8,6	11,3	2,5	1,7	25
Stroh								
Gerstenstroh	860	377	7	4,9	4,0	0,7	1,6	12
Haferstroh	860	384	10	5,5	3,5	1,2	2,0	19
Roggenstroh	860	419	10	5,9	2,7	0,9	1,3	9
Weizenstroh	860	388	7	4,6	2,7	0,6	1,3	9
Stroh, aufgeschlossen mit Ammoniak								
Gerstenstroh	860	350	28	7	4,0	0,7	1,6	7
Haferstroh	860	364	30	6,2	3,5	1,2	2,0	19
Weizenstroh	860	368	27	6,2	3,0	1,0	1,3	9
Silagen								
Grassilage, angewelkt								
1. Schnitt, Ähren-/Rispenensch.	350	90	40	3,5	3,4	1,3	0,8	12
Maissilage i. d. Teigreife	270	61	14	3,0	0,9	0,7	0,01	3,6

Futterwerttabelle für Pferde

Futterart-Futtermittel	1 kg Futtermittel enthält							
	T g	XF g	DXP g	VE MJ	Ca g	P g	Na g	K g
Wurzeln und Knollen								
Gehaltsrüben	150	10	8	2,0	0,4	0,3	0,6	4
Massenrüben	110	9	7	1,5	0,3	0,3	0,3	4
Möhren	120	10	9	1,8	0,5	0,4	0,3	3
Zuckerrüben	230	12	10	3,3	0,5	0,4	0,2	2
Körner und Samen								
Ackerbohne	870	79	217	13,5	1,5	4,1	0,1	12
Gerste	870	46	75	12,6	0,7	3,4	0,4	3
Hafer	880	102	86	11,6	1,1	3,1	0,3	4
Leinsamen	910	66	172	14,5	2,5	3,6	0,8	7
Mais	880	23	67	13,7	0,4	2,9	0,2	3
Weizen	880	26	85	13,4	0,7	3,2	0,1	4
Industrielle Nebenerzeugnisse								
Bierhefe, getrocknet	890	19	413	14,1	2,9	13,5	0,2	22
Biertreber, getrocknet	900	155	161	8,7	3,9	6,2	0,6	1
Futterzucker	970	4	12	14,0	0,4	0,1	1,0	0,1
Haferschälkleie	910	243	45	7,1	1,5	2,5	0,4	8
Malzkeime, getrocknet	920	146	141	11,4	2,6	7,4	0,6	20
Melasse	770	0	80	11,0	4,7	0,2	6,0	36
Melasseschnitzel	900	140	56	10,8	7,9	0,9	2,4	12
Roggenkleie	880	70	113	10,7	1,5	10,0	0,7	12
Trockenschnitzel	900	183	48	12,3	8,5	1,0	2,2	8
Weizenkleber	900	2	757	18,8	0,8	2,3	-	-
Weizenkleie	880	108	107	9,4	1,6	11,5	0,5	10
Rückstände der Ölgewinnung								
Leinexpeller, 4 - 7,9% Fett	900	97	278	11,4	3,7	7,5	1,0	11
Leinextraktionsschrot	890	91	284	11,3	4	8,4	1,0	11
Sojaextraktionsschrot - HP	890	33	456	15,1	2,8	6,9	0,3	21
Sonnenblumenextraktionsschrot entschält	890	135	297	11,3	3,8	11,0	0,1	12
Sonstige Futtermittel								
Apfeltrester	910	277	33	8,35	2,3	1,6	0,5	4,3
Kohlensauerer Futterkalk	997	-	-	-	381,4	0,4	-	-
Magermilchpulver	940	1	284	14,0	13,2	10,1	5,1	13
Pflanzenöl	990	-	-	35,4	2,2	6,0	-	-
Phosphorsauerer Futterkalk	997	-	-	-	247,3	180,3	-	-
Viehsalz	990	-	-	-	2,5	-	365,1	-
Ergänzungsfuttermittel für Pferde								
(häufige Durchschnittswerte)								
zum Hafersatz								
zur Haferergänzung	880	80-120	70-100	11-11,5	8-15	4-6	2	10-14
sogenanntes Alleinfutter zu	880	70-120	100-140	11,5-12,5	10-25	4-8	2-8	10-14
Stroh								
Fohlenaufzuchtfutter	880	160-180	70.100	10,5	8-15	3-6	1-2	10-14
Mineralfutter	880	50-100	120-160	12-13	10-18	6-8	2	10-12
	900	-	-	-	120-240	40-80	40-60	-

Abkürzungen: T = Trockenmasse
XF = Rohfaser
DXP = verdauliches Rohprotein
VE = verdauliche Energie
MJ = Megajoule

Futterwerttabelle für Geflügel

Futtermittel	1 kg Futtermittel enthält								
	T g	XF g	XP g	ME MJ	Ca g	P g	Na g	Meth g	Cyst g	Lys g
Ackerbohne	880	89	251	10,5	1,5	4,1	0,3	2,0	2,8	17,2
Bierhefe getrocknet	900	22	448	11,3	2,9	4,9	1,5	6,6	4,9	11,3
Biertreber getrocknet	900	170	227	10,6	3,9	6,1	0,41	5,7	4,9	9,6
Buchweizen (Körner)			111	10,8	0,9	3,1	-	2,0	26,0	5,9
Dicalciumphosphat			-	-	232	172	-	-	-	-
Erbse	880	60	226	11,1	0,9	4,1	0,31	2,7	2,5	15,2
Ernußextraktionsschr.			466	9,3	1,8	5,6	0,44	4,6	7,0	16,8
Fischmehl 60-65% Protein	915	0	627	10,8	54,5	29,2	8,63	20,5	5,7	53,1
Gerste	910	52	104	11,2	0,7	3,4	0,35	1,6	2,0	3,7
Gerstenfuttermehl			117	10,1	-	-	-	1,6	2,0	4,5
Grünmehl 15-19% Protein			170	5,0	7,7	3,1	0,44	2,8	1,9	6,7
Hafer	880	99	110	10,2	1,1	3,1	0,34	1,8	2,3	4,3
Haferfuttermehl			135	14,0	1,0	5,2	-	2,1	-	5,3
Hirse			102	13,0	0,4	2,9	0,08	1,6	1,1	2,2
Kohlens. Futterkalk			-	-	380	-	-	-	-	-
Kokosextraktionsschrot			212	6,3	1,5	5,7	0,92	4,0	4,1	5,1
Leinsamen	900	161	229	18,2	2,5	3,6	0,85	4,6	3,6	9,2
Leinextraktionsschrot			343	8,3	4,0	8,4	0,97	4,1	5,2	12,4
Linse	890	103	229	11,3	1,9	3,0	0,32	2,2	4,3	16,8
Lupine			404	8,5	2,4	4,5	0,18	3,0	7,1	19,8
Magermilch getrocknet	880	147	341	11,4	13,2	10,1	4,98	9,4	3,5	26,3
Mais	960	0	95	13,7	0,4	2,9	0,21	1,8	1,8	2,7
Maisfuttermehl	880	26	104	11,7	0,7	3,9	0,27	2,0	1,9	4,4
Milokorn			103	13,9	0,8	2,7	0,62	1,8	1,8	2,2
Rapsextraktionsschrot			349	6,7	6,3	10,5	0,21	6,7	7,8	18,7
Reis			81	11,2	0,6	1,5	0,03	2,0	1,0	3,3
Roggen	890	131	98	11,4	0,8	2,9	0,23	1,2	1,7	3,7
Roggenfuttermehl	870	29	149	11,8	1,1	8,0	0,17	1,1	1,9	4,0
Roggenkleie			144	7,2	1,5	10,0	0,60	1,9	1,4	6,2
Sesamextraktionsschrot	880	73	432	8,3	11,3	12,0	0,24	12,4	6,9	12,5
Sojabohne dampferhitzt			364	14,6	2,2	7,0	0,65	3,9	5,2	22,1
Sojaextraktionsschrot										
44% RP.	880	67	448	9,7	2,8	6,0	0,20	6,4	6,9	29,9
50% RP.	890	39	501	10,4	2,8	6,8	0,22	6,5	8,0	31,1
Sonnenblume	880	169	193	15,4	2,6	4,2	0,18	3,3	5,5	7,9
Sonnenblumen-extraktionsschrot	910	135	184	8,4	3,8	10,9	0,34	8,2	5,6	14,1
Sorghumhirse			103	13,1	0,3	3,7	0,18	1,3	2,0	2,5
Tiermehl (55-60% RP)			581	10,2	59,2	37,6	6,26	8,2	5,3	26,2
Triticale	880	28	128	13,0	0,4	4,1	-	1,9	2,0	4,2
Trockenschnitzel melas.	900	185	54	10,7	2,3	0,9	2,40	1,4	1,2	5,0
Viehsalz			-	-	-	-	365	-	-	-
Weizen	880	29	119	12,6	0,7	3,2	0,21	1,7	2,6	3,3
Weizenfuttermehl	880	46	179	11,7	1,1	7,1	0,31	2,6	3,1	7,8
Weizenkleie	880	134	143	7,0	1,6	11,5	0,38	2,2	2,7	6,0
Wicke			273	10,9	1,0	4,1	0,18	4,1	2,2	19,0

Futterwerttabelle für Schweine

Nähr- und Mineralstoffgehalte ausgewählter Schweinefuttermittel (DLG 1991 und Werte aus Eigenanalysen sowie Interpolierungen, Gehaltswerte je kg Futtermittel)

Schweinefuttermittel	1 kg Futtermittel enthält										
	T g	XF g	XP g	ME MJ	Ca g	P g	Na g	Lysin g	M+C g	Th. g	Tr. g
Grünfutter,Knollen etc.											
Biertreber, frisch	240	44	60	2,20	0,9	1,6	0,1	2,5	1,5	2,2	0,4
Futterrübe, gehaltsvoll	150	10	13	1,87	0,4	0,3	0,6	0,4	0,1	0,3	0,1
Futterrübe (Massenrübe)	120	9	11	1,38	0,3	0,3	0,4	0,4	0,1	0,3	0,1
Kartoffel, gedämpft	220	6	22	3,29	0,2	0,6	0,0	1,1	0,5	0,7	0,2
Obsttrester, frisch	220	46	15	1,83	2,0	0,7	0,4	0,0	0,0	0,0	0,0
Rotkleegrasmischung, frisch	212	54	31	1,68	2,3	0,6	0,0	2,0	1,1	1,8	0,6
Wiesengras	166	35	40	1,46	1,1	0 ,5	0,0	1,8	1,3	1,5	0,5
Zuckerrübe	230	12	16	2,99	0,5	0,4	0,2	0,6	0,5	0,3	0,1
Silagen											
Biertreber, siliert	260	51	64	2,42	6,9	1,5	0,1	2,7	1,6	2,4	0,4
CCM-35 (Maiskornsilage)	650	18	64	10,20	0,2	2,1	0,1	1,9	2,9	2,3	0,5
CCM-40 (Maiskornsilage)	600	16	65	9,40	0,2	1,9	0,1	1,7	2,7	2,1	0,45
CCM-45 (Maiskornsilage)	550	15	60	8,60	0,2	1,8	0,1	1,6	2,5	2,0	0,4
Grassilage in Ähren-/ Rispenschieben	350	94	55	2,40	1,7	1,3	0,2	2,3	1,2	2,3	0,0
Kartoffel, gedämpft	220	8	24	3,29	0,2	0,6	0,0	1,1	0,5	0,7	0,2
Maissilage, teigreif	270	61	24	2,40	0,8	0,6	0,1	1,1	0,6	1,0	0,2
Zuckerrübenblattsilage	157	24	21	1,08	0,2	0,4	0,0	0,0	0,0	0,0	0,0
Handels und andere Futtermittel											
Ackerbohne	880	79	263	12,66	1,4	4,0	0,0	17,7	5,0	11,3	2,5
Bierhefe, getrocknet	900	22	469	12,44	2,3	15,2	2,2	31,8	11,6	21,5	5,8
Bierhefe, frisch	150	3	79	2,08	0,5	3,30,	0,5	8,1	3,0	5,5	1,5
Brotabfälle	800	11	98	11,60	0,0	0	0,0	0,0	0,0	0,0	0,0
Erbse	880	60	228	13,63	0,8	4,2	0,2	16,6	5,2	9,5	3,2
Fischmehl, 60-70% Rpr.	915	0	667	14,78	39,1	24,9	7,8	55,4	26,0	28,7	6,0
Futterhefe (Torula)	906	25	448	12,60	4,0	13,0	1,1	31,3	8,7	22,0	5,1
Futteröl (Raps, Soja etc.)	-	-	-	36,40	-	-	-	-	-	-	-
Gerste - Sommer	880	47	106	12,68	0,8	3,4	0,5	3,7	3,6	3,6	1,4
Gerste - Winter	880	50	110	12,62	0,8	3,4	0,5	3,7	3,6	3,6	1,4
Grasgrünmehl (15-19%)	900	206	166	5,97	6,3	4,3	0,6	7,7	4,6	7,5	2,7
Hafer	880	99	108	11,22	1,1	3,0	0,6	4,3	4,1	3,7	1,4
Hafer-Futterflocken	910	20	126	15,51	-	-	-	-	-	-	-
Haferschälkleie	910	230	68	5,65	1,9	3,4	0,4	3,1	1,3	12,4	1,2
Kartoffeleiweiß (Agenaprot)	910	7	764	16,78	0,1	0,5	0,0	63,0	32,0	44,7	10,8
Lupine - gelb - süß	880	147	386	12,88	2,4	4,6	0,0	19,6	11,7	12,8	2,8
Luzernegrünmehl (17-19%)	900	235	180	6,12	18,3	2,9	1,7	8,7	4,5	7,8	2,8
Mais	880	23	93	14,09	0,4	2,9	0,4	2,7	3,7	3,4	0,6
Malzkeime	920	0	279	7,99	2,1	7,8	0,2	12,2	7,8	9,6	2,4
Buttermilch, frisch	94	0	32	1,58	1,0	0,8	0,3	3,6	1,2	1,9	0,5
Magermilch	86	0	32	1,37	1,3	1,0	0,3	2,4	1,1	1,6	0,5
Magermilchpulver	960	0	350	15,15	37,0	14,7	18,0	12,6	7,3	12,8	3,6
Molke - sauer - frisch	64	0	10	0,88	0,9	0,6	0,5	0,5	0,3	0,5	0,0
Molke - süß - frisch	58	0	8	0,82	0,4	0,4	0,45	0,5	0,3	0,3	0,1
Vollmilch - frisch	140	0	37	3,12	1,2	1,0	0,4	2,6	1,4	1,8	0,5
Obsttrester, getr. (Apfel)	920	205	52	6,59	0,0	0,0	0,0	0,0	0,0	0,0	0,0
Rapsextraktionsschrot	890	125	335	10,50	6,5	12,0	0,2	19,0	14,5	15,4	4,5
Rapskuchenschrot	918	130	320	11,53	6,7	12,5	0,1	18,0	12,5	14,4	4,4

Futterwerttabelle für Schweine

Schweinefuttermittel	1 kg Futtermittel enthält										
	T g	XF g	XP g	ME g	Ca g	P g	Na g	Lysin g	M+C g	Th. g	Tr. g
Roggen	880	25	99	13,46	0,8	2,9	0,2	3,7	3,2	3,3	1,2
Roggenkleie	880	73	143	8,88	1,5	8,4	0,8	6,7	3,4	6,4	1,1
Sojabohne	880	53	356	15,46	2,7	6,6	0,0	21,3	9,7	12,9	4,5
Sojaschrot 44	875	57	451	12,75	2,7	6,2	0,2	26,4	12,3	16,9	5,8
Sojaschrot 48	875	491	491	14,1	2,8	6,6	0,3	29,8	14,2	18,9	6,.2
Sonnenblumenextraktions-schrot „Brucker“	890	220	350	9,40	4,0	9,0	0,1	13,3	13,3	14,2	6,2
Tierkörpermehl 50-55% Protein	950	26	507	10,53	59,2	31,0	8,0	26,8	13,9	18,6	6,4
Triticale	880	26	128	13,60	0,5	4,8	0,3	4,8	5,3	4,2	0,2
Trockenschnitte	900	185	90	8,13	9,1	0,9	2,3	5,0	2,6	4,5	1,0
Weizen	880	26	121	13,79	0,8	3,2	0,4	3,2	4,3	3,3	1,4
Weizenkleie	880	117	141	8,33	1,5	11,4	0,5	6,2	5,0	5,5	2,5
Weizenfuttermehl	880	46	167	14,21	1,1	8,9	0,2	7,3	5,6	6,5	2,0
Mineralstoffträger											
Kohlensaurer Kalk	-	-	-	-	400	-	-	-	-	-	-
Phosphorsaurer Kalk	-	-	-	-	230	180	*	*	*		
Monocalciumphosphat	-	-	-	-	160	230	*	*	*		
Viehsalz	-	-	-	-	-	-	390	-	-	-	-

*Sackaufdruck beachten

T = Trockenmasse
XF = Rohfaser
XP = Rohprotein
ME = Umsetzbare Energie
MJ = Mega-Joule
Ca = Kalzium
P = Phosphor
Na = Natrium
M+C = Methionin + Cystin
Th = Threonin
Tr = Tryptophan

9. Züchtung

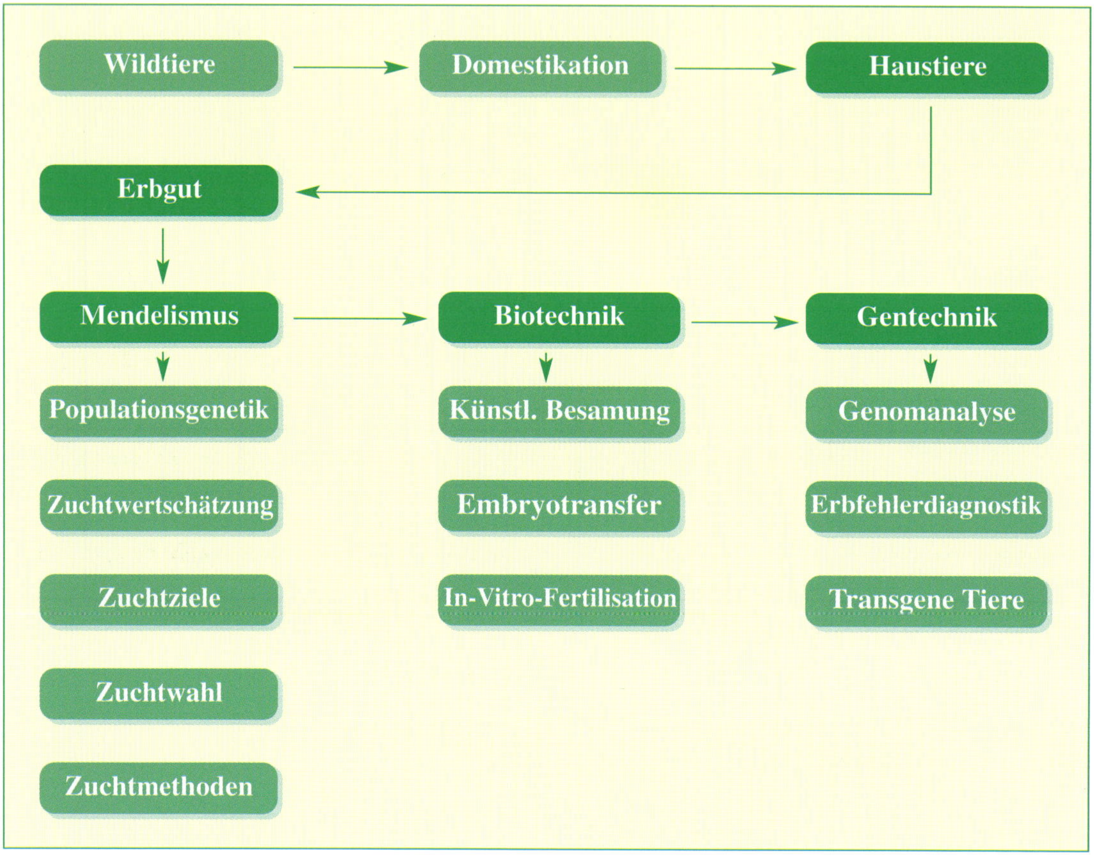

9.1 Überblick

Züchten ist eine geistig kreative Tätigkeit und verlangt ein Denken in Generationen.
Prof. Dr. Dürrwächter

Ziel der Züchtung ist die bewusste Verbesserung der genetischen Veranlagung unserer Haustiere.

9.2 Geschichtliche Übersicht

Das Alter der Erde wird mit 4,5 Milliarden Jahren angenommen. In der Erdatmoshäre befanden sich zunächst nur kleine Moleküle von Ammoniak, Methan, Wasserdampf und Kohlendioxyd. Man nimmt an, dass unter den Einflüssen der ultravioletten Sonnenenergie und von Gewitterblitzen kompliziertere Moleküle wie Aminosäuren als Bausteine von Eiweiß entstanden sind. Das Auftreten erster Lebensformen dürfte 3,5 Milliarden Jahre zurück-

liegen. Die ersten Säugetierformen und Vögel gibt es seit etwa 160–200 Millionen Jahren und den Menschen seit etwa 250.000 Jahren.
Im Laufe der Evolutionsgeschichte standen die Tiere in der freien Wildbahn im ständigen Kampf um ihr Dasein. Alles, was diesen Lebenskampf verlor, fiel der natürlichen Auslese zum Opfer. Diese Selektion sorgt in der Natur bis heute dafür, dass sich im Wesentlichen nur solche Organismen behaupten, die möglichst vollkommen dem jeweiligen Lebensraum angepasst sind. Auf veränderte Umweltverhältnisse reagiert die Natur einerseits durch das Aussterben mancher Arten und Formen und andererseits durch Hervorbringen anders veranlagter Lebewesen, welche imstande sind, mit geänderten Situationen fertig zu werden. An diesen Veränderungen ist, sowohl im negativen (Überbetonung des Wirtschaftlichkeitsdenkens) als auch vor allem in jüngerer Zeit im positiven Sinn (stärkere Beachtung der Umwelterhaltung), der Mensch nicht unwesentlich beteiligt. Ökonomie und Ökologie dürfen nicht als Gegensätze behandelt werden.

Domestikation

Das Entstehen von Haustieren, als Domestikation bezeichnet, wurde vor ungefähr 10.000 Jahren durch den Menschen eingeleitet.

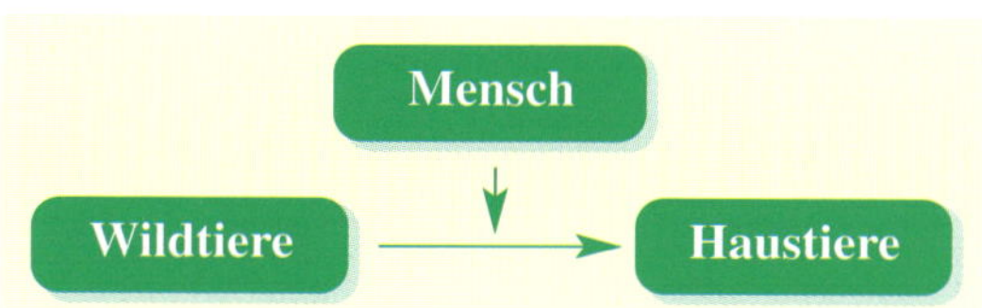

Bei manchen Nutztierarten, z. B. bei Edelpelztieren, wurde die Domestikation erst in jüngerer Zeit eingeleitet.

Veränderungen bei den Tieren, die sich durch die Domestikation ergeben haben, betreffen:

- die Körpergröße und die Gestalt
- die Färbung und die Farbverteilung
- verschiedene Verhaltensweisen und deren Zusammenspiel
- Lockerungen im Gengefüge
- Anpassungen an unterschiedliche natürliche Umweltbedingungen.

Im Verlaufe des Domestikationsprozesses veränderte der Mensch durch Auslese von Tieren, die ihm als geeigneter erschienen, die Erbanlagen innerhalb einer Population. Eine Vielzahl neuer Erscheinungs- und Lebensformen bei den Tieren war die Folge. Es entstanden Herden mit unterschiedlichen, aber charakteristischen Merkmalen und Eigenschaften.
Damit war der Beginn der Rassenbildung gegeben.

Die Umwandlung von Wildtieren in Haustiere wird als das größte und erfolgreichste biologische Ergebnis menschlicher Kulturtätigkeit bezeichnet.

Zeitabschnitte (nach Haiger, Storhas, Bartussek):

Jahre v. Chr.	Haustier	Gebiet	Stammform
10000 bis 9000	Schaf, Ziege	Vorderasien	Wildschaf, Bezoarziege
9000 bis 8000	Hund	Europa	Wolf
8000 bis 7000	Schwein	Europa, Ostasien	Wildschwein
6500 bis 6000	Rind	Europa, Kleinasien	Ur oder Auerochse
3500 bis 3000	Pferd	Europa, Asien	Wildpferd
2500 bis 2000	Huhn	Indien	Bankivahuhn
2000 bis 1000	Kaninchen	West-, Mitteleuropa	Wildkaninchen

9.3 Erbgut

Mit Erbgut bezeichnet man die Summe der Erbanlagen eines Tieres, welche ihm von seinen Vorfahren bei der Zeugung mitgegeben wurden.

9.3.1 Grundlagen

a) Zellen

In jeder Zelle des tierischen Körpers befindet sich ein **Zellkern** (Nukleus) mit **Chromosomen** (Kernschleifen) und **Erbanlagen** (Gene).

➡ Siehe Kap. 3.3.1, Die Zelle, Band 1, Seite 30

Ein Beispiel vom **Schwein**:

Die **Keimzelle** hat
als **Samenfädchen** eines Ebers mit
einfachem (haploidem) Chromosomensatz
18 einzelne Chromosomen

Die **Körperzelle** hat
als **Muskelzelle** einer Sau mit
doppeltem (diploidem) Chromosomensatz
18 Chromosomenpaare

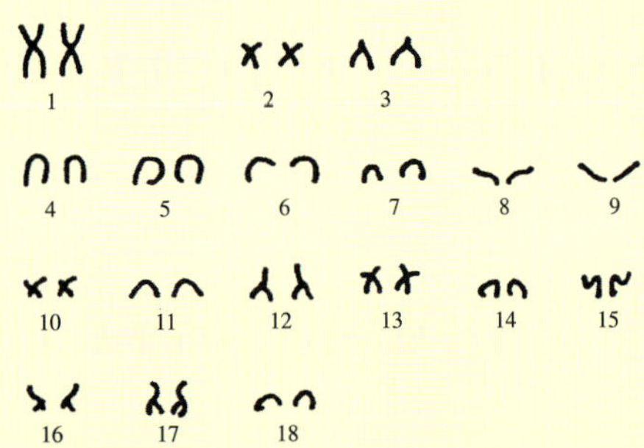

b) Chromosomen (Kernschleifen)

Die Kernschleifen wurden 1904 als Träger der Erbanlagen entdeckt und können unter einem Lichtmikroskop sichtbar dargestellt werden. Sie zeigen sich als winzigkleine Doppelstäbchen in einer Länge zwischen 0,5 bis 20 µm (1 µm = 1/1000 mm).

Die Zahl der Kernschleifen ist bei Tieren der gleichen Art konstant, sie bilden einen Chromosomensatz. Im Chromosomensatz von Keimzellen ist jede Kernschleife einmal vorhanden (einfacher Satz). Der Chromosomensatz von Körperzellen beinhaltet Chromosomenpaare, wobei ein Paarling von der Mutter, der andere vom Vater des Tieres stammt.

Die **Zahl der Chromosomen** in den Körperzellen beträgt (im diploiden Chromosomensatz) beim:

Rind 60 **Schaf 54** **Pferd 64** **Kaninchen 44** **Schwein 36** **Huhn 78**

c) Gene

Sie sind Abschnitte auf den Chromosomen und für die Ausbildung von Merkmalen sowie für den Ablauf der Lebensvorgänge eines Tieres verantwortlich. Sie prägen ein Individuum und dessen Besonderheiten im Vergleich zu den Durchschnittsergebnissen in einer Population.

Auf einem Chromosom können sich bis zu einige hundert Gene, aufgefädelt wie Perlen auf einer Perlenkette, befinden. Man schätzt, dass z. B. beim Rind die 60 Chromosomen einer Körperzelle in etwa 50.000 Genpaare enthalten.

d) Genetische Information

Für die Wirkung ist eine chemische Verbindung, die **Desoxyribonukleinsäure**, als **DNA** bezeichnet, verantwortlich.

Schematische Darstellung der **DNA-Doppelspirale** eines Chromosoms:

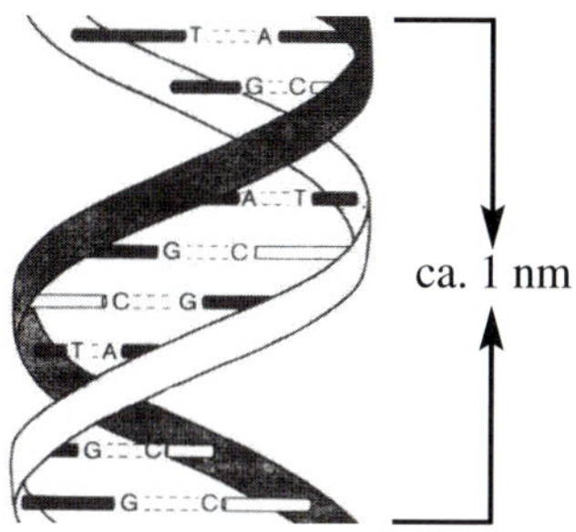

1 nm = 1 Milliardstel Meter

Bausteine sind

A = Adenin

T = Thymin

C = Cytosin

G = Guanin

Bei der **DNA** handelt es sich um ein Molekül, das aus zwei Fäden besteht, die schraubenförmig umeinander gewunden sind und durch Drehung verschiedene Koppelungen der vorhandenen **4 Bausteine** (N-Verbindungen) eingehen können.

Im Gefüge der Chromosomen entstehen über die Funktion der **DNA** vielfältigste Kombinationen, die wie ein Code die genetische Information des bestreffenden Individuums darstellen.
Vereinfacht ausgedrückt können die Chromosomen einer Zelle mit einem **Informationswert von etwa 1000 Büchern zu je 500 Seiten** verglichen werden.

Die moderne Tierzuchtforschung erstellt für die wichtigen Nutztiere **GEN-Karten** und **GEN-Orte** (GEN-Loci) und **GENOM-Analysen**. Siehe Kap. 9.6.5, Gentechnik, Band 1, Seite 206

Als Beispiel ein Ausschnitt aus einer GEN-Karte vom Huhn:

Merkmale	Anlage von einem Elternteil	Anlage vom anderen Elternteil
Kopfstrich	vorhanden	nicht vorhanden
Federpigment	abgeschwächt	voll pigmentiert
Sperberung	vorhanden	nicht vorhanden
Beinfarbe	hell	dunkel
Farbe der Iris	gelblich	bräunlich
Farbe der Daunen	hell	braun
Farbe der Federn	silber	gold
Befiederung	langsam	rasch

9.3.2 Übertragung des Erbgutes

Für ein identes Übertragen sowie für das Entstehen neuer Genkombinationen im Generationsablauf von Tieren bedient sich die Natur folgender Vorgänge:

a) Befruchtung

Die genetischen Informationen von Eizelle und Samenzelle werden in der befruchteten Eizelle, der ersten Körperzelle des neu entstehenden Lebewesens, vereinigt.

Durch den Umfang und die Vielzahl an genetischen Informationen können neue Genkombinationen entstehen.

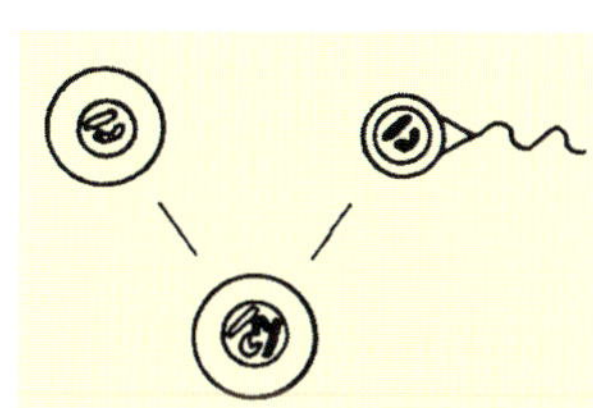

(Zur Vereinfachung der Darstellungen wurden nur 2 Kernschleifen angenommen)

b) Körperliche Entwicklung

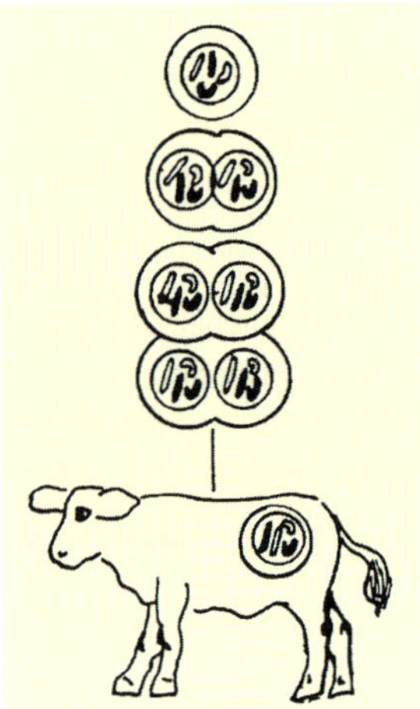

Die unveränderte genetische Information der ersten Körperzelle wird durch Längsteilung der Chromosomen mit identem genetischem Inhalt an jede neu gebildete Zelle im Körper weitergegeben.

(Zum leichteren Verständnis der obenstehenden Darstellung wurden nur 2 Chromosomen angenommen)

Zeugung
↓
Tod

Genetische Information:

- **Wachstumsphase** (= Zellvermehrung)
- **Fortpflanzungsphase**
- **Leistungsphase**

c) Keimzellenbildung

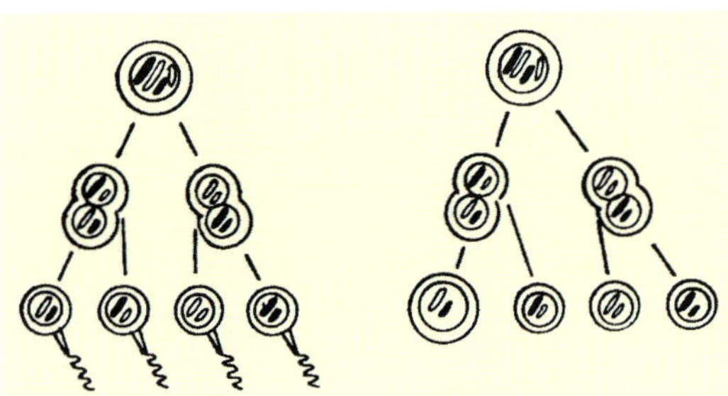

Ab der Geschlechtsreife produzieren Tiere in den Keimdrüsen aus Körperzellen befruchtungsfähige Keimzellen. Dabei wird die genetische Information, die von beiden Eltern stammt (diploider Chromosomensatz), auf eine komplette, einfache Informationseinheit (haploiden Chromosomensatz) reduziert. Die Aufteilung der Chromosomenpaarlinge erfolgt zufällig.

Bezogen auf die natürlich große Zahl an Chromosomenpaaren sind unzählige Varianten des Zusammenfindens der einzelnen Chromosomen mütterlicher und väterlicher Herkunft zu einem vollständigen Satz möglich.

So können z. B. beim Rind mit seinen 30 Chromosomenpaaren bis zu 1 Milliarde unterschiedlicher Varianten auftreten.

Grundsätzlich gilt:
Je ähnlicher sich Eltern in ihrer genetischen Veranlagung sind, umso einheitlicher werden die Nachkommen sein.

9.3.3 Veränderungen des Erbgutes

Vor allem durch äußere Einflüsse wie Strahlung, Gifteinwirkung etc. können **plötzliche Veränderungen** im Erbgut auftreten. Man nennt sie **Mutationen**. Sie können Gene und Chromosomen betreffen und sind natürlich erblich. Der größte Teil auftretender Mutationen bringt für die Nutzung Nachteile, weil sie das der Umwelt angepasste Erbgefüge stören.

Negative Beispiele (Erbfehler):

Der Zwergwuchs bei Rindern (achtjährige Herefordstiere)

Die Haarlosigkeit bei Kaninchen (verminderte Vitalität)

Positive Beispiele (Nutzungsvorteile):

Die Jochberger Hummeln (genetisch hornlos)

Die Mohairziege

Das Angorakaninchen

9.4 Mendelismus

Mendel erkannte grundlegende Gesetzmäßigkeiten in der Vererbung.

Eine systematische Zuchtarbeit wurde erst durch den Mendelismus begründet.
Versuchsergebnisse des Augustinermönchs und Naturwissenschaftlers **Gregor Mendel**, um etwa 1865 an Pflanzen im Klostergarten in Brünn ermittelt, waren grundlegend für die **moderne Vererbungslehre**.

9.4.1 Grundbegriffe

P = Elterngeneration
F1 = 1. Nachkommengeneration
F2 = 2. Nachkommengeneration
R1 = 1. Rückkreuzungsgeneration

Reinerbig gleich lautend (homozygot)
z. B. **W W** (**W** = weiß),
wenn das Genpaar aus zwei gleichen Genen zusammengesetzt ist;.
Mischerbig verschieden lautend (heterozygot)
z. B. **W S** (**W** = weiß, **S** = schwarz),
wenn das Genpaar aus zwei verschiedenen Genen zusammengesetzt ist.

Dominant überdeckend oder **rezessiv** weichend.
Das dominante Gen (Paarling) des Genpaares dominiert über das Gen (Paarling) seines Partners. Das dominante Gen wird mit einem Großbuchstaben, das rezessive mit einem Kleinbuchstaben gekennzeichnet, z. B. **S** für Schwarz, **r** für Rot.
Intermediär (mittel) = wenn beide verschieden lautenden Gene des mischerbigen Paares gleich stark sind. Bei der Ausprägung des betreffenden Merkmals ergibt sich eine Zwischenstufe (Mittelding); z. B. **w** = weiß, **s** = schwarz, **w s** = grau.

Erbbild (Genotyp) = die tatsächliche **genetische Veranlagung** des Tieres

Erscheinungsbild (Phänotyp) = die **erkennbare Ausprägung** am Tier

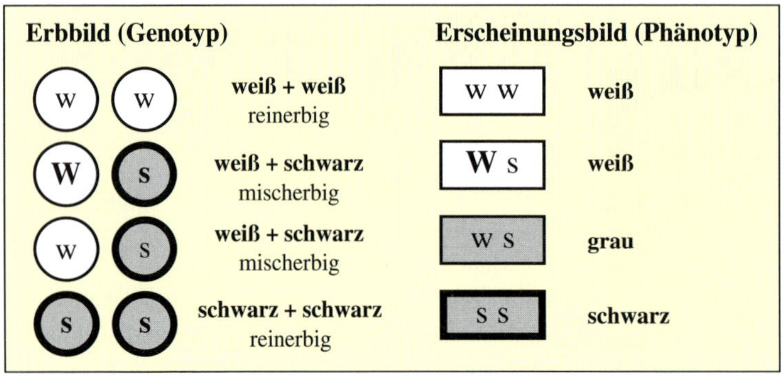

b) Spaltungsregel

Werden verschiedengeschlechtliche Tiere der ersten Nachkommengeneration (F1) miteinander gepaart, so spalten die Merkmale der Vorfahren in der **F 2 - Nachkommengeneration** in einem bestimmten Zahlenverhältnis auf.

9.4.2 Mendelregeln

a) Gleichheitsregel (Uniformitätsregel)

Werden unterschiedliche reinerbige (homozygote) Eltern miteinander gepaart, entsteht eine **einheitliche** (uniforme) **F 1-Nachkommengeneration**.

c) Unabhängigkeitsregel

Werden mehrere Merkmale unabhängig voneinander vererbt, kommt es in der F 2-Nachkommengeneration zu **Neukombinationen**.

d) Beispiele zu a) bis c)

	Tierart	Schwein	Rind	Huhn
P	Kreuzung Mutter Vater	Edelschwein (ES) Landrasse (LR)	Rotvieh (RV) Angus (AA)	Leghorn (L) Minorka (M)
	Gen für Farbe (Keimzellen) v. Mutter v. Vater	♀ W = WEISS ♂ W = WEISS	♀ r = Rot ♂ S = SCHWARZ	♀ w = Weiß ♂ s = Schwarz
F_1	Genpaar (Körperzellen) Erbbild – F_1 (Genotyp)	WW Reinerbig gleichlautend	r S Mischerbig verschiedenlautend	w s Mischerbig verschiedenlautend
	Verhalten des Genpaares	Beide gleich stark (intermediär)	S = stärker dominant r = schwächer (rezessiv)	Beide gleich stark (intermediär)
	Ausprägung = Erscheinungsbild (Phänotyp)	 Weiß	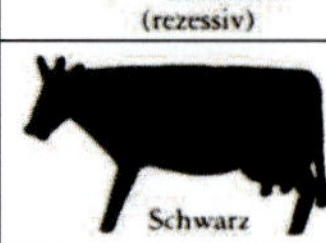 Schwarz	 Grau
wenn F_1 X F_1	Mögliche Gene (Keimzellen) Für F_2	W W	S r	w s
F_2	Genpaare F_2 Erbbild Verhältnis	WW WW WW WW einheitlich	SS Sr Sr rr 1 : 2 : 1	ww ws ws ss 1 : 2 : 1
	Erscheinungsbild F_2 Verhältnis	 einheitlich	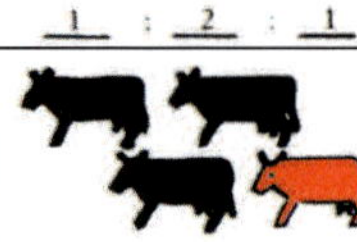 3 : 1	 1 : 2 : 1

• **Beobachtung von zwei Merkmalen = Farbe + Farbverteilung**

Eltern	**Mutter**	**Vater**
P		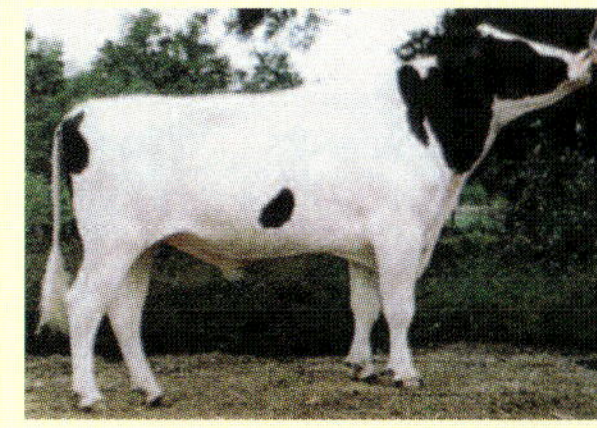
Rasse	**Angler**	**Holstein Friesian (HF)**
Erscheinungsbild	rot **ganzfärbig**	**schwarz** gescheckt
Erbbild	s G	**S** g

1. Nachkommengeneration
F 1
einheitlich

Erscheinungsbild: schwarz, ganzfärbig

Erbbild: **G** g **S** s = Kreuzung

2. Nachkommengeneration
F 2
aufspaltend

Körperzellen: **G** g **S** s X **G** g **S** s

Keimzellen

♀ \ ♂	**G S**	**G** s	g **S**	g s
G S	GGSS NK	GGSs	GsSS	GgSg
G s	GGSs	GGss	GgSs	Ggss
g **S**	GgSS	GgSs	ggSS	ggSs
g s	GgSs	Ggss	ggSs	ggss NK

16 Nachkommen davon 2 in beiden Eigenschaften **reinerbige Neukombinationen (NK)**

1 x SS GG = schwarz ganzfärbig **= 6,25% Häufigkeit**

1 x ss gg = rot gescheckt **= 6,25% Häufigkeit**

Dieses Ergebnis entspricht auch weitgehend dem Vorkommen in der Praxis.

Bei Beobachtungen in größeren Einheiten werden die angegebenen Spaltungsverhältnisse ziemlich genau zutreffen. Eventuell vorkommende Abweichungen können zufällig oder auf die Vielfalt der genetischen Struktur von Lebewesen zurückzuführen sein.

Eine eindeutige Vererbung nach den Regeln von Gregor Mendel findet man z. B. bei Blutgruppen und Serumtypen, was praktisch in der Abstammungskontrolle Anwendung findet.

Nach dem letzten Stand der Wissenschaft können über Mitochondrien von Eizellen, in geringem Maße und je nach Tierart und Merkmal unterschiedlich, Erbinformation übertragen werden. Auf Grund des geringen Volumens von Samenzellen scheiden diese für eine zytoplasmatische Vererbung aus. Beispielsweise zeigt sich, dass sich bei Rindern weibliche Nachkommen (Großmütter, Mütter und Töchter) hinsichtlich Serviceperiode, Nutzungsdauer Persistenz ähnlicher sind (Zytoplasmatische Vererbung) als bei Milchmenge und Inhaltsstoffen. Die Bedeutung von Kuhfamilien bzw. von maternalen Einflüssen wird damit bekräftigt.

e) Schlussfolgerungen

- Tiere der ersten Kreuzungsgenerationen (F1) sind sich wesentlich ähnlicher als die der folgenden Generationen.
- Gleichen Erscheinungsbildern (Phänotypen) müssen nicht gleiche Erbbilder zu Grunde liegen. Selektion nur nach dem Erscheinungsbild führt häufig zu Unsicherheiten in der Vererbung.
- In der Vererbung kann nie mit absoluten Sicherheiten, sondern nur mit Wahrscheinlichkeiten, angegeben in Prozentsätzen der Zuverlässigkeit, gerechnet werden.
- Selektion (Auslese, gezielte Paarung) verändert das Erbgut in einer Population in eine bestimmte Richtung (Zuchtziel).
- Rezessive Merkmale können mehrere Generationen unerkannt (verdeckt) weitervererbt werden (Problematik der Erkennung von Erbfehlern).
- Als Letalfaktoren bezeichnet man rezessiv auftretende Erbanlagen, welche reinerbig den Tod des Tieres vor, bei oder nach der Geburt oder in frühem Lebensalter zur Folge haben (z. B. Afterverschluss, Haarlosigkeit, Mondkalb, Weavers).
- Subvitalfaktoren vermindern die Lebenskraft bei betroffenen Tieren.
- Bei mehreren unabhängigen Merkmalen können Neukombinationen auftreten, deren Gene bereits durch Generationen in der Population vorhanden sein konnten, jedoch nicht zur Ausprägung kamen (neue Genkombinationen).
- Durch Umwelteinflüsse kann kurzfristig kaum eine Veränderung im Erbgut entstehen. Ausnahmen sind Mutationen.
- Auch Krankheitsanfälligkeiten können vererbt werden (z. B. Stoffwechselerkrankungen, Rachitis).

9.4.3 Geschlechtsvererbung

Das Geschlecht eines Tieres beruht auf dem Geschlechtskernschleifenpaar (**x x** oder **x y**).

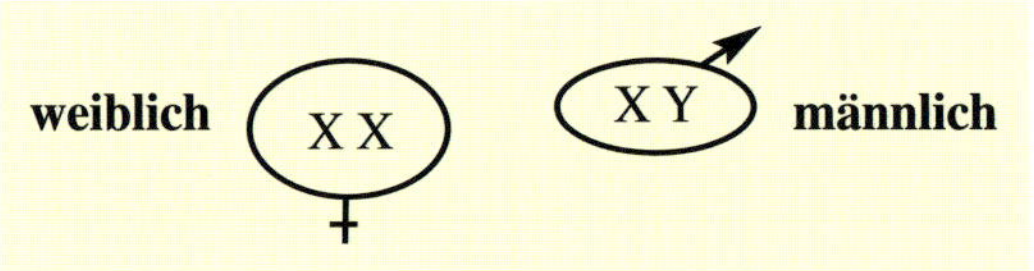

Das Geschlechtsverhältnis beträgt bei den Nachkommen 1 : 1

Bei **Säugetieren** ist das Samenfädchen bestimmend für das Geschlecht der gezeugten Nachkommen, bei **Vögeln** die Eizelle.

Eine geschlechtsgebundene Vererbung ist bei solchen Eigenschaften feststellbar, deren genetische Veranlagung auf den Geschlechtskernschleifen verankert ist, z. B. Kennfärbung oder Federsexing bei den Hühnerkücken, Dreifärbigkeit bei der Katze.

Ein „Sexing" von Spermien, darunter versteht man das Erkennen und Trennen von Spermien nach ihrer Geschlechtsbestimmung, das heißt, ob sie weibliche oder männliche Embryonen zeugen, ist möglich. Geprüft wird derzeit noch die wirtschaftlich optimale Aufbereitung von „gesexten" Samenportionen und die erreichbare Zuverlässigkeit des Trächtigkeitserfolges sowie des angestrebten Geschlechtes in %.

9.5 Populationsgenetik (Vererbung von Leistungsmerkmalen)

Die Populationsgenetik baut auf Beobachtungen und Auswertungen von Vererbungsvorgängen bei großen Pflanzen- oder Tierbeständen auf. Sie berücksichtigt mathematische Gesetzmäßigkeiten, vor allem im quantitativen Bereich tierischer Merkmale und Leistungen.

9.5.1 Begriffsgliederung

a)	**Ordnung**	**Paarhufer**
b)	**Familie**	**Wiederkäuer**
c)	**Art**	**Rind**
d)	**Rasse**	**Braunvieh**
e)	**Population**	**Tiroler Braunvieh**
f)	**Herde**	**Zuchtbetrieb**
g)	**Tier**	**Zuchttier**

a+b) Zur **Ordnung** der Paarhufer zählen die Familien der Nichtwiederkäuer und Wiederkäuer.

c) Unter **Art** versteht man eine Fortpflanzungsgemeinschaft von Tieren, die untereinander unbedingt fruchtbar sind.

d) Mit **Rasse** wird eine Gruppe von Tieren der gleichen Art bezeichnet, die sich durch bestimmte Merkmale von anderen Tiergruppen derselben Art abgrenzen lässt. Landrassen sind unter dem Einfluss von Umwelt, Klima etc. in einem bestimmten Gebiet entstanden. Kulturrassen sind auf wirtschaftliche Bedürfnisse oder auf Liebhabereien zurückzuführen.

e) Unter **Population** versteht man in der Tierzüchtung alle Tiere einer Rasse, welche nach dem gleichen Zuchtprogramm gezüchtet werden.

f) **Herde** stellt innerhalb einer Population eine Gruppe von Tieren dar, für welche eine einheitliche Umweltsituation und Tierbetreuung gilt.

g) Jedes **Einzeltier** ist ein Individuum und gleicht keinem anderen Tier.

9.5.2 Verschiedenheit der Individuen (Varianz)

Kein Tier ist dem anderen gleich.

Beobachtet man Tiere in einer Population, so erkennt man vielfältige Unterschiede im Aussehen, bei den Leistungsergebnissen und bei manchen Verhaltensweisen. Man stellt eine **Varianz** fest.
Die **Verteilung** von Eigenschaften in einer Population folgt einer bestimmten Gesetzmäßigkeit. Die größte Häufigkeit des Vorkommens liegt um den Mittelwert. Je größer die Abweichungen vom Mittelwert sind, in umso geringerer Zahl treten sie auf.
In der Darstellung der Häufigkeitsverteilung ergibt sich die Glockenkurve nach Gauß, auch Normalverteilerkurve genannt.

Als Beispiel die **Häufigkeitsverteilung der Trächtigkeitsdauer** beim Fleckvieh (Kashab):

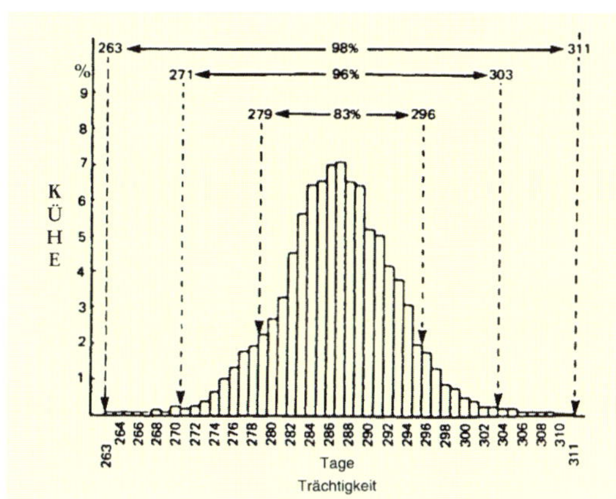

Zahl der erfassten Tiere: (**n**) = 8248
Mittelwert: (**x**) = 286,8 Tage Trächtigkeit
Streuung oder Standardabweichung: (**s**) = 7,93

Die **Standardabweichung** ist ein Maß für die Ausgeglichenheit dieser Population hinsichtlich der untersuchten Eigenschaft. Je kleiner die Standardabweichung, umso ausgeglichener ist die Population.

9.5.3 Qualitative und quantitative Merkmale

a) Qualitative Merkmale (Entweder-Oder-Merkmale)

Sie haben eindeutige Kennzeichen und keine fließenden Übergänge, z. B. weiße, graue oder schwarze Farbe, einfärbig oder gescheckt, weibliches oder männliches Geschlecht.

b) Quantitative Merkmale (Von-Bis-Merkmale)

Sie zeigen fließende Übergänge von kleinsten bis zu größten Werten, wobei die Ergebnisse um den Mittelwert häufiger vorkommen. Dazu zählen die meisten Leistungsmerkmale.

Am Zustandekommen dieser quantitativen Merkmale sind beteiligt:
- **mehrere bis viele Gene**
- **viele Umwelteinflüsse (Fütterung, Haltung, Pflege)**

c) Beispiele

Vereinfachte Beispiele sollen diese Zusammenhänge am Kriterium **Milchfett-KG** bei Kühen erläutern. Die Vereinfachung betrifft die GENKLASSEN und die UMWELTKLASSEN.

1. Beispiel

GENKLASSEN Gen **a = 70 kg** Milchfett, Gen **A = 110 kg** Milchfett

Möglichkeiten	KUH mit **aa** (reinerbig)	ist veranlagt für	70 + 70 = **140 kg** Milchfett
	KUH mit **aA** (mischerbig)	ist veranlagt für	70 + 110 = **180 kg** Milchfett
	KUH mit **AA** (reinerbig)	ist veranlagt für	110 + 110 = **220 kg** Milchfett

Werden mischerbige F1-Kreuzungstiere gepaart = Kuh **aA** x Stier **aA** ergeben sich nach der 2. Mendelregel folgende Genpaarungen:

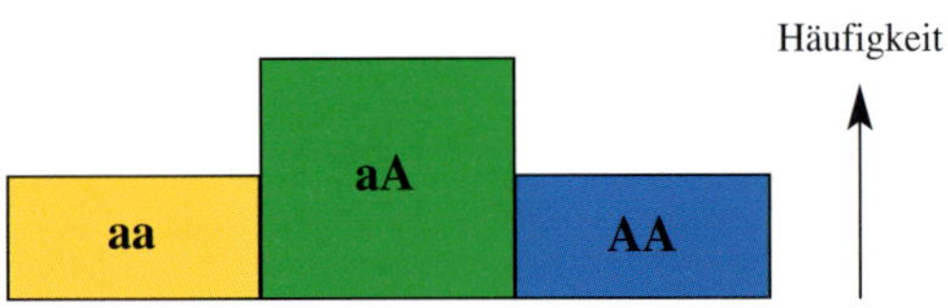

kg Milchfett	**140**	**180**	**220**
Häufigkeit in %	25	50	25

2. Beispiel

UMWELTKLASSEN für die umweltbedingten Abweichungen der Milchfettmenge in Häufigkeit

unterdurchschnittliche Umweltklasse mindert den Phänotyp um	**- 40 kg**	25 %
durchschnittliche Umweltklasse beeinflusst den Phänotyp nicht	**0 kg**	50 %
überdurchschnittliche Umweltklasse verbessert den Phänotyp um	**+ 40 kg**	25 %

Es kommen durchschnittliche Umweltverhältnisse häufiger vor als unter- und überdurchschnittliche (in den vereinfachten Beispielen mit etwa 25 % : 50 % : 25 %).

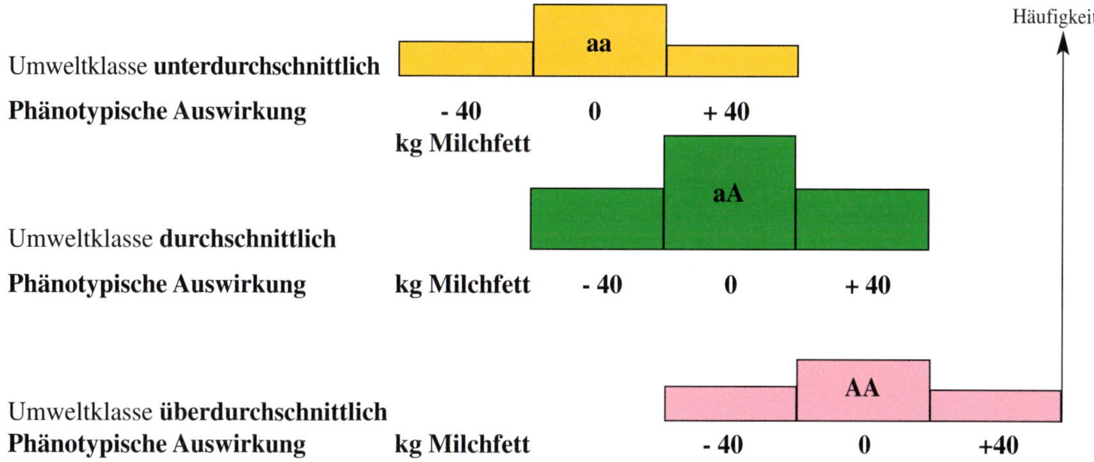

3. Beispiel

Zusammenspiel GENKLASSE + UMWELTKLASSE

Genklassen: **a = 70, A = 110**

Umweltklassen: **- 40 , 0 , + 40**

Phänotyp (Leistung)	**kg Milchfett**	**100**	**140**	**180**	**220**	**260**
	Häufigkeit in %	6,25	25	37,5	25	6,25

Daraus abgeleitete Folgerung:

9.5.4 Zuchtwertschätzung

a) Definition des Zuchtwertes

> Allgemein stellt der Zuchtwert einen Schätzwert für den erblichen Einfluss eines Tieres auf seine Nachkommen dar.

Der Zuchtwert eines Tieres ist auch als **genetisch bedingte Leistungsabweichung** von einer Vergleichstiergruppe definiert, wobei es **durchschnittlich die Hälfte der Leistungsabweichung an seine Nachkommen** weitergeben wird.

Z. B. Der Zuchtwert eines Tieres für die Eigenschaft **Milch** von + 608 bedeutet, dass die genetische Leistungsabweichung der Nachkommen um + 304 über der Vergleichsgruppe liegen wird.

Mit dem Zuchtwert sollen die im Durchschnitt bei den Nachkommen wirksamen Erbanlagen eines Tieres beurteilt werden können.

b) Ziel der Zuchtwertschätzung

Ziel jeder Zuchtwertschätzung ist die Erstellung einer **Rangordnung** der Tiere einer Population gemäß ihres **züchterischen Wertes**.

c) Sicherheit der Zuchtwertschätzung

Da es auch bei besten Bemühungen nicht gelingt, die jeweiligen Umweltverhältnisse exakt zu erfassen, ist jede Zuchtwertschätzmethode nur mit einer gewissen Sicherheit bzw. Wahrscheinlichkeit (Zuverlässigkeit) erreichbar.

Für die Sicherheit der Zuchtwertschätzung sind ausschlaggebend:
Die Erblichkeit der betreffenden Eigenschaft und das Ausmaß der verfügbaren Information.

• Erblichkeit (Heritabilität)

Die Erblichkeit gibt den Einfluss der Erbanlagen am Zustandekommen einer Eigenschaft in einer **Dezimalzahl** oder in **Prozenten** an. Der Rest auf 1 bzw. auf 100 in Prozenten kann als Maß für die Einflüsse der Umwelt angesehen werden.

Ein **Erblichkeitsgrad** von 0,4 oder von 40% bedeutet, dass **0,4** oder anders ausgedrückt 40% der Abweichung vom Populationsdurchschnitt **genetisch** bedingt ist. Der restiche Anteil von 0,6 oder 60% entfällt auf die Einflüsse der Umwelt.

Die einzelnen Eigenschaften der verschiedenen Nutztiere sind sehr unterschiedlich erblich.

Beispiele für durchschnittliche Erblichkeitsgrade (Heritabilitätsgrade) bei Haustieren:

Rind

Milchleistung	
1. Laktation	0,36
Durchschn. 1.–3. L.akt.	0,30
Milchfett%	0,45
Milcheiweiß%	0,55
Persistenz	0,15
Minutengemelk	0,35
Euterform	0,70
Fleischleistung	
Tageszunahme	0,30
Bemuskelungsqualität	0,45
Ausschlachtungs-%	0,40
Fett:Fleisch-Verhältnis	0,60
Fruchtbarkeitsleistung	
Zwischenkalbezeit	0,05
Besamungsindex	0,05
Häufigkeit von:	
Eierstockzysten	0,20
Nachgeburtsverh.	0,15
Zwillingsgeburten	0,13

Schwein

Fleischleistung	
Tageszunahme	0,25
Futterverwertung	0,30
Körperlänge	0,45
Rückenspeckdicke	0,60
Karreefläche	0,40
Fett:Fleisch-Verh.	0,45
Fruchtbarkeitsleistung	
Zahl d. geb. Ferkel	0,10
Zahl d. hochgebr. Ferkel	0,25

Pferd

Widerristhöhe	0,25
Rennleistung	0,40

Schaf

Tageszunahme	0,25
Wollertrag	0,25

Huhn

Legeleistung	0,30
Schlupf-%	0,10

• Auswirkungen auf die Züchtungspraxis

- Eigenschaften mit hohem Erblichkeitsgrad lassen sich relativ zuverlässig an der tatsächlichen Ausprägung erkennen. Hat z. B. eine Kuh eine sehr gute Euterform, so ist dies (der Erblichkeitsgrad hiefür beträgt 0,70) weitgehend auf entsprechende genetische Veranlagung zurückzuführen (als Beispiel die Vererbung der Euterform durch den Stier HAXL 2356).

- Von unzureichenden Umweltverhältnissen wie z. B. Mängeln in der Fütterung werden vor allem die Fruchtbarkeitskriterien (geringer Erblichkeitsgrad) betroffen.

- Bei hoher Erblichkeit einer Eigenschaft stimmen Erscheinungs- und Erbbild gut überein. Bei Eigenschaften mit geringem oder mittlerem Erblichkeitsgrad können die ermittelten Sicherheitswerte wesentlich verbessert werden, wenn die Umweltsituation, unter welcher die Leistungen erbracht wurden, bekannt ist (z. B. Prüfanstalten).
- Multipliziert man die Leistungsabweichung eines Tieres vom Durchschnittswert der jeweiligen Population mit dem Erblichkeitsgrad, so ist dies eine einfache Möglichkeit der Schätzung des Zuchtwertes (der genetischen Abweichung).

Z. B.: Drei Eigenschaften mit unterschiedlichem Erblichkeitsgrad beim Rind:

Vorgangsweise			
Ermittlung von Daten	**Milchfett% in %**	**Milchmenge in kg**	**Zwischenkalbezeit in Tagen**
Erblichkeitsgrad	0,50	0,25	0,05
Leistungsergebnisse von Kuh A	4,06	6400	340
Populationsdurchschnitt	4,18	5200	380
Berechnungsweise			
phänotypische Abweichung der Kuh vom Populationsdurchschnitt	- 0,12	+1200	-40
multipliziert mit Erblichkeitsgrad =	0,06	+ 300	-2
bezogen + oder – zum Populationsdurchschnitt			
ergibt gesch. Zuchtwert der Kuh A	4,12	5500	378

• **Verfügbare Informationen**

Vorfahrenleistungen

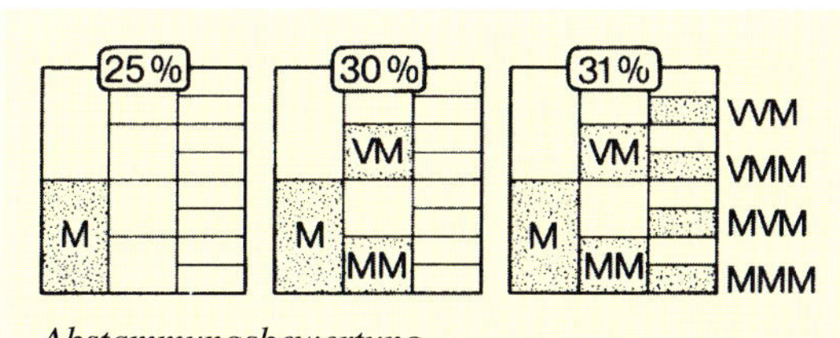

Abstammungsbewertung

Eigenleistungen

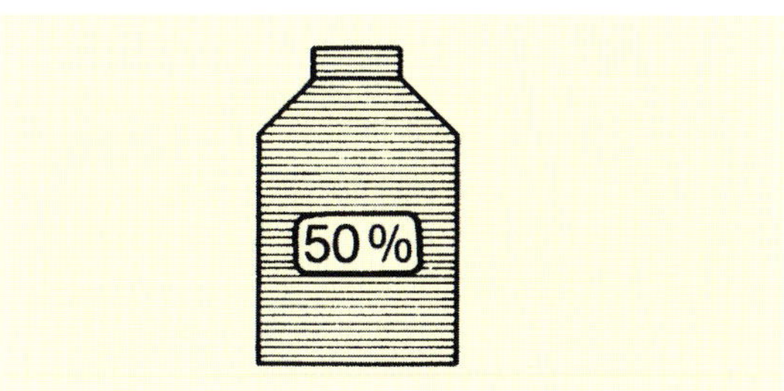

Eigenleistungen inklusive Vorfahrenleistungen

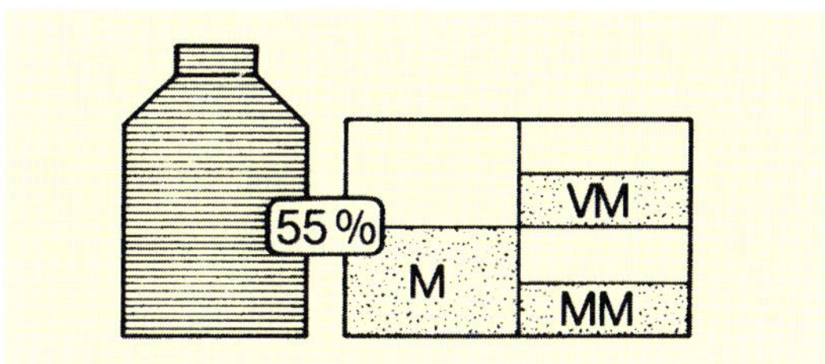

Nachkommenleistungen

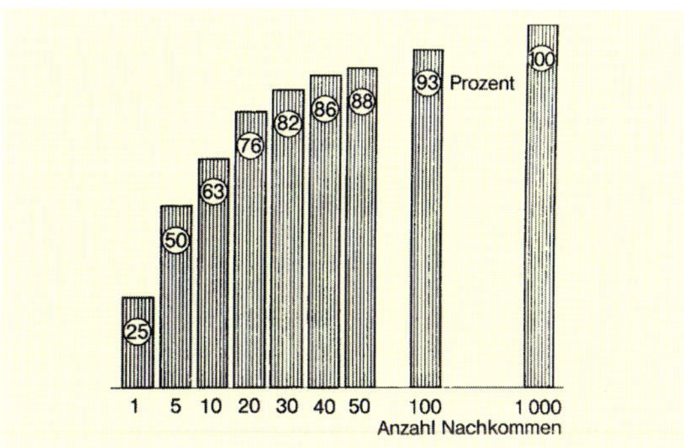

Diese haben, als Nachweis der tatsächlichen Vererbung, besondere Bedeutung für die Zuchtwertschätzung.

• Tiermodelle

Relativ günstige Zuverlässigkeitswerte bringen die Zuchtwertschätzungen nach Tiermodellen.
Dem **Blup-Tiermodell** liegen alle verfügbaren Leistungsinformationen von möglichst vielen Verwandten als Berechnungsbasis zu Grunde.
Mit dem **Testtagsmodell (TTM)** werden beim Rind die einzelnen Probemelkergebnisse erfasst und alle vorliegenden Informationen, auch die der laufenden Laktationen, in die Berechnung einbezogen.

Erblichkeitswerte mit hohen Zuverlässigkeiten sowie das Einfließen vieler Informationen erhöhen die Sicherheit der Zuchtwertschätzung.

d) Gegenüberstellung von Zuchtwert und Nutzwert

Kenntnisse über den Unterschied dieser beiden Begriffe sind wichtig, weil sonst falsche Konsequenzen für die Züchtung getroffen werden könnten.

• Zuchtwert

Der **genetische Wert** eines Tieres in einer Population. Er stellt die mehr oder weniger zuverlässige Vererbungsleistung dar.
Der Zuchtwert ist **zeitbezogen** und daher **zeitabhängig**. Er vermindert sich mit dem Zuchtfortschritt.

• Nutzwert

Darunter versteht man den **Ertragswert** eines Tieres für den Betrieb oder den **Wert der Eigenleistung** eines Tieres ohne Rücksicht auf seine Vererbungsleistung.

Zuchttiere mit überdurchschnittlichen Leistungen, deren Verwandte unterdurchschnittliche Leistungen aufweisen, haben einen hohen Nutz-, aber einen minderen Zuchtwert.

Ein guter Nutzwert bringt nur kurzfristig die konsequente Beachtung von positiven Zuchtwerten, aber langfristig und zuverlässig wirksame Erfolge.

e) Nomenklatur

Die Berechnung der Zuchtwerte erfolgt mit allgemein gültigen mathematischen Formeln.

Die **Ergebnisse** der Zuchtwertschätzung werden angegeben:

• als Index (Relativzahl),
wobei immer ein **Zuchtwert von 100** den **Mittelwert** bedeutet.
Z. B.: Eine Zuchtwertangabe des Rahmens von 112 besagt eine genetische Überlegenheit von 12% über dem jeweiligen Mittelwert der Population.

• als + oder – Abweichung vom Mittelwert.
Z. B.: Eine Zuchtwertangabe der Milchleistung von - 69, + 0,32, - 0,12 bedeutet eine Abweichung - 69 kg Milch, + 0,32 % Milchfett, - 0,12 Milcheiweiß von der durchschnittlichen Veranlagung in der Population.

9.5.5 Zuchtziele

Zuchtziele verkörpern die angestrebten Idealmodelle einer Rasse oder einer Nutzungsrichtung.

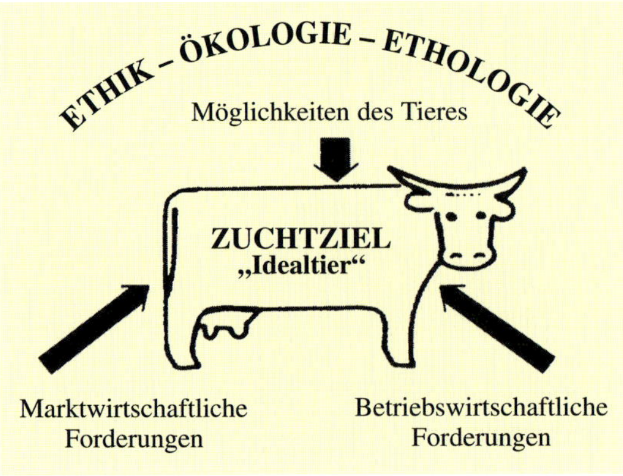

a) Zielorientierung

• Zuchtziele werden im Wesentlichen nach folgenden Kriterien erstellt

- sie müssen zukunftsorientiert den Markterfordernissen entsprechen,
- sie müssen mit den Tieren unter natürlichen Verhältnissen verwirklicht werden können,
- sie müssen die betriebswirtschaftlichen Forderungen des bäuerlichen Erzeugers erfüllen,
- es müssen alle gesetzlichen, ethischen, ökologischen und ethologischen Forderungen beachtet werden

(Ethik = Moral, Ökologie = Beziehung zur Umwelt, Ethologie = Verhaltenslehre).

b) Einseitige – kombinierte Zuchtziele

• Einseitige Zuchtziele

Eine Leistungs- oder Nutzungsrichtung ist Ziel der Züchtung. Bei Hühnern werden z. B. Legerassen bzw. Legehybriden für die Eiererzeugung und Mastrassen oder Masthybriden für die Fleischerzeugung gezüchtet.

• Kombinierte Zuchtziele

Bei Zweinutzungsrassen oder kombinierten Nutzungsrichtungen wird auf zwei oder mehrere Leistungen, eventuell mit verschiedener Gewichtung dieser Eigenschaften, gezüchtet.
Allgemein wird bei einseitigen Zuchtzielen ein Erfolg leichter und rascher zu erreichen sein als bei kombinierten. Auf kombinierte Zuchtziele nimmt Einfluss, ob zwischen den erwünschten Eigenschaften positive oder negative Wechselbeziehungen bestehen.

9.5.6 Selektion (Zuchtwahl)

Unter Zuchtwahl versteht man grundsätzlich das Aussuchen von Tieren für die Zucht.

Durch Zuchtwahl können keine neuen Gene, aber **neue Genkombinationen** entstehen.

a) Methoden

• Selektion von Extremen

Es werden die Tiere selektiert, die mindestens in einem Merkmal hinreichend extrem veranlagt sind.

• Selektion mit unabhängigen Selektionsgrenzen

Bei dieser Zuchtwahl werden solche Tiere berücksichtigt, die für alle geforderten Merkmale festgelegte Mindestgrenzen überschritten haben.
Z. B. Mindestleistungserfordernisse für Bewertungsklassen.

• Selektion mit abhängigen Selektionsgrenzen

Je Tier wird ein Gesamtwert (Gesamtzuchtwert) definiert, der für die Selektion ausschlaggebend ist. Die Indexselektion kann zu dieser Methode gezählt werden.
Z. B. Gesamtzuchtwert beim Rind, Gesamtindex beim Schwein.

b) Erfolg

Er wird beeinflusst:
• vom Wissen und Können des Züchters

Die verschiedenen Merkmale müssen für ihre Präferenz nach wirtschaftlichen Überlegungen gewichtet werden.

• von der genetischen Unausgeglichenheit des Tiermaterials

Bei ausgeprägten Unterschieden ist die Selektion einfacher und erfolgreicher.

• von der Selektionsintensität

Jedes Individuum hat die Hälfte seiner genetischen Veranlagung von der Mutter, die andere Hälfte vom Vater.
Innerhalb der Zuchtpopulationen von Tierarten, bei welchen „Vielweiberei" herrscht, überwiegt der genetische Einfluss der Vatertiere bei weitem den der Mütter. Auf ein Vatertier kommen viele Muttertiere. Viele Nachkommen haben denselben Vater, aber jeweils eine andere Mutter.

Eine Züchterweisheit war zur Zeit des Natursprungs: *„Der Vater ist die halbe Herde"*
und ist jetzt, zur Zeit der Besamungszuchtprogramme: *„Die eingesetzten Vatertiere bestimmen einen wesentlichen Teil der Herde."*

Ursachen für den großen genetischen Einfluss der Selektionsintensität:
- Die künstliche Besamung mit dem Samen-Tiefgefrierverfahren, die durch den verminderten Bedarf an Vatertieren eine sehr intensive Selektion ermöglicht.
- Der rückläufige Bedarf an Vatertieren ermöglicht eine strengere Selektionsintensität bei den Stiermüttern, im Besonderen bei den Teststiermüttern. Je weniger Zuchttiere für die Remonte (Bestandsergänzung) benötigt werden, umso intensiver kann selektiert werden.
- Die große Zahl der Nachkommen je Vatertier, die den Zuchtwert hochzuverlässig schätzen lässt.
- In Konsequenz dieses Geschehens wird eine Minderung der Linienvielfalt und in gleichem Maß eine Häufung der Verwandtschafts- bzw. der Inzucht auftreten. Dem muss zeitgerecht vorgebeugt werden.

➡ Siehe Kap. 9.5.7, Inzuchtdepression
Band 1, Seite 201

- Die so genannten **„Vererbungspfade"** (genetischen Pfade) zeigen auf, in welchem unterschiedlichen Ausmaß auf Grund der verschieden Möglichkeiten der **Selektionsintensität die Eltern und Großeltern am Zuchterfolg beteiligt** sind.
(Siehe nächste Seite)

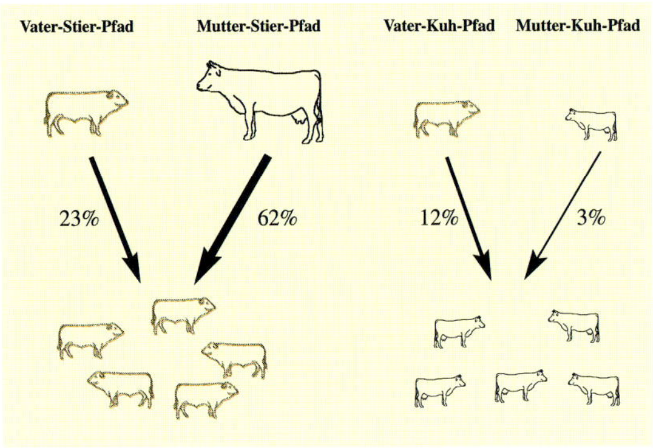

• von der Sicherheit (Zuverlässigkeit) der Zuchtwertschätzung

Hohe Sicherheitswerte verbessern den Selektionserfolg.

• vom Generationsintervall

Man versteht darunter das mittlere Alter der Eltern bei der Geburt der für die Weiterzucht vorgesehenen Nachkommen.
Eine Verkürzung des Generationsintervalls beschleunigt den Selektionserfolg.
Diese kann erreicht werden durch:
- Verbesserung des Fruchtbarkeitserfolgs
- Frühzeitige Leistungsbeurteilung
- Zuchtwertschätzung nach Blup-Tiermodellen
- Ein konsequent durchgeführtes Prüfstier- und, Besamungszuchtprogramm
- Selektion mit abhängigen Selektionsgrenzen, wie biotechnische Maßnahmen, (z. B. durch frühzeitige MOETS)

➡ Siehe Kap. 9.5.2, Züchtung
Band 1, Seite 193

• von den Wechselbeziehungen von Eigenschaften

Positive Wechselbeziehungen wie z. B. zwischen Leistungshöhe und Futterverzehr verbessern, negative wie zwischen Leistungshöhe und Stoffwechselstörungen und Fruchtbarkeitsmängel vermindern den Selektionserfolg.

• von der Größe der Population

In größeren Einheiten lässt sich der Zuchterfolg rascher steigern als in kleinen. Erwünschte Merkmalskombinationen treten häufiger in größeren Populationen auf.

9.5.7 Zuchtmethoden

Züchten bedeutet zweckbezogene Zuchtwahl betreiben.

Die Wahl der geeigneten Zuchtmethode soll es ermöglichen, rasch und zuverlässig Folgegenerationen mit erwünschten Eigenschaften auszustatten.

a) Auslesezüchtung

• Reinzucht

Die Zuchttiere gehören derselben Rasse an und sollen zuchtzielorientiert gepaart werden. Auf einen möglichst geringen Verwandtschaftsgrad der Paarungspartner wird allgemein Wert gelegt. Ein hoher Heterozygotiegrad (geringe Verwandtschaftsbeziehung) ergibt mehr Vitalität.

• Linienzucht

Die für die Paarung selektierten Tiere gehören derselben Linie an. Z. B. Linienzucht auf den Eutervererber **Haxl** beim Fleckvieh. Die Ausprägung linienbedingter Anlagen (positiver und auch negativer Art) wird sich in den Nachkommen festigen.

• Inzucht

Durch die Paarung von verwandten Tieren häuft sich die Reinerbigkeit von Genpaaren. Die Nachkommen werden ausgeglichen ähnlicher, auch in ihrer Vererbung. Von Inzucht spricht man, wenn der Verwandtschaftsgrad höher ist, als der im Durchschnitt der Population. Das Risiko der Inzucht besteht darin, dass auch negative Anlagen reinerbig werden können und damit Nachteile hervorrufen.
Mittels eines **Inzuchttests** (Beurteilung der Nachkommen von Vater-Töchterpaarungen) können Erbmängel bzw. rezessiv vorhandene Erbfehler aufgedeckt werden. Weiters kann mit zunehmendem Verwandtschaftsgrad eine Verminderung der Vitalität eintreten. Diese negativen Auswirkungen werden als **Inzuchtdepression** bezeichnet.
Das **Inzuchtrisiko** ist bei den Haustierarten allgemein sowie individuell unterschiedlich.

Inzucht soll nur von erfahrenen Züchtern angewendet werden und erfordert konsequent eine strenge Selektion bei den Nachkommen.

b) Kreuzungszüchtung

• Arten und Rassenkreuzung

Artenkreuzung
Zumeist sind Tiere verschiedener Arten, die miteinander gekreuzt werden, nicht fruchtbar. Bei einigen Arten bestehen Ausnahmen; es können F1-Nachkommen gezeugt werden, welche aber in der Regel unfruchtbar sind. Dazu zählen z. B. Pferdestute x Eselhengst = Maultier, Eselstute x Pferdehengst = Maulesel. Sowohl Maultier als auch Maulesel sind unfruchtbar.

Rassenkreuzung
Die Paarungspartner gehören verschiedenen Rassen an, ihre Nachkommen sind fruchtbar.

• Veredelungskreuzung

Man versucht hierbei erwünschte Eigenschaften einer Rasse in die zu veredelnde Rasse zu übertragen. Anpaarungen mit gezielt selektierten Tieren der Veredelungsrasse werden eine oder mehrere Generationen hindurch praktiziert. Eine zielorientierte Selektion sollte folgen. Z. B.: Fleckvieh x Red Holstein, Fleckvieh x Montbelliard, Holstein x Fleckvieh.

• Kombinationskreuzung

Hierbei soll durch Zusammenführen von Erbanlagen zweier oder mehrerer Rassen systematisch eine neue Rasse (Population) mit bestimmten Eigenschaften entstehen. Z. B. beim Rind Deutsche Angus (Aberdeen Angus x Gelbvieh x Fleckvieh) oder Uckermärker (Fleckvieh x Charolaise).

• Gebrauchskreuzung

Sie dient vorwiegend der Erzeugung von Endprodukten und beruht auf Zweckpaarungen von Partnern zweier bestimmter Rassen oder auch Arten.

Zu den **Vorteilen** von Gebrauchskreuzungen zählen:
- die Möglichkeit der Kombination bestimmter Anlagen
- eine verbesserte Vitalität

Mit Produkten der Gebrauchskreuzung soll nicht weitergezüchtet werden. Aufspaltungen wären die wahrscheinliche Folge!

Z. B. beim **Rind**

P

 x 

Mutter: **Fleckvieh**
hervorragende Mastleistung
gute Schlachtleistung
durchschnittlicher Kalbeverlauf

Vater: **Limousine**
mäßige Mastleistung
hervorragende Schlachtleistung
sehr leichter Kalbeverlauf

ergibt bei **F 1**
hervorragende Schlachtleistung
Leichtkalbigkeit
z. B. Styriabeef (Markenware)

Z. B. beim **Schwein**

P

 x 

Mutter: **Edelschwein**
hervorragende Mastleistung
mäßige Schlachtleistung

Vater: **Pietrain**
gute Mastleistung
hervorragende Schlachtleistung

ergibt bei **F 1**
sehr gute Mastleistung
hervorragende Schlachtleistung
z. B. Porky (Markenware)

An der Überlegenheit von Kreuzungsgenerationen im Vergleich zu den Leistungen der Eltern sind im Wesentlichen **Heterosiseffekte** beteiligt.

Heterosis
Sie beruht auf einer gehäuft auftretenden **Heterozygotie** (Mischerbigkeit) von Genpaaren und kommt zustande, wenn Paarungspartner **nicht verwandt** sind. Sie bewirkt eine phänotypische Steigerung der Vitalität und damit auch der meisten Leistungsergebnisse. Heterosis ist **nicht erblich.** Diese positiven Ergebnisse treten in besonders wirkungsvoller Form in der **1. Kreuzungsgeneration** auf und bauen sich in weiteren Generationen systematisch ab.

Ein vereinfachtes Beispiel zur **Milchmenge** beim **Rind**:

P

	M.: **Fleckvieh**		V.: **R H F**
ermittelter **Zuchtwert**	+ 100	x	+ 700
Gene an **Nachkommen**	+ 50		+ 350

F1

errechneter **Zuchtwert** (M + V): + 50 und + 350 = + 400
jedoch Phänotyp: + 600
Heterosis ⟶ **Differenz = + 200**

200 kg Milch mehr als der überlegene Elternteil

In manchen Fällen kann Heterosis bewirken, dass die F1 den überlegenen Elternteil sogar noch übertrifft.
Ein vereinfachtes Beispiel zur **Ferkelzahl** je Wurf beim **Schwein**:

P

	M.: **Edelschwein**		V.: **Landrasse**
ermittelter **Zuchtwert**	12 Ferkel	x	10 Ferkel
Gene an **Nachkommen**	6 Ferkel		5 Ferkel

F1

errechneter **Zuchtwert** (M + V): 6 + 5 = 11 Ferkel
jedoch Phänotyp: = 13 Ferkel
Heterosis ⟶ **Differenz = + 2 Ferkel**

1 Ferkel mehr als der überlegene Elternteil

• **Hybridzucht**

Darunter versteht man eine spezielle **Zuchtmethode**, bei welcher
- **Linienzucht** (Inzucht)
- **Passerpaarung** (Überprüfung der Kombinationseignung)
- **Selektion** (Auslese nach Leistung) und
- **Kreuzung** (Heterosis)

zu einem **Maximalnutzen** kombiniert werden.

Hybridzucht ist im Haustierbereich nur bei Tieren mit hoher Vermehrungsrate durchführbar. Dabei ist der Marktwert des Einzeltieres gering und damit eine sehr intensive Selektion anwendbar.

Z. B. bei **Hühnern**	Lege- und Masthybriden
bei **Kaninchen**	Masthybride

9.6 Biotechnik

Zu den biotechnischen Verfahren zählen fortpflanzungsbiologische Maßnahmen wie die Künstliche Besamung, der Embry-Transfer und die In vitro Fertilisation.

9.6.1 Künstliche Besamung

a) Geschichte

Nach arabischer Überlieferung wurde bereits im 14. Jahrhundert eine künstliche Samenübertragung bei Stuten erfolgreich durchgeführt. Im 18. Jahrhundert besamte der vielseitige Gelehrte Spalanzani in Italien erstmalig Hunde mit Frischsamen. Mit Beginn des 20. Jahrhunderts wurden in Russland Haustiere auf breiter Basis besamt. In Österreich wird eine künstliche Spermaübertragung beim Rind seit 1946 durchgeführt.
Als 1964 die Konservierung von Sperma in flüssigem Stickstoff (TGN2-Verfahren) eingeführt wurde, war die künstliche Besamung zu einem der wichtigsten Instrumente der modernen Tierzucht geworden.

b) Technik

Die Spermagewinnung erfolgt an Besamungsstationen. Zumeist bedient man sich eines fahrbaren Phantoms, selten und nur wenn nötig des gegenseitigen Sprunges Vatertier auf Vatertier. Die Absamung erfolgt in eine künstliche Scheide.

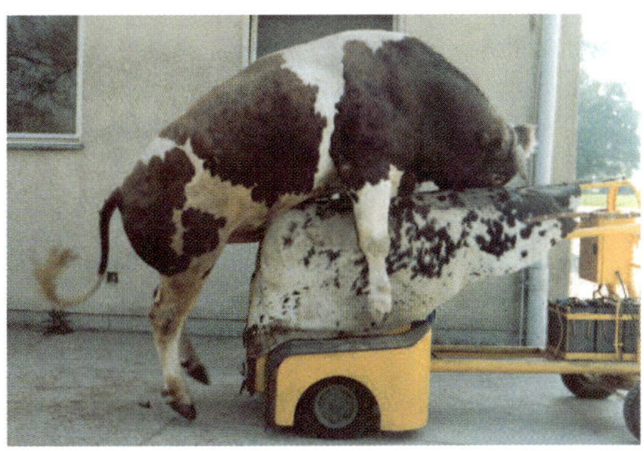

Spermagewinnung an einer Besamungsstation mittels eines fahrenden Phantoms

Beim Eber erfolgt zumeist die Samengewinnung mit Hilfe der gummibehandschuhten Hand des Absamers.
Der gewonnene Samen wird auf seine Qualität untersucht, dann verdünnt, abgekühlt, portionsweise in Pailetten (Röhrchen) gefüllt und tiergefroren. Kühlmedium ist flüssiger Stickstoff mit einer Temperatur von –197 °C in Spezialcontainer gelagert. Jede Pailette ist mit Name und Nummer des Vatertieres, der Operationsnummer und der Stationsbezeichnung bedruckt. Stichprobenartige Kontrollen gewährleisten die Qualität des eingefrorenen Spermas. Vor der Besamung mit Gefriersamen muss die dem Container entnommene Pailette in körperwarmem Wasser kurz aufgetaut werden. Die Besamung erfolgt beim Rind mit einer Besamungspistole, bimanuell unter rektaler Fixation des Gebärmutterhalses.

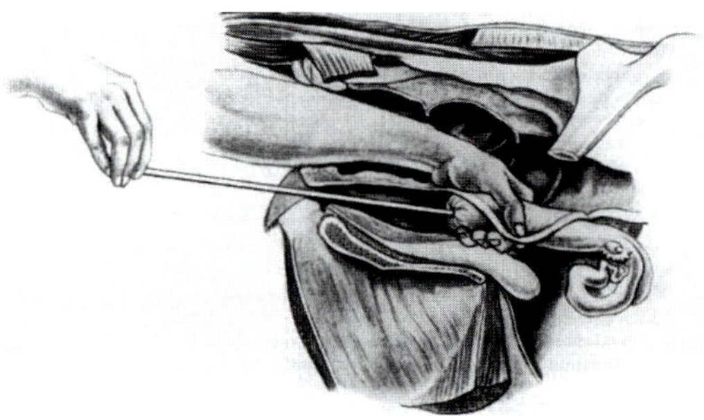

Besamung beim Rind mit der Besamungspistole

Beim Schwein wird mit einer Plastikpipette möglichst zweimal im Abstand von etwa 12 Stunden besamt. Bei Sauen und auch bei anderen weiblichen Tieren wird teilweise Frischsamen eingesetzt.
Die geschlechtsspezifische Trennung von Samenzellen ist eine hochtechnische Innovation und ermöglicht mit bis zu 95 % eine Trennung der Samenzellen nach Geschlecht aufgrund ihrer Anfärbung der DNA (System Flowzytometrie), so dass auch Besamungen unter exakten Bedingungen in der Praxis erfolgreich durchgeführt werden.
Zur Durchführung der Besamung sind Tierärzte, Besamungstechniker und Eigenbestandsbesamer nach entsprechender Ausbildung berechtigt.

c) Auswirkungen

- Strengste Selektion bei den Vätern und den Vatermüttern
- Zuchtwertschätzungen mit hohen Sicherheitswerten
- Zuchtprogramme mit Erfolgsoptimierung
- Erfolgreicher Einsatz von biotechnischen Methoden
- Spermaaustausch positiv geprüfter Vatertiere ohne Grenzen von Raum und Zeit
- Einengung der genetischen Vielfalt als nachteilige Perspektive

9.6.2 Multiple Ovulation und Embryotransfer (MOET)

a) Zweck

Der wesentliche Zweck von MOET ist, die Zahl der Nachkommen von überdurchschnittlich veranlagten weiblichen Zuchttieren (Spendertieren) über die natürlichen Möglichkeiten der Vermehrung zu erhöhen und das Generationsintervall zu verkürzen. Damit ist MOET eine der Grundlagen für Selektion und weiterführende Techniken in modernen Zuchtprogrammen. Weiters kann durch häufigere Voll- bzw. mütterliche Halbgeschwister der Zuchtwert zuverlässiger geschätzt werden.

b) Technik

• Embryonengewinnung (Multiple Ovulation)

Selektierte Spendertiere werden durch Hormonbehandlung zu einer multiplen Ovulation gebracht. Einige Tage nach der Besamung (beim Rind ca. 7 Tage) gewinnt man durch Ausschwemmung die Embryonen im Stadium der Morula mit etwa 64 bis 256 Zellen.
➡ Siehe Kap. 3.3.3, Organe und Organsysteme Band 1, Seite 34

• Embryonenübertragung (Embryonentransfer)

Nach der mikroskopischen Qualitätsbeurteilung der gewonnenen Embryonen werden die für tauglich befundenen zumeist unblutig auf hormonell vorbereitete, mit dem Spendertier zyklusgleiche Empfängertiere übertragen. Beim Rind haben sich zuchtreife Kalbinnen als Empfängertiere besser bewährt als Kühe. Der Trächtigkeitserfolg beträgt bei Kalbinnen ca. 65%.

• Embryonenkonservierung

• **Schema eines MOET**

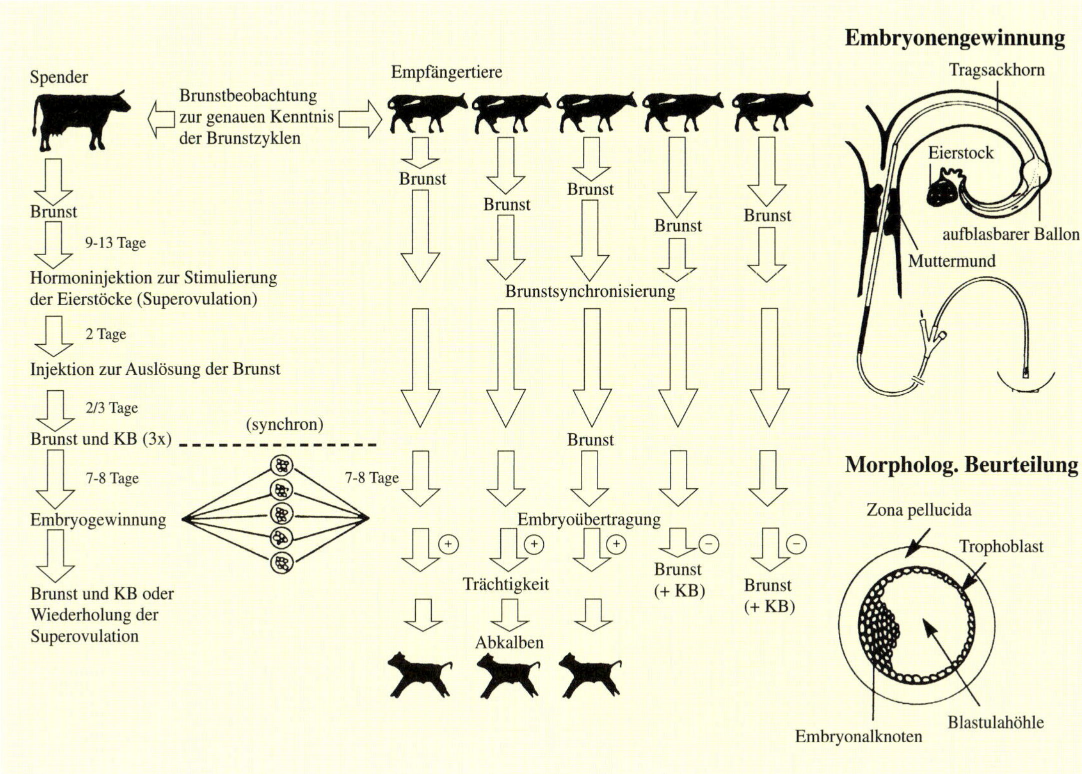

Taugliche Embryonen können tiefgefroren werden. Der Trächtigkeitserfolg beträgt nach Übertragung solcherart konservierter Embryonen derzeit knapp 50%.

• **Embryonenbanken**

Diese dienen zur Konservierung und zum Verkauf von Embryonen mit beträchtlich über dem Durchschnitt liegendem bzw. blutlinienmäßig sehr seltenem Genmaterial.

9.6.3 In-Vitro-Fertilisation

Die Erstellung von Rinderembryonen in vitro (d. h. außerhalb des Muttertieres) ist auf ein spezialisiertes Labor (I.V.P.-Labor) angewiesen. Eizellen werden mit Spermien unter mikroskopischer Beobachtung vermischt. Die daraus entstehenden Embryonen werden für etwa eine Woche im Brutschrank kultiviert. Nach dieser Zeit sind die Embryonen so weit entwickelt (Morulastadium), dass sie nach direkter Übertragung auf Empfängertiere in deren Gebärmutter anwachsen können. Es ist auch möglich, die Embryonen tiefzufrieren.

Schema

Unbefruchtete **Eizellen** von lebenden oder geschlachteten Tieren

↓

In-Vitro-Reifung 18 bis 27 Stunden

↓

In-Vitro-Befruchtung ← **Spermien**

↓

In-Vitro-Kultivierung

↓

Embryo

9.6.4 Manipulationen am Embryo

a) Erzeugung eineiiger Mehrlinge = Klonenbildung

Klone stellen eine Gruppe von erbgleichen, also genetisch idente Individuen dar. Sie sind durch ungeschlechtliche Vermehrung entstanden.

Es gelingt, Embryonen im Morulastadium mit einem Spezialbesteck unter dem Mikroskop zu teilen und die Teilstücke auf verschiedene Empfängertiere zu übertragen. Jeder dieser 2 bis 4 Teile hat die Fähigkeit, sich zu einem Embryo zu entwickeln, wenn die Einnistung funktioniert. Der Trächtigkeitserfolg dieser Methode liegt derzeit unter 50%.

Schematischer Ablauf am Beispiel des Schafes:

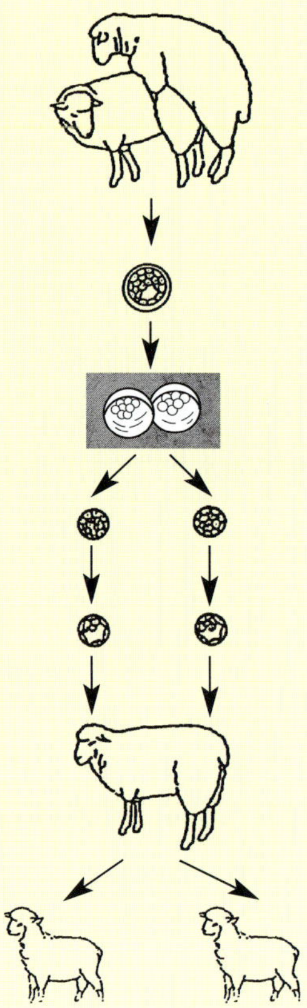

A Entfernung des Zellkerns der Eizelle

B Zerlegung des Embryos in Blastomeren

C Übertragung der Blastomeren (Einzellzellen)

D Elektrofusion

E Übertragung der klonierten Embryonen nach kurzzeitiger Kultivierung.

Ein Embryo der gewünschten Paarung (Spenderembryo) wird in Einzellzellen (Blastomeren) zerlegt. Je eine Zelle wird dann in eine vorbehandelte Empfängereizelle eingepflanzt und durch Elektrofusion mit dieser vereinigt. Nach einer mehrtägigen Kultivierung werden die Embryonen auf Empfängertiere übertragen.

b) Chimärenbildung

Chimäre ist biologisch gesehen ein Lebewesen, das mehr als ein Elternpaar hat.

Teilstücke (2 bis 4) von Embryonen verschiedener Eltern werden zu einem Embryo mit einer gemeinsamen Eihülle (Zona pellucida) vereinigt.
Dieses Lebewesen hat die Anlagen mehrerer Eltern und zeigt dies in seiner Entwicklung und seinen Eigenschaften.
Eine gezielte Selektion auf bestimmte Eigenschaften ist derzeit nicht möglich.
Chimären, deren Eltern verschiedenen Arten angehören, sind unfruchtbar.

9.6.5 Gentechnik

a) Genomanalyse

Mit Hilfe von Genomanalysen können Zuchtwerte von Tieren direkt aus deren Genom abgeleitet werden. Dazu müssen – einfach ausgedrückt – genetische Marker (CHIP genannt) über das gesamte Genom in ausreichender Zahl vorhanden sein. Marker sind solche Gene, die mit bestimmten Eigenschaften und Leistungen konsequent in Verbindungen auftreten.
Der **genomischeZuchtwert** wird dann aus der Summe aller erfassten Marker berechnet und kann schon nach der Geburt des Tieres ermittelt werden. Die Sicherheit eines genomischen Zuchtwertes liegt zwischen 40-60%.

b) Erbfehlerdiagnostik

Mit Hilfe gentechnischer Methoden ist es möglich, die Anlagen von Erbfehlern zu diagnostizieren und betroffene Tiere von der Zucht auszuschließen.

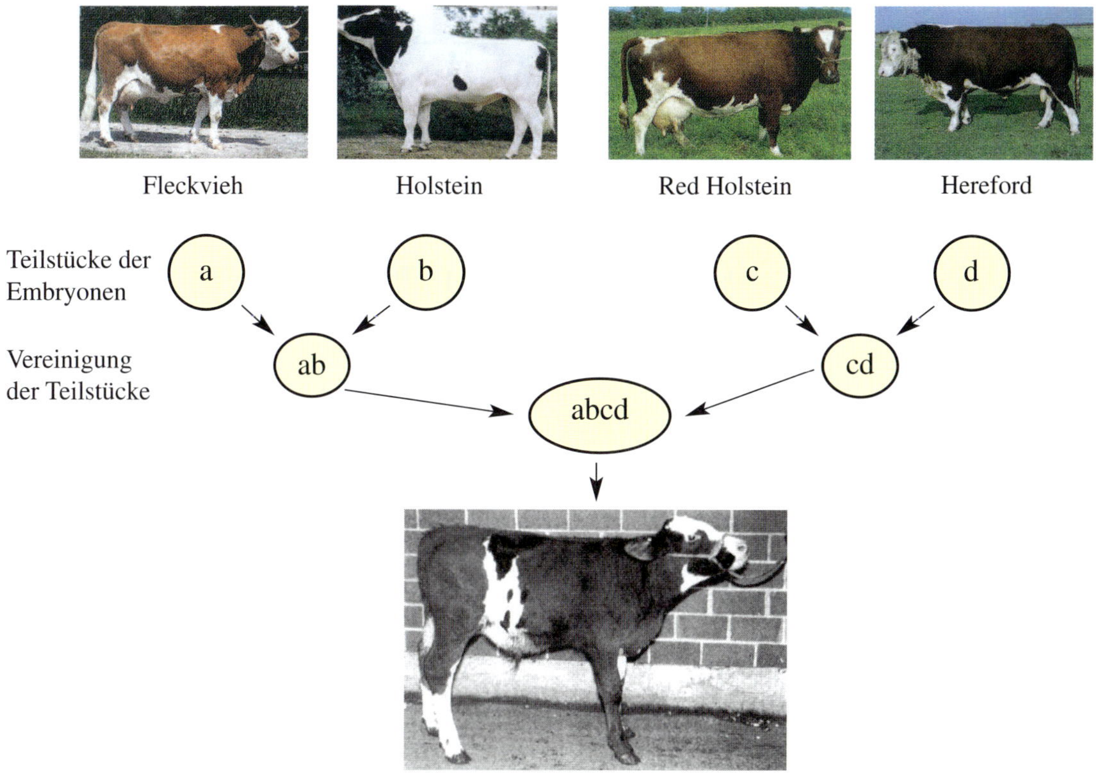

Chimäre (4 Rassen)

Beispiele hiefür sind beim Rind die Spinnengliedrigkeit, beim Schwein das Hyperthermie Syndrom sowie das PSE-Fleisch.

• **Marker assistierte Selektion (MAS)**

Im Rahmen von Zuchtprogrammen ist es von Bedeutung, **Genorte** zu kennen, die mit bestimmten Leistungen oder Eigenschaften verbunden sind. Solche Marker können in der Population gesucht und Trägertiere in der Selektion bevorzugt oder ausgeschlossen werden. **MAS** setzt die Analyse und Identifizierung einer großen Tierzahl voraus.

Mit dieser Methode ist es z. B. aktuell möglich:
- beim Schwein mit Hilfe des MHS-Tests das Maligne Hyperthermie Syndrom zu sanieren,
- von Teststier-Vollgeschwistern das genetisch Wertvollste zu erkennen,
- beim Rind Zuchttiere mit den Genen für verbesserte Einlagerung von intramuskulärem Fett und Feinfasrigkeit der Muskelfasern festzustellen.

➡ Siehe Kap. 3.3.2, Band 1, Seite 34

• **Transgene Tiere**

Mittels Gentransfer können gezielt einzelne Gene mit bestimmten Eigenschaften im Empfängerorganismus beeinflusst oder neu eingebracht werden. Derzeit ist die Entwicklung bei landwirtschaftlichen Nutztieren noch in ihren Anfängen.
Die gesetzliche Regelung erfolgt im Gentechnik-Gesetz bzw. in den Tierzuchtgesetzen.

10. Rechtliche Grundlagen (Auszug)

Die Details sind unter www.ris.bka.gv.at, www.bgbl.at oder www.bmsg.gv.at abrufbar.

10.1 Lebensmittel-Sicherheits- und Verbraucherschutzgesetz (LMSVG)

In den letzten Jahren hat sich das Gemeinschaftsrecht sehr massiv weiterentwickelt, und es wird eine weitgehende Harmonisierung des Lebensmittelrechts in allen Mitgliedstaaten angestrebt. Die Maßnahmen dienen dazu, die Sicherheit von Lebensmitteln „from the stable to the table" zu gewährleisten und den freien Warenverkehr tatsächlich zu verwirklichen. Die Grundlagen für die neue Lebensmittelpolitik der Europäischen Union sind im Weißbuch zur Lebensmittelsicherheit vom 12. Jänner 2000 zu finden.
Es sind die Tätigkeiten hinsichtlich Kontrolle von Lebensmitteln, Futtermitteln, Tiergesundheit und Tierschutz in einem risikobasierten Plan zusammenzustellen.

Im Bereich der amtlichen Kontrolle sind auf Grund der Vorgaben des Gemeinschaftsrechts zusätzliche Schwerpunkte bei folgenden Aufgaben notwendig:

a) Überprüfung und Bewertung der HACCP-Konzepte in den Betrieben sowie Überprüfung der Einhaltung der Vorgaben der diesbezüglichen Konzepte
b) Überprüfung der Gewährleistung der Rückverfolgbarkeit
c) Überprüfung der Eigenkontrollsysteme der Unternehmen

Die Zahl der landwirtschaftlichen Primärproduzenten ist mit ca. 180.000 anzunehmen, davon sind nach Schätzungen ca. ein Viertel regelmäßige Direktvermarkter. Für die Direktvermarktung ist somit von einer Anzahl von 45.000 auszugehen. Die bisherigen Tätigkeitsberichte der Länder weisen eine Zahl von ca. 11.000 Direktvermarktern auf, die der amtlichen Kontrolle unterliegen.
Die gesamte Primärproduktivität ist risikoorientiert an den Flaschenhälsen zu kontrollieren, d. h. es ist sicherzustellen, dass bei den großen Warenflüssen, wie z. B. in Lagerhäusern für Getreide, Obst, Gemüse, Kartoffeln, in Schlachthöfen, in Milch- und Eierverarbeitungsbetrieben die Kontrollen auf die Lebensmittelsicherheit erfolgen. Damit sollten 80–90 % des Produktionsvolumen regelmäßig kontrolliert werden können.
Der Begriff des Inverkehrbringens stützt sich auf die Verordnung (EG) Nr. 178/2002, wobei aber unter Berücksichtigung des gesamten Gemeinschaftsrechtes auch das Einführen und Verbringen sowie das Herstellen, Behandeln und Werben umfasst sein müssen.
Unternehmer, die Lebensmittel in Verkehr bringen, haben gemäß Artikel 6 der Verordnung (EG) Nr. 852/2004 für ihre Betriebe beim Landeshauptmann eine Registrierung oder Zulassung zu beantragen.
Die Kontrolle der Einhaltung der lebensmittelrechtlichen Vorschriften auf allen Produktions-, Verarbeitungs- und Vertriebsstufen obliegt dem Landeshauptmann.
Der Landeshauptmann hat sich bei der Schlachttier- und Fleischuntersuchung von Säugetieren und Geflügel sowie bei den Kontrollen in Schlacht- und Zerlegungsbetrieben und Wildbearbeitungsbetrieben Aufsichtsorganen, die Tierärzte sind, und amtlichen Fachassistenten zu bedienen.
Werden bei Untersuchungen Rückstände festgestellt, so hat die Bezirksverwaltungsbehörde, sofern dies zum Schutz der menschlichen Gesundheit erforderlich ist, die Tiere des betroffenen Bestandes in geeigneter Weise eindeutig zu kennzeichnen und mit Bescheid eine Sperre dieses Tierbestandes zu erlassen.

10.2 Tierarzneimittelkontrollgesetz TAKG BGBl. Nr. 28/2002

§ 4 (1) Als **Nutztierarzneimittel** dürfen nur in Österreich für Lebensmittel liefernde Tiere zugelassene Arzneispezialitäten angewendet werden.

§ 4 (6) Der **Tierarzt** hat über das
- Datum der Untersuchung der Tiere,
- Name und Anschrift der Tierhalter,
- die Anzahl der behandelten Tiere,
- die Diagnose,
- die verschriebenen Tierarzneimittel,
- die verabreichte Dosis,
- die Behandlungsdauer und
- die einzuhaltenden Wartezeiten **in geeigneter Weise Buch zu führen**.

§ 6 Fütterungsarzneimittel (FAM)
In landwirtschaftlichen Betrieben dürfen FAM für die eigenen Tiere unter Anleitung des Tierarztes im Rahmen eines TGD aus zugelassenen Fütterungsarzneimittelvormischungen hergestellt werden, wenn diese Betriebe von der zuständigen BH zugelassen sind.
Die **TAKG-Ausbildungsverordnung** regelt die Ausbildung in Mischtechnik bei der Herstellung von Fütterungsarzneimitteln in den landwirtschaftlichen Betrieben.

§ 7 Liste betreffend Tierarzneimittelanwendung unter Einbindung des Tierhalters und der Tiergesundheitsdienste
- Der Bundesminister hat durch Verordnung festzulegen, welche Arzneimittel dem Tierhalter unter bestimmten Voraussetzungen überlassen werden dürfen („Positivliste“).
- Der Bundesminister hat durch Verordnung bundesweit einheitliche Vorgaben, denen Tiergesundheitsdienste im Regelungsbereich dieses Bundesgesetzes entsprechen müssen, festzulegen.

Die **Tiergesundheitsdienst-Verordnung (TGD-VO)** regelt die Zusammenarbeit zwischen Bauern und Tierärzten, deren Pflichten und Kontrollen sowie die Abgabe und Anwendung von Arzneimitteln. Eine dazu veröffentlichte Kundmachung regelt die Arbeitsabläufe und Dokumentationspflichten im Rahmen der praktischen Durchführung (Besuchsprotokolle, Verrechnung usw.).

10.3 Tierseuchengesetz RGBl. Nr. 177/1909 idgF.

Der Begriff Tierseuchen
Tierseuchen sind Krankheiten, bei denen sich Tiere gegenseitig anstecken und bei denen oft zahlreiche Bestände weiter Gebiete befallen werden.

Tierseuchenbekämpfung
Die Bekämpfung der Tierseuchen ist in Österreich durch das Tierseuchengesetz in der derzeit gültigen Fassung geregelt. Dieses Gesetz enthält Bestimmungen über die Verhinderung der Ausbreitung von Tierseuchen.
Einige wichtige Bestimmungen daraus sind:
- Bestimmungen für den Viehverkehr
- Die Pflicht zur tierärztlichen Überwachung von Viehmärkten und Auktionen (Versteigerungen)
- Vorschriften über Impfstoffe und Heilmittel
- Beschau des Schlacht- und Stechviehs
- Kadaverbeseitigung
- Vorschriften über die Verfütterung von Schlachtabfällen und Speiseresten
- Anzeigepflicht für Tierseuchen
- Vorkehrungen bei Seuchenverdacht
- Schutz- und Tilgungsmaßregeln für die einzelnen Tierseuchen
- Regelung der Entschädigung für getötete Tiere, Verdienstentgang und vernichtetes Material

Seuchenverdächtig sind Tiere, an welchen sich Erscheinungen zeigen, die den Ausbruch einer Tierseuche befürchten lassen. **Ansteckungsverdächtig** sind Tiere, die Kontakt mit kranken oder seuchenverdächtigten Tieren hatten und bei denen sonst anzunehmen ist, dass sie als Träger von Keimen einer Tierseuche anzusehen sind und diese weiterverbreiten können. Als **verdächtige** Tiere im Sinne dieses Bundesgesetzes gelten sowohl seuchenverdächtige als auch ansteckungsverdächtige Tiere.
Die Vollziehung dieses Bundesgesetzes obliegt, sofern im Folgenden nichts anderes bestimmt wird, in erster Instanz der Bezirksverwaltungsbehörde.
Alle Viehmärkte sowie Tierauktionen und Tierschauen sind einer tierärztlichen Aufsicht zu unterziehen.
Tierimpfungen dürfen nur mit zugelassenen Impf-

stoffen und nur durch Tierärzte vorgenommen werden (Ausnahme: Tiergesundheitsdienst).
Kadaver gefallener Tiere sind ohne Verzug durch hinreichend tiefe Verscharrung auf hiezu bestimmten Plätzen oder auf thermischem oder chemischem Wege unschädlich zu beseitigen.
Die näheren Anordnungen sind von der Bezirksverwaltungsbehörde zu erlassen.

Wichtige in Österreich anzeigepflichtige Tierseuchen (Auswahl)
- Maul- und Klauenseuche (Z)
- Milzbrand (Z)
- Rauschbrand
- Wild- und Rinderseuche
- Lungenseuche der Rinder
- Rinderpest
- Wutkrankheit (Z)
- BSE/TSE (Z)
- Infektiöse Anämie (Pferd)
- Rotz (Z)
- Schweinepest
- Schweinelähmung
- Geflügelcholera, Geflügelpest
- Psittakose
- Brucellose (Z)
- Rinderleukose
- IBR/IPV
- Tuberkulose (Z)
- Aujeszky'sche Krankheit
- Deckseuchen
- Blauzungenkrankheit

Gemäß Tiergesundheitsgesetz werden geregelt (Überwachung):
- BVD
- Para Tbc
- Scrapie
- Blauzungenkrankheit

Z = Zoonose, d. h. keine auf den Menschen übertragbaren Krankheiten werden im Zoonosegesetz geregelt (allgemeine Überwachung, Antibiotikaresistenzen, lebensmittelbedingte Krankheitsausbrüche).

Folgende Personen sind zur Anzeige einer Tierseuche beim Bürgermeister verpflichtet:
- Der Tierhalter
- Die vom Tierhalter mit der Aufsicht über die Tiere betraute Person
- Der zugezogene Tierarzt
- Jede Person, der zufolge ihres Berufes die Erkennung von Anzeichen des Verdachtes auf eine anzeigepflichtige Tierseuche zumutbar ist

10.3.1 BVO (Veterinärbehördliche Binnenmarktverordnung 2008) und VEVO (Veterinärbehördliche Einfuhr VO 2008)

Die ehemalige EBVO (Einfuhr- und Binnenmarkt VO) wurde neu in zwei Teile unterteilt und in getrennten Verordnungen geregelt:
- Die BVO regelt das innergemeinschaftliche Verbringen von Tieren, Waren und Gegenständen aus Österreich.
- Die VEVO regelt die Ein- und Durchfuhr sowie Wiedereinfuhr und deren Kontrollen nach Österreich (Grenzkontrollen) aus Drittländern.

10.3.2 Tierkennzeichnung

Bestimmungen für den Viehverkehr (Kennzeichnungspflicht)
- Rinder sind durch zwei Ohrmarken dauerhaft zu kennzeichnen (Rinderkennzeichnungsverordnung 2008).
- Schweine, Schafe und Ziegen, die in Verkehr gebracht werden, sind durch Ohrtätowierung oder Ohrmarken dauerhaft zu kennzeichnen. Schweine, die unmittelbar zur Schlachtung gebracht werden, dürfen durch Schlagstempel gekennzeichnet werden (Tierkennzeichnungsverordnung 2009).
- Als in Verkehr gebracht gelten Tiere, die
  - verkauft oder sonst an andere überlassen werden,
  - mit Tieren eines anderen Bestandes zusammengebracht werden, insbesondere anlässlich des Weideganges oder Deckgeschäftes,

- auf Märkte und andere Veranstaltungen aufgetrieben werden oder
  - geschlachtet werden.
- Österreichische Ohrmarken haben die Bezeichnung „AT", einen numerischen Code und einen Strichcode, der zumindest den numerischen Code beinhaltet, zu enthalten.
- Ein Bestandsverzeichnis ist vom Tierhalter für alle am Betrieb gehaltenen Tiere nach einem von der AMA herausgegebenen Muster zu führen. Hat ein Tierhalter mehrere Herden, so hat er für jede Herde ein eigenes Bestandsverzeichnis zu führen.

10.3.3 Deckseuchengesetz BGBl. 22/1948

§ 1 Anzeigepflicht durch Tierbesitzer an Bürgermeister

- wiederholtes oder gehäuftes Umrindern (mehr als dreimal)
- jede vorzeitige Ausstoßung der Frucht (Verwerfen)
- äußerlich erkennbare, entzündliche Erkrankungen (Ausschläge, Anschwellungen, Ausflüsse bei männl. und weibl. Rindern)

10.3.4 Desinfektionserlass

Dieser schreibt Reinigung und Desinfektion sowie Verfahren bei den einzelnen Tierseuchen vor, in Verbindung mit dem Tierseuchengesetz.

10.3.5 Tiermaterialiengesetz (TMG) – Vollzugsanweisung

Das TMG betrifft die Hygienevorschriften für nicht für den Verzehr bestimmte tierische Nebenprodukte und Materialien. Nähere Bestimmungen zum Umgang mit tierischen Nebenprodukten regelt die Tiermaterialien-Verordnung (Küchen-Speiseabfälle, ehemalige Lebensmittel, Milch und Gülle, Magen-Darminhalt, Vergraben von Heimtieren).

10.3.6 Tiermehl-Gesetz

Die Verfütterung von verarbeiteten tierischen Proteinen an Nutztiere, die zur Nahrungsmittelproduktion gehalten, gemästet oder gezüchtet werden, ist verboten.
Ausnahmen bestehen für Gelatine, Fischmehle und Dicalciumphosphate und hydrolysierte Proteine in der Fütterung von tierischen Proteinen.

10.3.7 BSE-Landwirtschafts-Verordnung 2004

In landwirtschaftlichen Betrieben, in denen an einem Betriebsstandort Wiederkäuer und Nichtwiederkäuer gehalten werden, ist die Verwendung und Lagerung von Fischmehl, Dicalciumphosphat aus entfetteten Knochen und hydrolysierten Proteinen als Einzelfuttermittel (Futtermittel-Ausgangserzeugnis) nicht zulässig.

10.4 Geflügelhygieneverordnung 2007

Diese Verordnung gilt für folgende Betriebe:

a) Geflügel-Elternbetriebe: (Zucht- und Vermehrungsbetriebe)
b) Brütereien
c) Küken- und Geflügel-Jungtierlieferbetriebe
d) Aufzuchtbetriebe für Zuchtgeflügel
e) Aufzuchtbetriebe für Junghennen
f) Legehennenbetriebe und
g) Geflügelmastbetriebe

10.5 Hygieneverordnung

Die **Hygiene-VO (EG) 852/2004** setzt einen besonderen Schwerpunkt mit den neuen Bestimmungen über die ausgeweitete **Verpflichtung** der Lebensmittelunternehmen zur **Durchführung betrieblicher Maßnahmen und Kontrollen**.

Die Lebensmittelunternehmer sind nun hauptverantwortlich für die Sicherheit jedes Lebensmittels; d. h. sie stellen sicher, dass auf allen ihrer Kontrolle unterstehenden Produktions-, Verarbeitungs- und Vertriebsstufen von Lebensmitteln die einschlägigen Hygienevorschriften dieser Verordnung erfüllt werden. Dazu ist ein **Eigenkontrollsystem einzurichten**, durchzuführen und aufrechtzuerhalten. Diese betriebseigenen Kontrollen sollen dazu dienen, dass die Hygieneanforderungen in den Betrieben eingehalten werden.

Darüber hinaus haben Inhaber oder Geschäftsführer eines Lebensmittelunternehmens zu gewährleisten, dass Personen, die mit Lebensmitteln umgehen, entsprechend ihrer Tätigkeit überwacht und in **Fragen der Lebensmittelhygiene unterrichtet oder geschult** werden.

Da jeder einzelne Betrieb sehr spezifische technische, bauliche und personelle Rahmenbedingungen aufweist, muss für jeden Betrieb ein individuelles Hygieneprogramm erstellt und diesen speziellen Gegebenheiten angepasst werden.

Für die Bereiche der Marktstände und nicht ständigen Bauernmärkte hat die **Lebensmittelaufsicht** des Kompetenzzentrums HB-WZ-FF ein Muster einer vereinfachten Eigenkontrolle ausgearbeitet, das jedoch an die jeweiligen Gegebenheiten anzupassen und zu vervollständigen ist.

Die Aufzeichnungen der betriebseigenen Maßnahmen und Kontrollen (z. B. in Form des beiliegenden Musters) können nicht nur zu einer besseren betrieblichen Hygiene und erleichterten Beweisführung bei Fehlprodukten führen, sondern auch zur Vorlage gegenüber der Lebensmittelaufsicht dienen.

Praxisnahe Zusammenfassung der Hygieneanforderungen entsprechend der Hygieneverordnung, VO (EG) 852/2004, für Marktstände, Zeltfeste, nichtständige Bauernmärkte, mobile Verkaufsfahrzeuge und Hofläden.

Es muss die Zufuhr einer ausreichenden Menge an warmem und/oder kaltem Trinkwasser gewährleistet sein. (Trinkwasser gemäß BGBl. Nr. 304/2001).

1. Anforderungen für die Anlieferung bzw. Lagerung von Lebensmitteln

a) Die Anlieferung von unverpackten Waren, wie insbesondere Fleisch, Fleischwaren, Fisch, Wild, Geflügel, Brot und Backwaren sowie Milchprodukten hat in **sauberen Transportmitteln oder Behältern** zu erfolgen, die so konzipiert und gebaut sein müssen, dass eine angemessene Reinigung und Desinfektion möglich ist. Jede nachteilige Beeinflussung der Ware – wie z.B. durch Schmutz, Staub, Fremdgerüche, Wärme und andere mitgeführte Produkte – ist zu vermeiden. **Kartons oder Holzsteigen** (mit Ausnahme von Einwegbehältern oder -verpackungen) sind **für unverpackte Lebensmittel unzulässig**.

b) Lebensmittel in Vorrats- und Transportbehältnissen sind vor dem Zugriff durch die Konsumenten geschützt abzustellen oder abzudecken.

c) **Leicht verderbliche Lebensmittel** (wie Fleisch- und Fleischwaren, Fische, Geflügel, Rohmilch, Torten) sind in **geeigneten Kühlvorrichtungen aufzubewahren** und zu transportieren. Die Temperatur darf bei gekühlt aufzubewahrenden Lebensmitteln die auf der Verpackung angegebenen Lagertemperaturen nicht überschreiten, sollte aber jedenfalls **unter + 6 ° Celsius** liegen. Frisches Fleisch (einschließlich Faschiertem), Geflügel und Wild sind bei max. + 4 ° Celsius zu lagern. Fische, Weich- und Krustentiere sind bei Temperaturen von schmelzendem Eis (bei 0 ° – 2 ° C) feil zu halten. **Die Temperaturen sind zu überwachen.** (Thermometer!!!)

d) Werden Vorratsbehältnisse unter dem Verkaufspult abgestellt, ist der Verkaufsstand an der Vorderseite durch Schürzen oder Ähnlichem abzuschirmen.

e) Die Bestimmungen der Punkte 1a (letzter Satz), b, c und d gelten nicht für Obst, Gemüse, Kartoffeln und Speisepilze, welche üblicherweise vor dem Verzehr gewaschen, geschält oder entblättert werden. Soweit diese Lebensmittel im Rahmen der Tätigkeit des Lebensmittelunternehmens gesäubert werden müssen, muss dafür Sorge getragen werden, dass die jeweiligen Arbeitsgänge unter hygienisch einwandfreien Bedingungen ablaufen.

f) Die Lebensmittel müssen so aufbewahrt sein, dass eine Kontaminationsgefahr (Verunreinigung, Verschmutzung) ausgeschlossen wird (z. B. Lagerung von unverpackten Lebensmitteln mindestens 40 cm oberhalb des Bodens).

g) Bedenkliche Stoffe und Abfälle müssen hygienisch (verschlossen) gelagert bzw. entsorgt werden.
h) Einsteckschilder (in Lebensmitteln – z. B. zur Preisauszeichnung) sind unzulässig.

2. Anforderungen an Verkaufsstände von Fleisch, Fleischwaren, Milch, Milchprodukten, Brot und Backwaren

a) Das Feilhalten dieser Waren hat auf leicht zu reinigenden und desinfizierbaren, hellen und sauberen Oberflächen oder in sauberen Kunststoff- oder Metallbehältnissen zu erfolgen. **Unverpackte Waren sind vor dem Zugriff durch die Konsumenten** und vor hygienisch nachteiliger Beeinflussung durch Sprechen, Anhusten oder Niesen zu schützen. Als praktikable Lösung wird eine Abschirmung durch Plexiglas-Winkelsätze, entsprechende Vitrinen etc. empfohlen. Fleischwaren, Käse und Backwaren etc. sind vor Fluginsekten, Staubeinwirkung oder Sonneneinstrahlung zu schützen.

b) Geflügel, Wild und Fische sind voneinander und von anderen Fleischwaren, Milch und Milchprodukten, Brot und Backwaren getrennt feilzuhalten. Ebenso sind Obst und Gemüse von anderen Produkten zu trennen.

c) Im Bereich der Marktstände ist ein **Waschbecken mit Kalt- und Warmwasseranschluss, Seifenspender und Papierhandtüchern** (Küchenrolle) vorzusehen. Für die Aufnahme der gebrauchten Papierhandtücher ist ein Abfallbehälter aufzustellen.

d) Für die Abgabe unverpackter Waren sind geeignete Geräte wie Mehlspeiszangen, Gabeln, Clips zu verwenden.

e) Beschäftigte in einem Bereich, in dem mit Lebensmitteln umgegangen wird, müssen frei von ansteckenden und ekelerregenden Krankheiten, Wunden und dergleichen sein. Es ist ein hohes Maß an persönlicher Sauberkeit einzuhalten. Die im Verkauf beschäftigten Personen haben angemessene saubere Kleidung zu tragen.

f) Zur Gewährleistung einer angemessenen Personalhygiene müssen geeignete Einrichtungen (Toiletten), möglichst nur für Beschäftigte zugänglich, in unmittelbarer Nähe zur Verfügung gestellt werden. Die sanitären Anlagen müssen über ausreichende hygienische Handwaschmöglichkeiten mit Fließwasser, Seifenspender und Papierhandtüchern und über einen Abfallbehälter verfügen.

g) Ein Nachweis über die Eigenkontrolle ist am Veranstaltungsort bereit zu halten. Für die Bereiche der mobilen Verkaufsfahrzeuge und Hofläden können die Muster für die Gastronomie und den Lebensmittelhandel vereinfacht angewendet werden. Beiliegendes Muster einer vereinfachten Eigenkontrolle kann bei Marktständen und nicht ständigen Bauernmärkten verwendet werden, ist jedoch an die jeweiligen Gegebenheiten anzupassen und zu vervollständigen.

3. Anforderungen an Koch- und Grillbereiche

a) Im Arbeitsbereich, vor allem bei den Vorbereitungsarbeiten wie Zerteilen, Panieren oder Würzen, ist darauf zu achten, dass der Boden befestigt und die Wände glatt und sauber sind.

b) Im Zubereitungsbereich (Erhitzen) selber gelten dieselben Empfehlungen wie unter Pt. 2 Ziffern a, b, c, d, e und f.

c) Im Besonderen ist darauf zu achten, dass sämtliche Speisen ausreichend durcherhitzt sind. Prüfmöglichkeiten: Aufwallen von Flüssigkeiten, Fleisch ist am Knochen weiß etc...).

d) Ein mögliches, angeschlossenes Warmhalten darf die Dauer von 3 Stunden nicht überschreiten und hat bei einer Kerntemperatur von 75 °C zu erfolgen.

e) Nach Abschluss der Arbeit mit besonders gefährlichen Lebensmitteln (Fleisch, Fisch, Eier, Geflügel, Meeresfrüchten) bzw. auch zwischendurch ist eine Desinfektion der Arbeitsfläche, Arbeitsgeräte und Hände durchzuführen (Empfehlung: alkoholisches Schnelldesinfektionsmittel).

Es wird ausdrücklich darauf hingewiesen, dass sich diese Anforderungen nur auf die Einhaltung der lebensmittelrechtlichen Bestimmungen beziehen, andere Rechtsgebiete werden davon nicht berührt. Ebenso wird darauf aufmerksam gemacht, dass die Einhaltung der lebensmittelrechtlichen Bestimmungen von den Lebensmittelaufsichtsorganen überprüft wird.

Einige Worte zur Personalhygiene!

- Aufgrund der sensiblen Tätigkeit achten die im Verkauf beschäftigten Personen auf eine gute Hygiene (Haare, Fingernägel, keine Ringe, Piercings, Armbänder oder Uhren).
- Die Personen müssen geeignete, saubere Arbeitskleidung tragen.
- Eine Verunreinigung von Lebensmitteln durch Anhusten, Niesen, Anhauchen usw. ist zu vermeiden.
- Das Händewaschen darf nur beim dafür vorgesehenen Waschbecken erfolgen.
- Sind beim Waschbecken mechanische Armaturen vorhanden, dürfen diese nach dem Händewaschen und -abtrocknen nur mit einem Papierhandtuch betätigt werden (Schmierkontamination, z. B. Salmonellen bei Geflügel!).
- Bei den Waschbecken sind die Seifenspender sowie Einmalhandtuchbehälter regelmäßig nachzufüllen.
- Schlechte Angewohnheiten, wie Kosten mit bloßen Fingern, Rauchen beim Bedienen der Kunden oder Weiterverarbeiten von auf den Boden gefallenen Lebensmitteln, müssen unterbleiben.
- Die Personen müssen frei von ansteckenden und ekelerregenden Krankheiten, Wunden und dergleichen (Träger von Ansteckungsstoffen, Hautinfektionen, Geschwüren oder Durchfall) sein.
- Offene Wunden sind durch wasserdichte Verbände vollständig abzudecken.
- Durch Reinigungstätigkeiten dürfen Lebensmittel nicht nachteilig beeinflusst werden (z.B. Sprühen von Reinigungsmitteln erst nach dem Leeren der Vitrine!).

- **Schmierkontamination:**
  Eine Schmierkontamination **bedeutet**, dass **Keime** von Gegenständen, Lebensmitteln oder durch den Menschen auf andere Lebensmittel **übertragen** werden.
  Salmonellen etwa können über nicht gewechselte oder nicht ordnungsgemäß gereinigte Schneidebretter, Messer, Hände, Spüllappen usw. von rohem Geflügel und von Eiern auf andere nicht erhitzte Lebensmittel übertragen werden (z. B. beim Schneiden von Salat).
  Solche Schmierkontaminationen sind eine häufige Ursache für Salmonellenerkrankungen.

Kontrolle bei Anlieferung und Lagerung
Bei jeder Anlieferung und während der Lagerung ist die Temperatur zu überprüfen:

Fleisch	maximal 4 °C
Fleischwaren	maximal 6 °C
Milch (pasteurisiert)	
Milchprodukte	maximal 9 °C
Milch (roh)	maximal 6 °C
Tiefkühlprodukte	mindestens – 18 °C

Bitte ausfüllen:

Datum	Uhrzeit	Ware	Temperatur	Maßnahme	Unterschrift

10.6 Tierärztegesetz

BGBl. Nr. 16/1975 idgF.

§ 12 (1) Dem Tierarzt vorbehaltene Tätigkeiten sind:

1. Untersuchung und Behandlung von Tieren;
2. Vorbeugungsmaßnahmen medizinischer Art gegen Erkrankungen von Tieren;
3. Operative Eingriffe an Tieren;
4. Impfung, Injektion, Transfusion, Infusion, Instillation und Blutabnahme bei Tieren;
5. Verordnung und Verschreibung von Arzneimitteln für Tiere;
6. Schlachttier- und Fleischuntersuchung (Ausnahmen gem. FUG möglich);
7. Ausstellung von tierärztlichen Zeugnissen und Gutachten;
8. Künstliche Besamung von Haustieren (Ausnahmen im Tierzuchtgesetz für Eigenbestandsbesamer und Besamungstechniker möglich).

§ 12 (2) Ausnahmen für Tätigkeiten im Rahmen der üblichen Tierhaltung und Tierpflege sowie für unentgeltliche Nachbarschaftshilfe.

10.7 Tiertransportgesetz 2007

Ziel dieses Bundesgesetzes sind der Schutz von Tieren beim Transport durch Kraftfahrzeug und Anhänger in Verbindung mit einer wirtschaftlichen Tätigkeit sowie die Festlegung der dabei einzuhaltenden Mindestanforderungen zur Verhinderung der Verschleppung von Tierseuchen.
Der Landwirt kann seine Tiere mit seinem eigenen Transportmittel bis zu einer Entfernung von weniger als 50 km oder auf Almen transportieren.

- Verladen werden dürfen nur eigene **transportfähige** Tiere.
- Der Transport zum Bestimmungsort hat ohne jede Verzögerung zu erfolgen.
- Die Konstruktion der Transportfahrzeuge muss so sein, dass die Tiere nicht verletzt werden.
- Den Tieren muss ausreichend Bodenfläche und Raumhöhe zur Verfügung stehen.

Es ist der AMA-Viehverkehrsschein mitzuführen.

Transportmittel: Überdachung gegen Wetterunbilden und Extremtemperaturen, leicht zu reinigende und zu desinfizierende Ladefläche, rutschfester Boden, Einstreu, Kennzeichnung des Fahrzeugs durch Aufkleber oder Beschriftung als Tiertransport, ausreichend lange Anbindung der Tiere.

Beim Umgang mit den Tieren ist Nachstehendes **verboten**:

- Tiere zu schlagen und zu treten, auf besonders empfindliche Körperteile Druck auszuüben
- Tiere an Kopf, Hörnern, Ohren, Beinen, Schwanz oder am Fell hochzuzerren
- Treibhilfen mit spitzen Enden zu verwenden Elektroschockgeräte dürfen nur bei ausgewachsenen Rindern und bei ausgewachsenen Schweinen angewendet werden.

Tiertransport-Ausbildungsverordnung
Diese Verordnung regelt nähere Bestimmungen über die Ausgestaltung und Durchführung des Lehrganges und der Prüfung, die zur Erlangung eines Befähigungsnachweises berechtigt.

10.8 Futtermittelrecht

(siehe Kap. 8.4.7.)

10.9 Milchhygiene VO

(siehe Kap. 7.10.)
(siehe auch S. 27, 2.3.3)

10.10 Tierzuchtgesetz (gem. entspr. LGBl)

10.11 Bundestierschutzgesetz – Nutztiere

Grundsätzlich ist das neue Tierschutzgesetz mit 1. Jänner 2005 in Kraft getreten.
Wenig ändert sich in der Schweinehaltung. Dort sind weiter Vollspaltböden erlaubt. Verboten wird nur die Kastration mit Gummibändern.
Auch Hunde dürfen nicht mehr an der Kette gehalten werden.

Tierquälerei wird im Gesetz explizit verboten. Sie liegt dann vor, wenn jemand „einem Tier ungerechtfertigt Schmerzen, Leiden oder Schäden zufügt bzw. es in schwere Angst versetzt". Auch das Töten von Tieren „ohne vernünftigen Grund" wird ausdrücklich untersagt.

Rinder: Das Bundestierschutzgesetz sieht ein Verbot der dauernden Anbinde-haltung vor. Es wurde im Gesetz verankert, dass grundsätzlich geeignete Bewegungsmöglichkeiten oder geeigneter Auslauf oder Weidegang an mindestens 90 Tagen im Jahr zu gewähren ist.

Legehennen und Mastgeflügel: Der Betrieb von konventionellen Käfigen ist ab dem 31. Dezember 2008 verboten.

Zertifizierungssystem: Zur Erhöhung der Rechtssicherheit für Tierhalter und zur Erleichterung des Vollzuges ist für neuartige serienmäßig hergestellte Aufstallungssysteme und neue technische Ausrüstungen für Tierhaltungen ein verpflichtendes behördliches Zulassungsverfahren vorgesehen.

Betriebskontrollen: Es sind mindestens 2% der landwirtschaftlichen tierhaltenden Betriebe zu kontrollieren. Die Auswahl der zu kontrollierenden Betriebe hat aufgrund einer Risikoanalyse zu erfolgen.

Ombudsmann: Das Bundestierschutzgesetz sieht nunmehr vor, dass jedes Land einen Tierschutzombudsmann zu bestellen hat.

10.11.1 Erste Tierhaltungsverordnung

Diese Verordnung regelt die Mindestanforderung für die Haltung von Pferden und Pferdeartigen, Schweinen, Rindern, Schafen, Ziegen, Schalenwild, Lamas, Kaninchen, Hausgeflügel, Straußen und Nutzfischen, die an diesen Tieren zulässigen Eingriffe sowie Art und Nachweis der Sachkunde von Betreuungspersonal und sonstigen sachkundigen Personen, die Eingriffe vornehmen dürfen.

10.11.2 Tierschutzkontrollverordnung

Diese Verordnung regelt die näheren Vorschriften über die Kontrolle der Einhaltung der tierschutzrechtlichen Bestimmungen sowie die Anforderungen an die fachliche Qualifikation der Kontrollorgane.

10.11.3 Tierschutzschlachtverordnung

Diese Verordnung gilt für das Verbringen, Unterbringung, Ruhigstellen, betäuben, Schlachten und Töten landwirtschaftlicher Nutztiere und die Tötungsverfahren im Fall der Seuchenbekämpfung.

10.11.4 Tierhaltungsgewerbeverordnung

Diese Verordnung gilt für Gewerbetreibende, die im Rahmen einer von ihnen ausgeübten gewerblichen Tätigkeit Tiere in Zoofachgeschäften und vergleichbaren Einrichtungen, Tierpensionen oder in Reit- und Fahrbetrieben halten.

10.12 EU-Recht

Mit der Volksabstimmung zum EU-Beitritt Österreichs 1995 hat die österreichische Bevölkerung einer grundlegenden Verfassungsänderung zugestimmt. Sie hat die gesetzgebenden Institutionen der EU (Rat, EU-Gerichtshof, Parlament), die nicht vom österreichischen Volk gewählt sind, als oberste Legislative anerkannt.
Damit erlangen in zunehmender Anzahl EU-Rechtsvorschriften in Österreich Gültigkeit. Während zur Zeit noch **Richtlinien** des Rates überwiegen, die Grundnormen vorschreiben, welche von den gesetzgebenden Instanzen des Landes (Tierschutz, Tierzucht) bzw. des Bundes (Futtermittel, Arzneimittel, Rückstandskontrolle, Fleischhygiene, Milchhygiene usw.) in österreiches Recht umgesetzt werden müssen (Fristen!), ist in Zukunft damit zu rechnen, dass vor allem **Verordnungen** von den EU-Gremien erlassen werden, die in allen Mitgliedsstaaten unmittelbar gültige Rechtsnormen darstellen!

Stichwörterverzeichnis

Literaturverzeichnis

Autor	Titel	Verlag
-	Leitfaden Tiergesundheit, Modul 1 u. 3	Bundes LFI 2002
-	Schweinehandbuch Zucht und Management	Styriabird 2002
-	Schlachtstatistik	www.ama.at
-	Österreichische Hochschülerschaft der Veterinärmed. Univ. Wien, Skripten u. Vorlesungsunterl.	-
-	Der Fortschrittliche Landwirt	Leopold Stocker Verlag
-	Fleckenviehzucht in Österreich	Leopold Stocker Verlag
-	Rinderzucht Fleckenvieh	DLV, München
AID	Handelsklassen für Rindfleisch	AID 1989
AMA	Fit mit Fleisch & Co	AMA 1999
AMA	Überwachungssystem für das Herkunfts- und Gütezeichen	
AMA 1995	Alles über Fleisch	-
AMA 1999	Spezielle Schnittführung zur sicheren Identifikation, Merkblatt 5	-
AMA 2001	Rinderpass	-
AMA Teilstückkatalog	Teilstücke vom Rind, Kalb, Schwein, Schaf und Ziege	-
ARGE	Qualitätshandbuch für die bäuerliche Milchverarbeitung, Hrsg.: BMfLUFUW	Agrarverlag
ARGE BmfLuf	Beratungsservice: Qualitätsmilch Milchhygiene-verordnung – Milchgewinnung – Qualitätssicherung	
ARGE Fleischprod./ Fleischverm.	Zurichtnormen und Schlachtverluste	-
ARGE Melken 2000	Sicherung der Milchqualität	Alfa Laval (Hrsg.)
ARGE Öst. Klassifizierungsd.	Vermarktung von Rindern und Schweinen	-
Bani Arizio	Zoologie Wirbeltiere	Kaiser Verlag, Klagenfurt
Bauer, Steinwender, Stodulka	Mutterkuhhaltung	Leopold Stocker Verlag
Baumgartner u. a.	Erhöhter Zellgehalt, 2. unveränderte Auflage	AFEMA Kempten 2000
Baumgartner W. (Hrsg.)	Klinische Propedäutik d. inneren Krankheiten u. Haut-krankheiten d. Haus-u. Heimtiere, 5. Aufl.	Verlag Paul Parey
Behrens H.	Lehrbuch der Schafkrankheiten, 3. Aufl., 1987	Verlag Paul Parey
Berger u.a.	Das Fleischerbuch	Bohmann Verlag
BGBI	Milchhygieneverordnung Nr. 897/1993 Konsolidierte Fassung, 1. erg. Aufl. v. 25. Feb. 1998	
Birkhammer u.a.	Milch- und Fleischziegen	Agrarverlag
Dirksen G.	Indigestionen beim Rind, Konstanz, 1981	Schnetztor Verlag
Doralt Werner Univ.-Pr. Dr.	Kodex Veterinärrecht, 6. Aufl. Stand 1.7.02	Lexis Nexis Verlag
Dorn K.	Rassenkaninchenzucht, 4. Auflage 1981	Verlag Neumann-Neudamm
Frahm Klaus	Rinderrassen in der EU	Enke Verlag
Granz Ernst	Tierproduktion, 10. Auflage	Verlag Paul Parey
Haiger, Storhas, Bartussek	Naturgemäße Viehwirtschaft	Verlag Eugen Ulmer
Hammond John	Landw. Nutztiere, Wachst.	Verlag Paul Parey
Hanreich, Lotte/Zeltner, Edith	Käsen leicht gemacht, 2. Aufl.	Leopold Stocker Verlag

Kirchgessner	Tierernährung und Futtermittelkunde	DLG
Kräußlich Horst	Tierzüchtungslehre	Verlag Eugen Ulmer
Linder	Biologie Teil 2	Verlag Gustav Swoboda
Menke/Huss	Tierernährung und Futtermittelkunde	Verlag Eugen Ulmer
Müller Egon	Tierheilkunde, 2. Aufl.	Agrarverlag/BLV
Nußhag Willhelm	Bau u. Leben der Haustiere	DLG Verlag
Platzer B.	Eigenstandsbesamung beim Rind, Kursunterlagen der Besamungsanstalt Gleisdorf	-
Raganitsch Gerhard	Das österreichische Fleckvieh	AGÖF
	Der grüne Bericht, Tierzucht und Tierhaltung	BM f. L. u. FW
Raganitsch/Raith/Huber	Tierzucht und Tierhaltung Band 1–4	Leopold Stocker Verlag
Sambraus H.H.	Atlas der Nutztiere	Verlag Eugen Ulmer
Siegmann O.	Kompendium der Geflügelkrankheiten, 10. Aufl.	Verlag Schoper, Hannover
Spann, Balthasar	Fütterungsberater Rind	Agrarverlag
Späth/ Thume	Ziegen halten	Verlag Eugen Ulmer
Thomson Astrid	Gute Milch bleibt cool aus: Der fortschrittliche Landwirt, Heft 14/2001 S. 8–9	-
Wiltke Günter	Physiologie der Haustiere	Verlag Paul Parey

Bildquellenverzeichnis

Raganitsch u. a., Tierzucht u. Tierhaltung, Band 1–4, Leopold Stocker Verlag	
Zoologie der Wirbeltiere, Verlag Buch und Welt	350, 36 r, 58, 70
Linder, Biologie 1 u. 2, Verlag Gustav Swoboda u. Bruder	35, 38, 50, 59, 60
Nußhag, DLG-Verlag	32, 39, 41, 47, 48, 49, 57, 62, 65
Kräusslich, Tierzüchtungslehre, Verlag Eugen Ulmer	61
Agrar Markt Austria (AMA)	AMA-Gütesiegel, 106, 107
Dorn, Rassekaninchenzucht, Verlag Neumann-Neudamm	48, 56 189
Afema, Erhöhter Zellgehalt	
Konsument spezial, Käse für Kenner	
AGÖF-Zeitschrift	
Deutsche Fleckvieh-Zeitschrift	

Alle anderen Abbildungen wurden von den Autoren zur Verfügung gestellt.